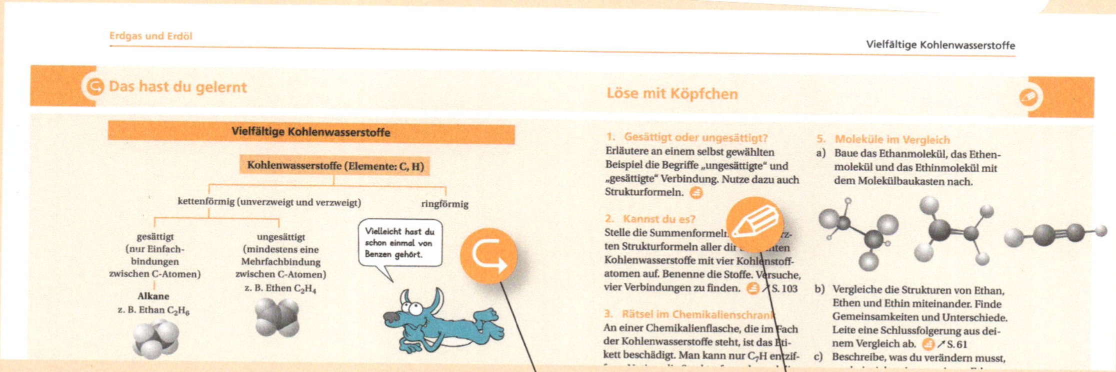

Erdgas und Erdöl

Vielfältige Kohlenwasserstoffe

Das hast du gelernt

Vielfältige Kohlenwasserstoffe

Kohlenwasserstoffe (Elemente: C, H)

kettenförmig (unverzweigt und verzweigt) – ringförmig

gesättigt (nur Einfachbindungen zwischen C-Atomen) – **Alkane** z. B. Ethan C_2H_6

ungesättigt (mindestens eine Mehrfachbindung zwischen C-Atomen) z. B. Ethen C_2H_4

Löse mit Köpfchen

1. Gesättigt oder ungesättigt?
Erläutere an einem selbst gewählten Beispiel die Begriffe „ungesättigte" und „gesättigte" Verbindung. Nutze dazu auch Strukturformeln.

2. Kannst du es?
Stelle die Summenformeln … ten Strukturformeln aller dir … Kohlenwasserstoffe mit vier Kohlenstoffatomen auf. Benenne die Stoffe. Versuche, vier Verbindungen zu finden. ↗ S. 103

3. Rätsel im Chemikalienschrank
An einer Chemikalienflasche, die im Fach der Kohlenwasserstoffe steht, ist das Etikett beschädigt. Man kann nur C_7H entzif-

5. Moleküle im Vergleich
a) Baue das Ethanmolekül, das Ethenmolekül und das Ethinmolekül mit dem Molekülbaukasten nach.
b) Vergleiche die Strukturen von Ethan, Ethen und Ethin miteinander. Finde Gemeinsamkeiten und Unterschiede. Leite eine Schlussfolgerung aus deinem Vergleich ab. ↗ S. 61
c) Beschreibe, was du verändern musst,

Löse mit Köpfchen
Durch vielfältige und interessante Aufgaben kannst du erworbene Kenntnisse wiederholen und anwenden.

Das hast du gelernt
Du erhältst einen Überblick über wesentliche Inhalte mehrerer Themenseiten.

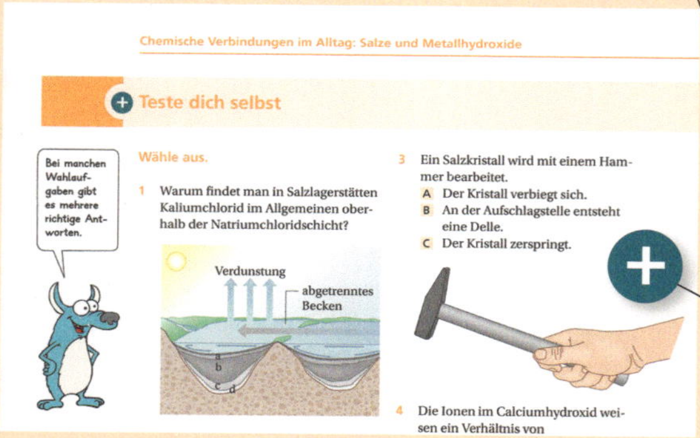

Chemische Verbindungen im Alltag: Salze und Metallhydroxide

Teste dich selbst

Wähle aus.

1 Warum findet man in Salzlagerstätten Kaliumchlorid im Allgemeinen oberhalb der Natriumchloridschicht?

3 Ein Salzkristall wird mit einem Hammer bearbeitet.
A Der Kristall verbiegt sich.
B An der Aufschlagstelle entsteht eine Delle.
C Der Kristall zerspringt.

4 Die Ionen im Calciumhydroxid weisen ein Verhältnis von

Teste dich selbst
Hier kannst du dein Wissen selbstständig überprüfen.

Chemische Verbindungen als Energieträger und Rohstoffe

Wusstest du schon …

Biogas und Methanhydrat – Energieträger von morgen?

Immer wieder ist Methan als alternativer Energieträger im Gespräch. Dabei wird u. a. darauf verwiesen, dass Methan relativ umweltschonend sei.
Beim Verbrennen von Methan entsteht natürlich Kohlenstoffdioxid. Kohlenstoffdioxid ist ein Treibhausgas und beeinflusst unser Klima.
Trotzdem gilt Methan als umweltschonender Brennstoff, weil bei der Verbrennung des Gases **bei gleicher Energieausbeute weniger Kohlenstoffdioxid** entsteht als bei der Verbrennung von Erdöl.

Noch besser sieht die Bilanz aus, wenn **Biogas** genutzt wird. Methan ist mit einem Anteil von ca. 60 % Bestandteil von Biogas. Biogas wird durch Vergärung aus organischem Material hergestellt.
In Biogasanlagen werden dazu u. a. Klärschlamm, Gülle und Mist, bisher nicht verwertete Pflanzenreste und gezielt angebaute Energiepflanzen, wie Energiemais oder Raps, verarbeitet.
Dieses Biogas wird in Blockheizkraftwerken zur Erzeugung von Strom genutzt. Nach entsprechender Aufbereitung kann es wie Erdgas als Heizgas oder in Kraftfahrzeugmotoren verwendet werden.
Das bei der Verbrennung von Biogas gebildete Kohlenstoffdioxid erhöht den Kohlenstoffdioxidanteil in der Atmosphäre nicht. Es gelangt nur das Gas wieder in die Atmosphäre zurück, welches ihr die Pflanzen vor relativ kurzer Zeit entzogen haben.
Als Bestandteil von Biogas ist Methan besonders dann CO_2-neutral, wenn zur Produktion organische Reste verwertet werden.

Wusstest du schon …
Hier kannst du dein Wissen erweitern oder vertiefen.

Symbole zu den Aufgaben
- Erweiterndes und Vertiefendes
- Erkenntnisse gewinnen
- Kommunizieren
- Bewerten
- S – Schülerexperimente ohne Gefahrstoffe
- S – Schülerexperimente mit Gefahrstoffen
- L – Lehrerexperimente

Chemie – na klar!

Lehrbuch für die Klasse 9
Sachsen

Herausgeber
Dr. Adria Wehser

Duden Schulbuchverlag
Berlin

Autoren
Monika Biere-Mescheder
Petra Meinel
Dr. Dagmar Pennig
Petra Schönwald
Dr. Gerhard Schellenberg
Dr. Adria Wehser

Beiträge von
Frank-Michael Becker, Karin Scheel, Dr. Sven Scheurell, Holger Steps

Berater
Othmar Hartl, Meißen; Sylvia Neumann, Löbau

Redaktion Dr. Adria Wehser
Bildrecherche Katrin Bahro
Illustration Melanie Groger
Grafik Peter Friedl, Christiane Gottschlich, Walther-Maria Scheid
Umschlaggestaltung Britta Scharffenberg; zweiband media, Berlin
Layoutkonzept Schröder Design
Layout Marion Schneider, Berlin

www.duden-schulbuch.de

Dieses Werk enthält Vorschläge und Anleitungen für Untersuchungen und Experimente. Vor jedem Experiment sind mögliche Gefahrenquellen zu besprechen. Beim Experimentieren sind die Richtlinien zur Sicherheit im naturwissenschaftlichen Unterricht einzuhalten. Das Buch setzt die neue EU-Verordnung zur Einstufung und Kennzeichnung von Chemikalien um (Globally Harmonised System of Classification and Labelling of Chemicals, GHS).

1. Auflage, 1. Druck 2014
Alle Drucke dieser Auflage sind inhaltlich unverändert
und können im Unterricht nebeneinander verwendet werden.

Druck Stürtz GmbH, Würzburg

ISBN 978-3-8355-4523-6

Inhalt gedruckt auf säurefreiem Papier aus nachhaltiger Forstwirtschaft.

Inhaltsverzeichnis

1A Chemische Verbindungen im Alltag: Salze und Metallhydroxide 8

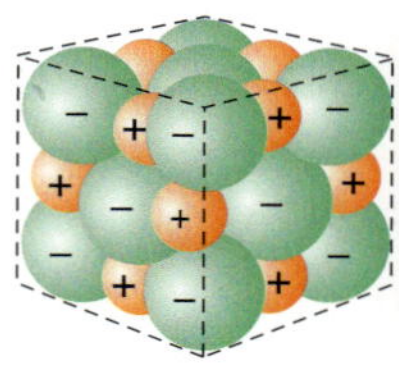

1B Chemische Verbindungen im Alltag: Säuren und Alkohol 38

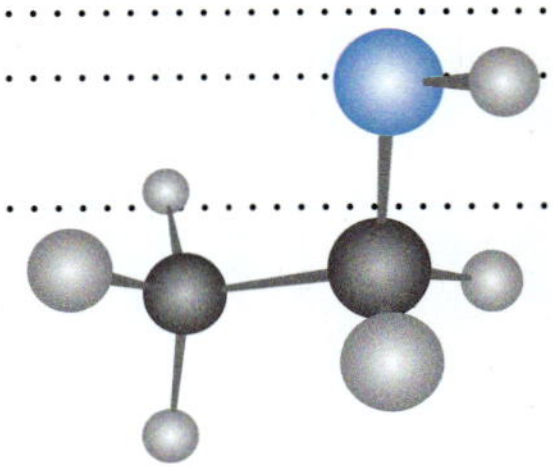

2 Chemische Verbindungen als Energieträger und Rohstoffe 76

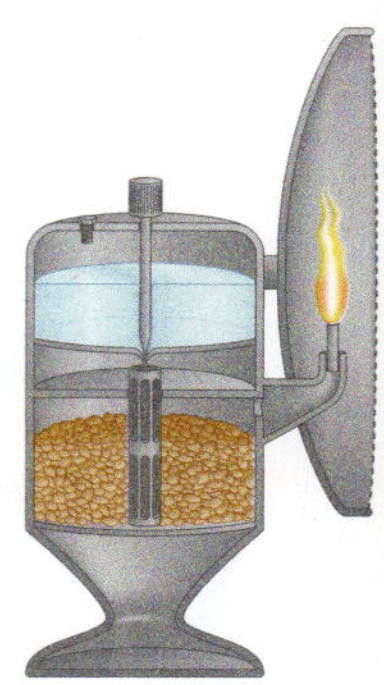

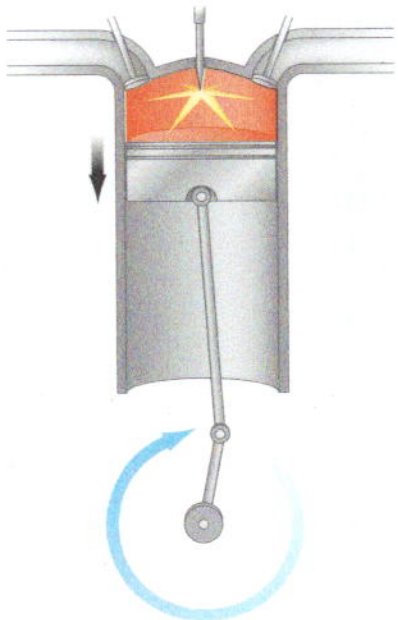

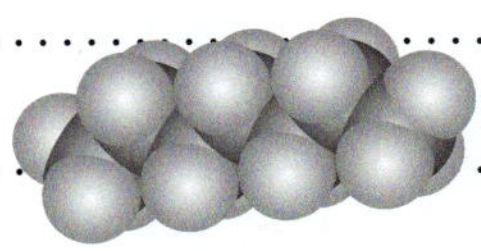

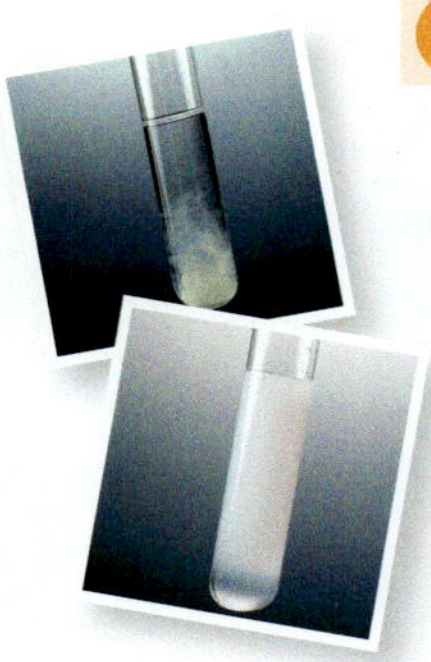

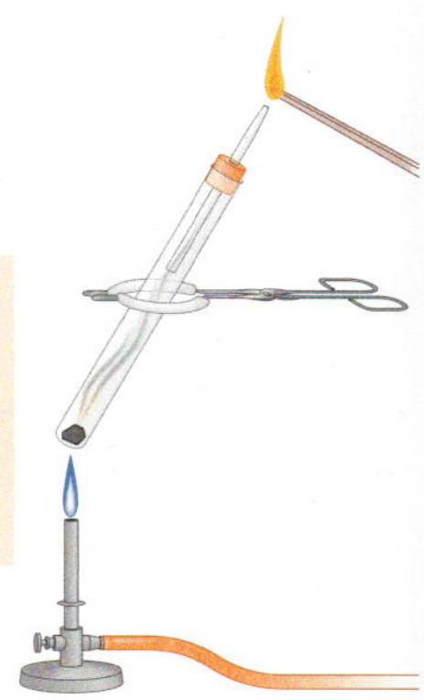

1A Chemische Verbindungen im Alltag: Salze und Metallhydroxide

Lebensnotwendiges Kochsalz

Menschen und Tiere benötigen eine bestimmte Menge an Kochsalz. Für Nutztiere gibt es Salzlecksteine, um die Versorgung zu sichern.

Kochsalzmangel
Schweiß enthält Kochsalz.
Du musst täglich etwa 1,5 g Salz aufnehmen, um diesen Verlust auszugleichen. Bis zu 5 g gelten als unbedenklich. Recherchiere, welche Speisen und Nahrungsmittel Kochsalz enthalten. Nimmst du zu wenig oder zu viel Kochsalz auf?

Meersalz
Meerwasser schmeckt salzig, allerdings auch etwas bitter. Es enthält nicht nur Kochsalz.
Finde heraus, welche Stoffe noch gelöst sind.

Was ist drin?
Entnimm unterschiedliche Wasserproben (z. B. Leitungswasser, Teichwasser usw.). Fülle jeweils eine geringe Menge Wasser in eine Kristallisierschale und stelle sie an einem warmen Platz auf. Betrachte die Schalen nach ein paar Tagen. Nutze eine Lupe. Beschreibe, was du siehst.

Kennst du die Stoffe aus dem Alltag?
Fertige Steckbriefe für die Stoffe Natriumchlorid und Natriumhydroxid an. Kannst du Gemeinsamkeiten entdecken?

Der Name weist schon darauf hin.

Laugengebäck
In vielen Kinos werden Laugenbrezeln angeboten.
Sie weisen eine schöne braune Färbung auf.
Finde heraus, wie diese Färbung zustande kommt.

Vielfältige Salze

Salze – eine große Familie

Das Foto ist verblüffend: Zeitung lesen und dabei im Meerwasser liegen. Das geht im Toten Meer. Finde heraus, warum das dort möglich ist.

Erforsche es

Kochsalz ist das bekannteste Salz.
Erstellt in Arbeitsgruppen Poster zur Bedeutung von Kochsalz:

- Erforscht, warum Kochsalz im Mittelalter als „weißes Gold“ bezeichnet wurde.
- Ermittelt, welche Nahrungsmittel mithilfe von Kochsalz konserviert werden.
- Findet unterschiedliche Einsatzmöglichkeiten von Kochsalz in Industrie und Verkehr.
- Versucht, einen Speisezettel mit salzarmer Kost zusammenzustellen.
- Findet weitere Fragestellungen rund um unser Kochsalz und bearbeitet sie.

Im Toten Meer gehen Schwimmer nicht unter, weil das Wasser einen sehr hohen Salzgehalt und damit eine große Dichte aufweist.
Im Meerwasser ist natürlich **Kochsalz (Natriumchlorid NaCl)** gelöst. Es enthält aber auch **Magnesiumsulfat ($MgSO_4$), Magnesiumchlorid ($MgCl_2$), Calciumchlorid ($CaCl_2$), Kaliumchlorid (KCl), Calciumcarbonat ($CaCO_3$)** u. a.
Einige Salze schmecken bitter, sodass Meerwasser nicht nur unheimlich salzig, sondern auch leicht bitter ist.

- Nenne drei Salze, die im Meerwasser enthalten sind.

Viele Salze werden aus Lagerstätten abgebaut. So gewinnen wir Kochsalz (NaCl) aus Salzbergwerken. Einige Städtenamen weisen darauf hin, dass Salz in ihrer Geschichte eine große Rolle spielt, z. B. Halle.

Zusammen mit dem Kochsalz wird oft **Kaliumchlorid (KCl)** abgebaut.
Das Salz stellt einen wesentlichen Bestandteil des handelsüblichen Kalidüngers dar.
Auch andere Düngemittel bestehen aus Salzen. Sie werden benötigt, um den Mineral- und Nährstoffgehalt der Böden zu verbessern.

Calciumsulfat ($CaSO_4$) wird aus Lagerstätten als Gips und Anhydrit gefördert. Diese Stoffe dienen als Baustoffe. Außerdem ist Calciumsulfat ein Ausgangsstoff für die Herstellung von Schwefelsäure.

Calciumcarbonat ($CaCO_3$) kommt in der Natur in Form von Kreide, Marmor und Kalkstein vor. Kalk besteht ebenfalls aus Calciumcarbonat und ist ein wesentlicher Bestandteil von Kalkmörtel.

Natriumcarbonat (Soda, Na_2CO_3) nutzen die Menschen schon seit Jahrhunderten als Waschmittel.
Heute dient es vor allem als Ausgangsstoff in der chemischen Industrie.

Salze bilden eine vielfältige Stoffgruppe. Sie haben für uns große Bedeutung.

Bedeutung ausgewählter Salze

Gruppe von Salzen	Beispiel	Bedeutung
Phosphate (Salze der Phosphorsäure)	Calciumphosphat $Ca_3(PO_4)_2$	Phosphordüngemittel, Bestandteile der Grundsubstanz unserer Zähne
Sulfate (Salze der Schwefelsäure)	Magnesiumsulfat (Bittersalz) $MgSO_4$	Abführmittel, Düngemittel
Carbonate (Salze der Kohlensäure)	Natriumcarbonat (Soda) Na_2CO_3	Bestandteil von Waschmitteln, Hilfsmittel bei der Glasherstellung, Bestandteil von Backpulver
Nitrate (Salze der Salpetersäure)	Kaliumnitrat KNO_3	Stickstoffdüngemittel, Konservierungsmittel, Bestandteil von Feuerwerk

Aufgaben

1 Viele Städte entstanden in der Nähe von Salzlagerstätten oder von Salzhandelswegen. Ermittelt solche Städte.
Tipp: Ihr könnt sie oft schon am Namen erkennen.

2 Das folgende Experiment kannst du selbst zu Hause ausprobieren.

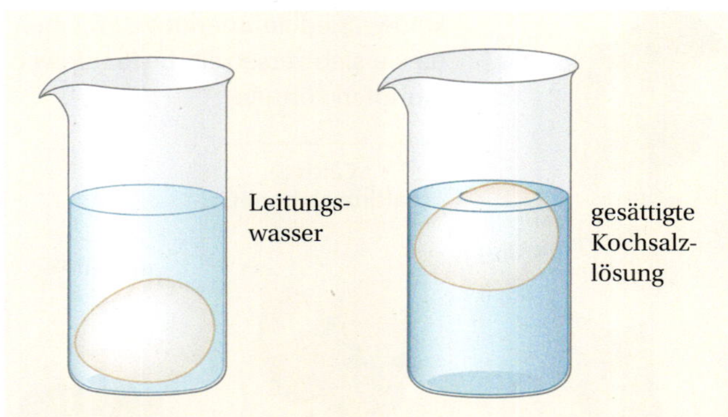

Warum geht ein frisches Ei im zweiten Gefäß nicht ganz unter? Erkläre die Beobachtung. S

Vielfältige Salze

Eigenschaften von Salzen

Kochsalz wird im Handel u.a. als grobes Salz angeboten. Zerkleinere einige Salzkristalle. Welcher Kraftaufwand ist erforderlich?

Zerkleinerst du Kochsalzkristalle, wirst du feststellen, dass die Kristalle hart sind. Darauf weist auch der Begriff „Steinsalz“ hin. Steinsalz heißt das Kochsalz dann, wenn es aus Lagerstätten bergmännisch abgebaut wird.

Wie Kochsalz sind auch andere Salze kristalline Stoffe und im Allgemeinen sehr **hart.** Gegen Druck sind Salze beständig. Bei einer plötzlichen Krafteinwirkung werden die Kristalle jedoch zerstört. Wir bezeichnen sie als **spröde.**

Salze besitzen **relativ hohe Schmelz- und Siedetemperaturen.** Für manche Salze lässt sich jedoch keine Siedetemperatur angeben, da sie sich zersetzen, bevor sie verdampfen können.

Eigenschaften ausgewählter Salze		
Salz	Schmelztemperatur (in °C)	Siedetemperatur (in °C)
Natriumnitrat	310	Zersetzung
Silberchlorid AgCl	455	1 564
Kaliumiodid K_2SO_4	681	1 324
Magnesiumchlorid $MgCl_2$	712	1 418
Kaliumchlorid KCl	770	1 407
Natriumchlorid NaCl	801	1 465
Natriumcarbonat Na_2CO_3	854	Zersetzung
Kaliumsulfat K_2SO_4	1 074	1 689
Eisensulfid FeS	1 195	Zersetzung

Überprüfst du die **elektrische Leitfähigkeit** von Salzen, stellst du fest, dass trockene Salze den elektrischen Strom nicht leiten.
Die wässrigen Lösungen der Salze und ihre Schmelzen sind jedoch immer elektrisch leitfähig.

Durch die Löslichkeit vieler Salze enthält Wasser in der Natur immer gelöste Salze.
Die **Löslichkeit** von Salzen in Wasser ist jedoch sehr **unterschiedlich.**
So ist Natriumchlorid sehr gut löslich (35,9 g je 100 ml Wasser bei 20 °C). Calciumcarbonat löst sich jedoch schlecht (0,0015 g je 100 ml Wasser).
Die unterschiedliche Löslichkeit der Salze bildet die Ursache für die Salzschichten in den Salzlagerstätten.

Salze sind kristalline Stoffe mit relativ hohen Schmelz- und Siedetemperaturen. Die Kristalle sind hart, aber spröde.
Salze leiten den elektrischen Strom nicht, jedoch ihre Schmelzen und Lösungen.

S Erforsche es

Leitfähig oder nicht?

Aufgabe:
Teste die elektrische Leitfähigkeit von Kochsalzkristallen und von einer Kochsalzlösung.

Vorbereitung und Durchführung:
Notiere benötigte Geräte und Chemikalien. Führe die Experimente durch.

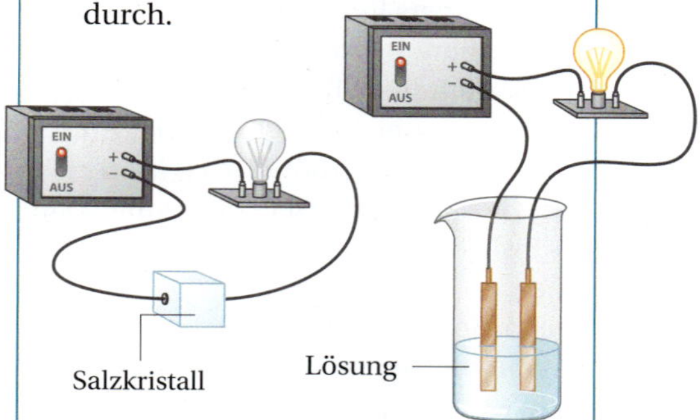

Beobachtung und Auswertung:
Notiere deine Beobachtungen und werte sie aus. Stelle eine Vermutung über die Ursache auf.

Aufgaben

1 Erstelle einen Steckbrief für drei Salze. Informiere dich dazu über ihre Eigenschaften und ihre Verwendung.

2 Reines (destilliertes) Wasser leitet den Strom nicht.
Eine Wasserprobe aus einem Gewässer und auch Leitungswasser sind elektrisch leitfähig.
Erkläre.

3 Interpretiere die rechts stehende Karikatur. Finde Zusammenhänge zum Thema „Salze“.

Wusstest du schon …

Entstehung und Vorkommen von Salzlagerstätten

Die Lagerstätten entstanden vor ca. 250 Mio. Jahren im Zechstein. Zu dieser Zeit war es sehr warm und trocken. Das Zechsteinmeer bedeckte weite Teile der Landschaft. Die Verschiebungen des Meeresbodens führten zu Wölbungen, sodass kleinere Becken abgetrennt wurden. Durch die hohen Temperaturen verdunstete das Wasser in diesen Becken rasch. Der Salzgehalt erhöhte sich stark. Die Salze fielen aus, zuerst die am schlechtesten löslichen Salze, dann die besser löslichen.
So entstanden nach und nach Salzschichten und bildeten mächtige Ablagerungen. Diese wurden später von Staub- und Sandschichten bedeckt.
In der Bundesrepublik Deutschland findet man solche Lagerstätten u. a. im Saale-Unstrut-Gebiet und im Werra-Fulda-Gebiet.

S Erforsche es

Aufgabe:

Stelle eine gesättigte Salzlösung her. Löse dazu ca. 36 g Kochsalz in 100 g erwärmtem Wasser und filtriere die abgekühlte Lösung.

Hänge einen Faden in die Lösung und stelle sie an einem warmen Ort so lange auf, bis kleine Kristalle erkennbar sind. Entferne alle Kristalle bis auf einen und hänge den Faden in eine frische gesättigte Lösung.

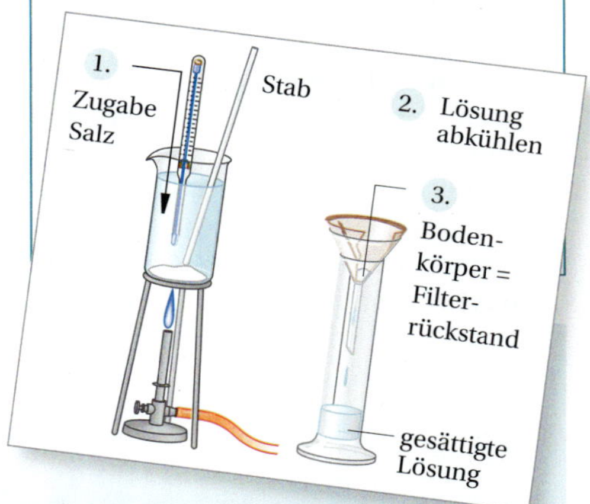

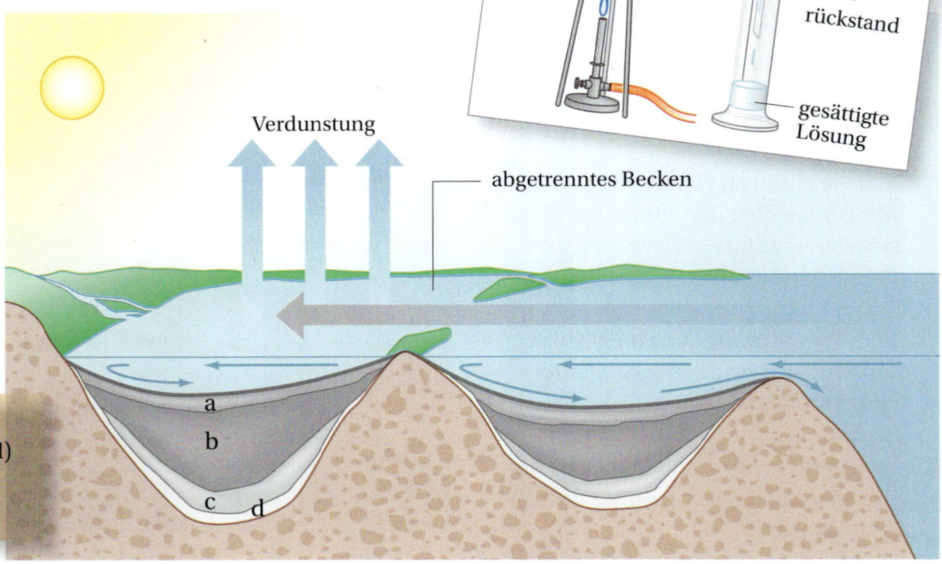

Erforsche es

Düngemittel im Test

JUSTUS FREIHERR VON LIEBIG (1803–1873) gilt als Erfinder der Mineraldünger. Er formuliert das Gesetz vom Minimum.

a) Informiere dich über LIEBIGS Düngerversuche. Welche Konsequenzen leitete er für die Landwirtschaft ab?
b) Interpretiere das nebenstehende Foto und die Zeichnung von der Minimumtonne.

Überdüngung hat negative Folgen für die Umwelt. Ein Zuviel kann sich aber auch direkt auf die Pflanzen auswirken.

Die Abbildung zeigt ein Versuchsfeld: links ungedüngt, rechts gedüngt.

S Experiment 1

Aufgabe:
Überprüfe die Wirkung von Mineraldüngern auf Pflanzen.

Vorbereitung:
Geräte und Chemikalien: Petrischalen, Watte, Kressesamen, verschiedene Mineraldünger (Beachte Gefahrstoffhinweise!)

Durchführung:
1. Säe in mehreren Petrischalen Kressesamen auf feuchter Watte aus. Lass sie keimen.
2. Befeuchte eine Probe nur mit destilliertem Wasser, die anderen Proben jeweils mit unterschiedlichen Düngelösungen.

Beobachtung und Auswertung:
Notiere und erkläre deine Beobachtungen.

S Experiment 2

Aufgabe:
Stelle unter Beachtung der Gefahrstoffhinweise eine konzentrierte Düngemittellösung her und bringe in diese Lösung ein Salatblatt ein. Betrachte das Blatt in Abständen von 30 Minuten.

Führe Protokoll und finde eine Erklärung für die Beobachtung.

Das hast du gelernt

Vielfältige Salze

Salze haben gemeinsame Eigenschaften:

- fest, kristallin,
- hohe Schmelz- und Siedetemperaturen,
- nicht plastisch verformbar, spröde,
- mehr oder weniger gut in Wasser löslich,
- Schmelzen und Lösungen sind elektrisch leitfähig,
- Salzkristalle leiten den Strom nicht.

Salze haben in der Natur, im Haushalt und in der Technik große Bedeutung, z. B.:

Mineraldünger als Pflanzennährstoffe,

Kochsalz als Würz- und Konservierungsmittel,

verschiedene Salze als Baustoffe.

Löse mit Köpfchen

1. Mit dem Atlas erforscht

Manche Ortsnamen in Deutschland weisen auf die Salzgewinnung oder den Salztransport hin. Ermittle solche Orte mithilfe einer Karte.

2. Kochsalz im Überblick

Kochsalz ist ein sehr wichtiges Salz. Entwickle ein Schema, das einen Überblick über seine Bedeutung und Nutzungsmöglichkeiten gibt.

3. Barrieren aus Salz

Schnecken reagieren auf Kochsalz sehr empfindlich. Streut man Kochsalz auf dem Boden aus, bildet die Salzgrenze eine unüberwindliche Barriere für diese Weichtiere. Erkläre das Phänomen.

4. Salze als Konservierungsmittel

Pökelfleisch, Salzgurken und andere Lebensmittel werden schon seit Jahrhunderten durch „Einsalzen" haltbar gemacht.

a) Nenne drei Salze, die als Konservierungsmittel eingesetzt werden.

b) Erläutere, worauf die konservierende Wirkung von Kochsalz beruht.

5. Pro und kontra Düngung

a) Beschreibe den Stoffkreislauf auf landwirtschaftlich genutzten Flächen.

b) Bewerte den Einsatz von Düngemitteln in der Landwirtschaft. Sammle dazu Argumente, die für bzw. gegen die Düngung landwirtschaftlicher Nutzflächen sprechen.

↗ S. 158

6. Ein Baustoff aus der Natur

Kalk spielt sowohl in der Industrie als auch in der Natur als Baustoff eine große Rolle. Chemisch handelt es sich um Calciumcarbonat.

Stelle in einer Präsentation entsprechende Beispiele zusammen.

Die Chemie der Salze

Was chemisch dahintersteckt

Auf dem Etikett einer Mineralwasserflasche sind die Informationen über die enthaltenen Mineralsalze oft „chemisch verschlüsselt".

Im Mineralwasser sind Salze gelöst. Diese bestehen aus Ionen.

> Ionen sind geladene Teilchen.

Auf dem Etikett findest du oft nicht die Namen der gelösten Salze, sondern die Namen oder Formeln der enthaltenen Ionen.
In den Lösungen sind die Ionen frei beweglich, ebenso in den Schmelzen. Die frei beweglichen Ionen bilden die Ursache für die elektrische Leitfähigkeit von Salzlösungen und -schmelzen.

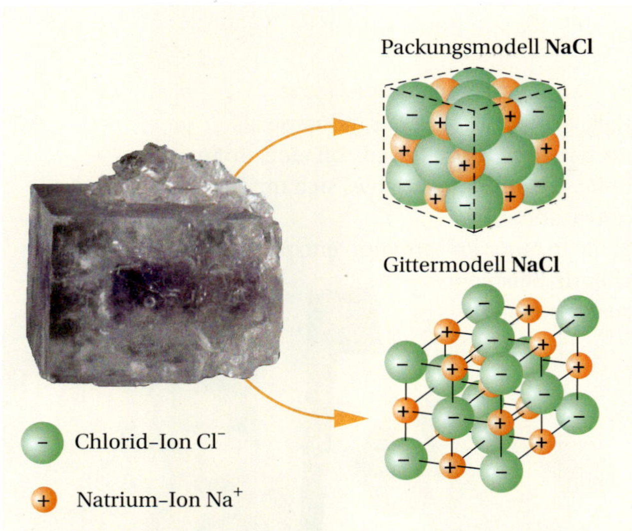

Leite mithilfe der Modelle den Bau eines Kochsalzkristalls ab.

Salzkristalle leiten den elektrischen Strom nicht. Die Ursache liegt in ihrem Bau begründet.

Der Bau von Kochsalzkristallen ist besonders gut untersucht: Ein positiv geladenes Natrium-Ion Na^+ ist immer von sechs negativ geladenen Chlorid-Ionen Cl^- umgeben und umgekehrt ein Chlorid-Ion von sechs Natrium-Ionen. Die Ionen sind in einem **Ionengitter** auf festen Gitterplätzen angeordnet und nicht frei beweglich.
Zwischen den entgegengesetzt geladenen Ionen wirken **starke elektrostatische Anziehungskräfte** in alle Richtungen des Raumes. Dies wird als **Ionenbindung** bezeichnet.

Die starken Kräfte bewirken den Zusammenhalt im Ionengitter und bedingen u. a. die hohe Schmelz- und Siedetemperatur.

> Die Ionenbindung ist eine chemische Bindung, die auf der Anziehung von entgegensetzt geladenen Ionen beruht.

Die Vielfalt der Salze ist groß. Der Gitteraufbau ist jedoch prinzipiell ähnlich. Daraus ergeben sich die kennzeichnenden Eigenschaften der Salze.

> Salze sind Ionensubstanzen. Ihre Kristalle sind aus regelmäßig angeordneten positiv und negativ geladenen Ionen aufgebaut.

Salze können aus unterschiedlichen Ionen bestehen. Die Kristalle sind jedoch immer nach außen neutral, weil sich die Ladungen der positiven und negativen Ionen aufheben.
Die jeweilige Zusammensetzung wird durch eine **Verhältnisformel** angegeben. Aus ihr lassen sich die Art der Ionen und das Verhältnis ablesen, in welchem sie im Kristall vorliegen.

NaCl
Stoff: Natriumchlorid
Verhältnis: $Na^+ : Cl^- = 1:1$
1 Baueinheit Natriumchlorid

Durch die unterschiedliche Zusammensetzung der Salze ergeben sich ihre unterschiedlichen Eigenschaften.

S Erforsche es

Ein Kochsalzmodell selbst gefertigt

Ihr benötigt dazu ein Bastelmesser, Styropor, Kunststoffkleber und Farbe.

Aufgabe:
Stellt aus dem Styropor Kugeln mit einem Durchmesser von ca. 20 mm (Natrium-Ionen) und solche mit einem Durchmesser von 40 mm (Chlorid-Ionen) her.
Färbt die kleineren Kugeln rot und die größeren grün.
Ordnet die Kugeln entsprechend dem Kristallmodell (Packungsmodell) auf Seite 18 an und klebt sie zusammen.
Tipp: Für drei Schichten mit je neun Ionen benötigt ihr von der einen Ionenart 12 und von der anderen Ionenart 15 Ionenmodelle.

Auswertung:
Beschreibe den Bau des Kochsalzkristalls mithilfe deines Modells.

Aufgaben

1 Stelle in einer Tabelle Salze zusammen. Gib den Namen, die Formel sowie die Ionen an, aus denen die Salze aufgebaut sind.

2 Salzlösungen sind elektrisch leitfähig, Salzkristalle jedoch nicht. Erkläre diesen scheinbaren Widerspruch. Nutze deine Kenntnisse über den Bau der Salze.

3 Gib an, wodurch die Ionen im Salzkristall auf ihren Gitterplätzen gehalten werden.

4 Handelsübliche Salzpackungen sind unterschiedlich beschriftet. So findest du die Aufschriften „Iodiertes Salz“, „Iodsalz“, Salz mit „Fluor“ oder Salz mit „Fluorid“.
Bewerte die Richtigkeit dieser Aufschriften. Begründe deine Ansicht.
↗ S. 20

So kannst du vorgehen

Begründen

Im Chemieunterricht wirst du oft aufgefordert, Aussagen zu begründen.

Salzkristalle sind spröde. Sie lassen sich nicht plastisch verformen. Begründe.

Beim Begründen sollst du nachweisen, ob eine Aussage richtig oder falsch ist.

► Schritt 1

Nenne die Aussage, die begründet werden soll.

Salzkristalle können nicht plastisch verformt werden.

► Schritt 2

Sammle naturwissenschaftliche Argumente.

Dabei geht es sowohl um Argumente, die *für* als auch *gegen* diese Aussage sprechen.

- *Salze sind aus entgegengesetzten Ionen aufgebaut.*
- *Entgegengesetzte Ladungen ziehen sich an, gleiche Ladungen stoßen sich ab.*
- *Durch Kräfte, die auf den Salzkristall einwirken, werden die Teilchen im Kristall verschoben.*

► Schritt 3

Formuliere die Begründung.

Formuliere deine Begründung zusammenhängend und folgerichtig.

In einem Salzkristall befinden sich die Ionen auf festen Gitterplätzen. Dabei ist immer ein positiv geladenes Ion von negativ geladenen Ionen umgeben und umgekehrt. Die Ionen werden so durch starke anziehende Kräfte auf ihren Gitterplätzen gehalten.
Wirkt eine Kraft auf den Kristall ein, verschieben sich die Teilchen. Gleich geladene Ionen geraten nebeneinander. Sie stoßen sich ab. Der Kristall bricht.
Da sich bei einem Schlag auf den Kristall die Kräfte zwischen den Teilchen im Kristall ändern, kann man Salzkristalle nicht plastisch verformen.

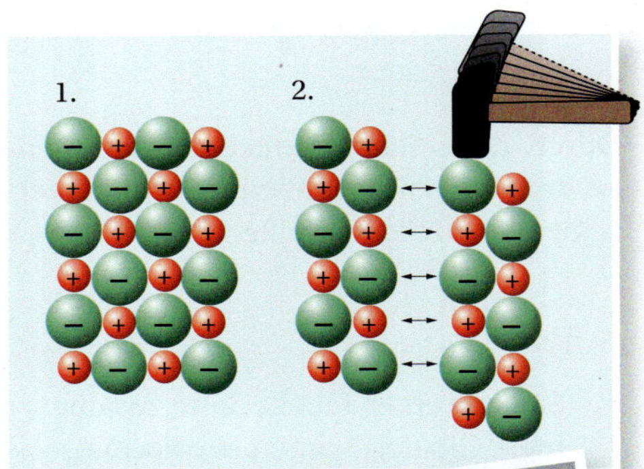

Erforsche es

Ionen auf der Spur

Einige Ionen lassen sich durch spezifische Reaktionen nachweisen, die nur diese Ionen eingehen. Sie bilden beispielsweise mit einem geeigneten Nachweismittel einen charakteristisch aussehenden Niederschlag eines schwer löslichen Salzes bzw. bewirken eine charakteristische Flammenfärbung.

Halogenid-Ion	Nachweismittel	Ergebnis
Chlorid-Ion	Silbernitratlösung	weißer Niederschlag (löst sich in verdünnter Ammoniaklösung)
Bromid-Ion	Silbernitratlösung	hellgelber Niederschlag (löst sich in konzentrierter Ammoniaklösung)
Iodid-Ion	Silbernitratlösung	gelber Niederschlag (löst sich nicht in Ammoniaklösung)

S Wasser im Test

Aufgabe:
Testet unterschiedliche Wasserproben (Leitungswasser, Seewasser, Mineralwasser, destilliertes Wasser) auf Chlorid-Ionen.

Vorbereitung und Durchführung:
Entwickelt einen Plan für das Experiment. Fordert die nötigen Geräte und Chemikalien an. Führt Protokoll.

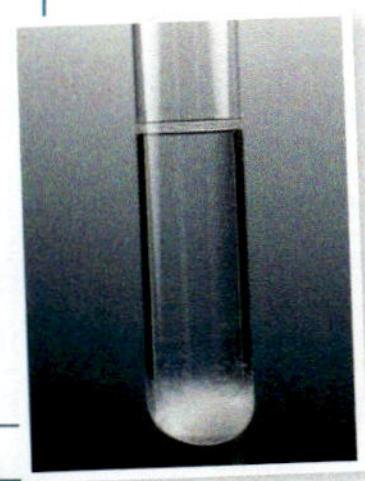

S Kochsalzlösung im Test

Aufgabe:
Testet die Flammenfärbung einer Kochsalzlösung.
Glüht dazu ein Magnesiastäbchen in der entleuchteten Brennerflamme aus. Taucht die Spitze des Stäbchens in die Lösung und haltet es erneut in die Flamme.
Welche Ionen könnt ihr nachweisen?

Metall-Ionen	Flammenfarbe
Barium-Ionen	Gelbgrün
Calcium-Ionen	Ziegelrot
Kalium-Ionen	Hellviolett
Kupfer-Ionen	Grün
Lithium-Ionen	Karminrot
Natrium-Ionen	Gelb
Strontium-Ionen	Rot

Flammenfärbung durch Natrium-Ionen

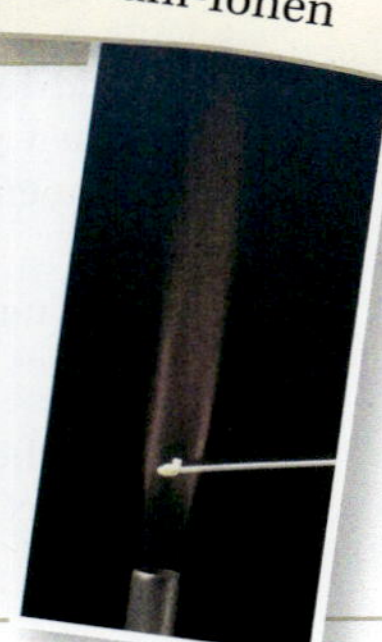

... durch Kalium-Ionen

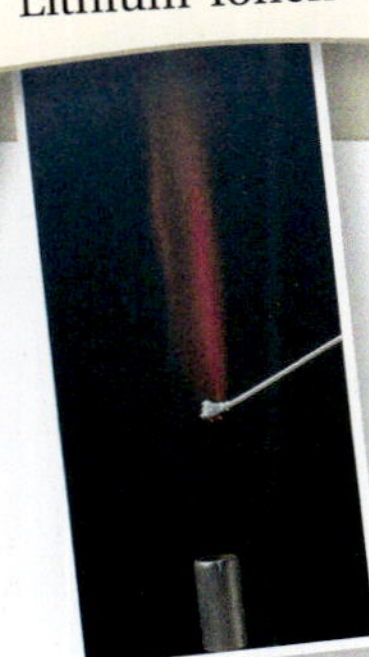

... durch Lithium-Ionen

Die Chemie der Salze

Der kleine Unterschied – vom Atom zum Ion

Ionen sind geladene Teilchen. Du kennst z. B. die negativ geladenen Chlorid-Ionen und die positiv geladenen Natrium-Ionen. Ionen unterscheiden sich von den Atomen der jeweiligen Elemente durch die Anzahl ihrer Außenelektronen.

Chloratome besitzen sieben Außenelektronen. Damit sind die Atome energetisch nicht stabil. Dazu müssten sie acht Außenelektronen besitzen.

Chloratome erreichen die stabile Elektronenanordnung von acht Außenelektronen u. a. dadurch, dass sie bei chemischen Reaktionen ein zusätzliches Elektron aufnehmen.

Durch die Elektronenaufnahme werden sie zu **einfach negativ geladenen Chlorid-Ionen.**

Durch Elektronenaufnahme entstehen negativ geladene Ionen.

Aufnahme von Elektronen

Abgabe von Elektronen

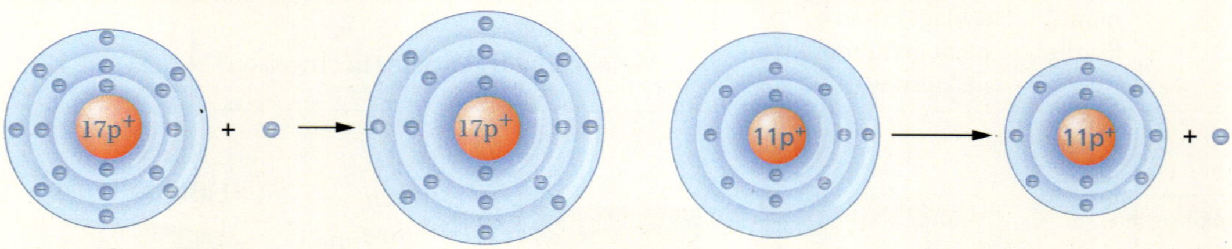

Chloratom
Protonen p^+ = 17
Elektronen e^- = 17

neutrales Atom

chemisches Zeichen: Cl

Chlorid-Ion
Protonen p^+ = 17
Elektronen e^- = 18

einfach negativ geladenes Ion

chemisches Zeichen: Cl^-

Natriumatom
Protonen p^+ : 11
Elektronen e^- : 11

neutrales Atom

chemisches Zeichen: Na

Natrium-Ion
Protonen p^+ : 11
Elektronen e^- : 10

einfach positiv geladenes Ion

chemisches Zeichen: Na^+

Natriumatome besitzen nur ein Außenelektron. Auch sie sind energetisch nicht stabil.
Während einer Reaktion geben Natriumatome **jeweils ein Elektron ab.** So werden sie energetisch stabil. Durch die Elektronenabgabe werden sie zu **einfach positiv geladenen Natrium-Ionen.**

Durch Elektronenabgabe entstehen positiv geladene Ionen.

Ob ein Atom Elektronen abgibt oder aufnimmt, hängt von der Anzahl seiner Außenelektronen ab. Atome mit vielen Außenelektronen (5–7) nehmen bei chemischen Reaktionen Elektronen auf.
Atome mit einer geringen Anzahl an Außenelektronen (1–3) geben bei chemischen Reaktionen Elektronen ab.

- Erläutere, warum Natrium-Ionen energetisch stabiler sind als Natriumatome.
- Calciumatome weisen zwei Außenelektronen auf. Entscheide, wie sie eine stabile Elektronenanordnung erreichen.

S Erforsche es

Schalenmodell: Die Elektronen bewegen sich entsprechend ihrer Energie in Aufenthaltsräumen (Elektronenschalen).

Modelle selbst gebaut

1. Fertige aus Pappe verschiedene Teile von Atommodellen (Schalenmodell) an:
   - ein Modell mit Atomkern und drei Elektronenschalen,
   - Modelle von Atomkernen (z. B. 11 bzw. 17 Protonen).

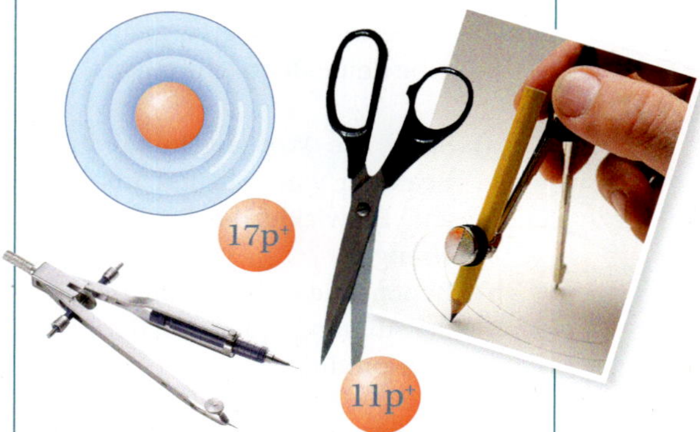

2. Nutze diese Modelle, um die Bildung von verschiedenen Ionen zu demonstrieren.

Aufgaben

1 Interpretiere den Cartoon auf der Seite 22 oben. Tipp: Lies dazu noch einmal den Text auf der vorigen und auf dieser Seite.

2 Leite aus dem Bau folgender Atome ab, ob bei chemischen Reaktionen Elektronen abgegeben oder aufgenommen werden. Gib die Ladungen der jeweiligen Ionen an.
- Lithiumatom (1. Schale: $2e^-$, 2. Schale: $1e^-$)
- Fluoratom (1. Schale: $2e^-$, 2. Schale: $7e^-$)
- Magnesiumatom (1. Schale: $2e^-$, 2. Schale: $8e^-$, 3. Schale: $2e^-$)

3 Entscheide, ob die Modelle jeweils ein Atom oder ein Ion darstellen. Begründe. ↗ S. 20

a)

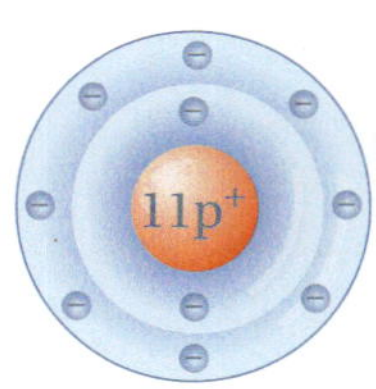

b)

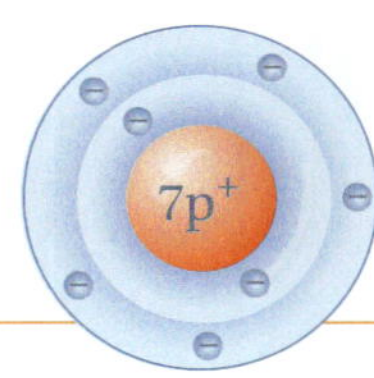

Erforsche es

Das PSE selbst genutzt

Natrium und Chlor reagieren sehr gut miteinander. Die Reaktion verläuft sehr heftig. Mithilfe des Periodensystems kannst du verstehen, was bei der Reaktion passiert.

1. Das Experiment wird vorgeführt. Beschreibe deine Beobachtungen.

2. a) Stelle die Wortgleichung für die Reaktion von Natrium mit Chlor auf. Entwickle die Reaktionsgleichung.
   b) Benenne jeweils die Teilchenart der Ausgangsstoffe und der Reaktionsprodukte.

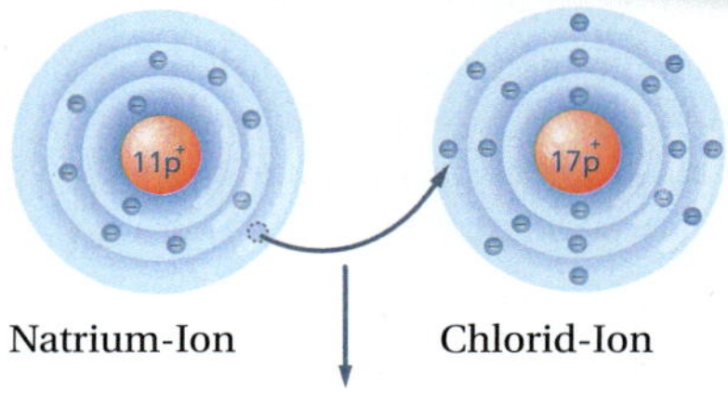

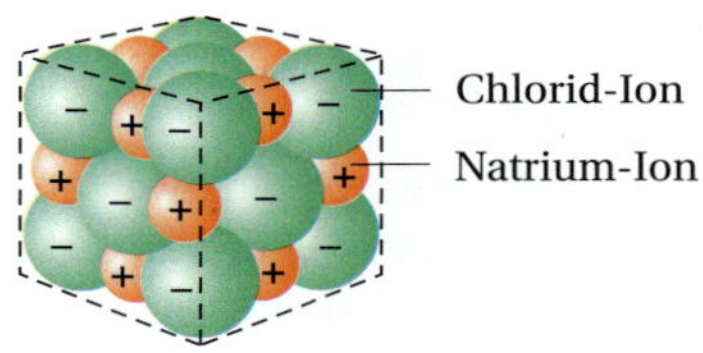

Ordnungszahl ≙ Anzahl der Elektronen und Protonen

Periodennummer ≙ Anzahl der Elektronenschalen

Hauptgruppennummer ≙ Anzahl der Außenelektronen

3. a) Fertige Modelle eines Natriumatoms und eines Chloratoms an. Nutze die Anleitung auf Seite 23.
   b) Stelle mithilfe deiner Modelle die Bildung eines Natrium-Ions aus einem Natriumatom und die Bildung eines Chlorid-Ions aus einem Chloratom dar.
   c) Vergleiche die beiden Prozesse, die zur Bildung der Ionen führen.
   d) Erläutere mithilfe deiner gewonnenen Erkenntnisse, was bei der Reaktion von Natrium und Chlor zu Natriumchlorid passiert.

Stellung von Natrium im Periodensystem

Periode	Hauptgruppe							
	I	II	III	IV	V	VI	VII	VIII
1 (K)								
2 (L)								
3 (M)	11 22,99 0,9 Na							

3. Periode
3 besetzte Schalen
(Verteilung der Elektronen in der Hülle)

Ordnungszahl
$11p^+$ im Kern
$11e^-$ in der Hülle

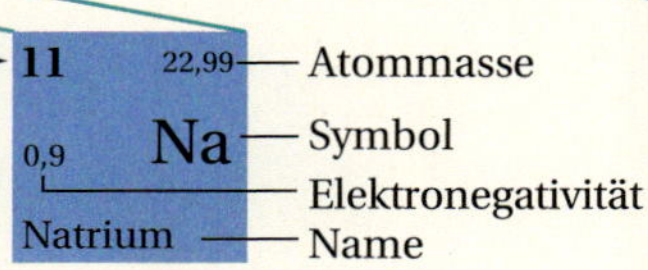

I. Hauptgruppe
1 Außenelektron

Wusstest du schon …

Geheimnisvolle chemische Zeichen?

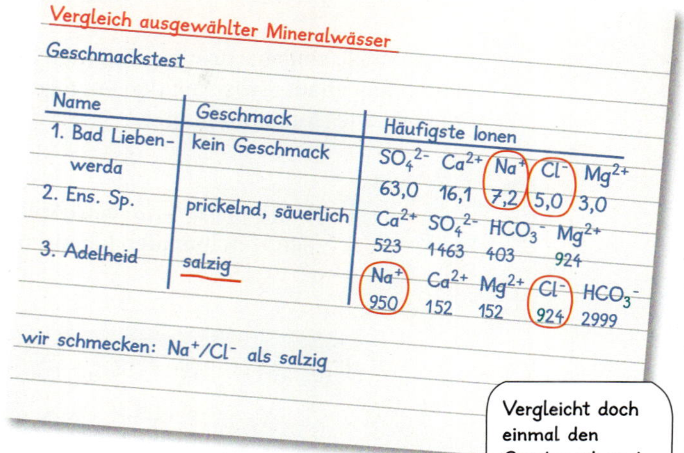
Vergleich ausgewählter Mineralwässer

Geschmackstest

Name	Geschmack	Häufigste Ionen
1. Bad Liebenwerda	kein Geschmack	SO_4^{2-} 63,0; Ca^{2+} 16,1; Na^+ 7,2; Cl^- 5,0; Mg^{2+} 3,0
2. Ens. Sp.	prickelnd, säuerlich	Ca^{2+} 523; SO_4^{2-} 1463; HCO_3^- 403; Mg^{2+} 924
3. Adelheid	salzig	Na^+ 950; Ca^{2+} 152; Mg^{2+} 152; Cl^- 924; HCO_3^- 2999

wir schmecken: Na^+/Cl^- als salzig

Trinkst du oft Wasser, um deinen Durst zu löschen? Dabei gilt: Wasser ist nicht gleich Wasser. Das hört sich komisch an? Du kannst es aber sogar schmecken!

Natürliches Mineralwasser wird aus einem unterirdischen Wasservorkommen durch natürliche oder künstlich erschlossene Quellen gewonnen und darf keine Verunreinigungen enthalten. Es weist jedoch immer einen bestimmten Gehalt an Mineralstoffen auf, der immer gleich sein muss. Bei Tafelwasser können die Mineralstoffe auch künstlich zugesetzt werden.
Sogar unser Trinkwasser enthält eine bestimmte Mineralstoffmenge.

Das Mineralwasser aus unterirdischen Vorkommen hat einen langen Weg hinter sich. Regen versickert im Boden. Das Bodenwasser durchdringt auf seinem Weg bis zum Tiefenwasser im Laufe von Jahrhunderten auch verschiedene Gesteinsschichten. Dabei wird das Wasser einerseits gereinigt und löst andererseits verschiedene Mineralien. In Abhängigkeit von den Gesteinsschichten unterscheiden sich die einzelnen Mineralwässer in der Zusammensetzung ihrer Inhaltsstoffe. Diese Zusammensetzung ist auf dem Etikett angegeben. Sie ist entscheidend für den Geschmack des Wassers.

Auf dem Etikett kannst du die Namen oder die chemischen Zeichen der enthaltenen Ionen erkennen. Wir unterscheiden einfache und zusammengesetzte Ionen. Zu den einfachen Ionen gehören u. a. die Kalium-Ionen K^+ und die Magnesium-Ionen Mg^{2+}. Die positive Ladung wird durch ein Pluszeichen gekennzeichnet, die Anzahl der Ladungen wird durch arabische Ziffern verdeutlicht. (Die 1 wird dabei oft weggelassen).
Chlorid-Ionen sind einfach negativ geladen. Die negative Ladung ist an dem Minuszeichen erkennbar.

Außerdem sind auf dem Etikett zusammengesetzte Ionen aufgelistet. Bei ihnen kann man ebenfalls Art und Anzahl der Ladung aus dem chemischen Zeichen ablesen:

Sulfat-Ionen
chemisches Zeichen: SO_4^{2-}
Ladung: zweifach negativ geladen

Nitrat-Ionen
chemisches Zeichen: NO_3^-
Ladung: einfach negativ geladen

Insgesamt ist der Gehalt an Mineralstoffen in den getesteten Mineralwässern (Tab. oben) sehr verschieden. Daraus resultiert der unterschiedliche Geschmack.

Das hast du gelernt

Die Chemie der Salze

Salzkristalle sind aus positiv geladenen Ionen (oft Metall-Ionen) und negativ geladenen Ionen aufgebaut. Zwischen den entgegengesetzt geladenen Ionen wirken starke Anziehungskräfte (Ionenbindung).

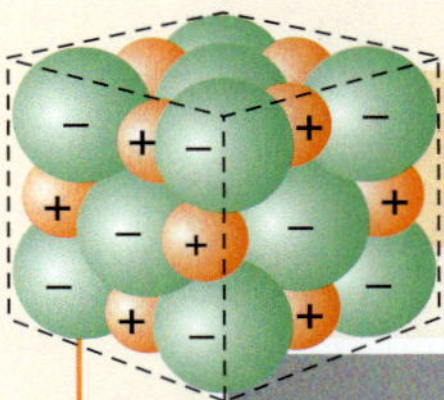

Der Bau der Salze bewirkt ihre kennzeichnenden Eigenschaften.

Salze sind spröde und nicht verformbar, weil bei der Verschiebung der Ionenschichten gleichartige Ionen nebeneinandergeraten, sich abstoßen und die Kristalle daher an diesen Stellen brechen.

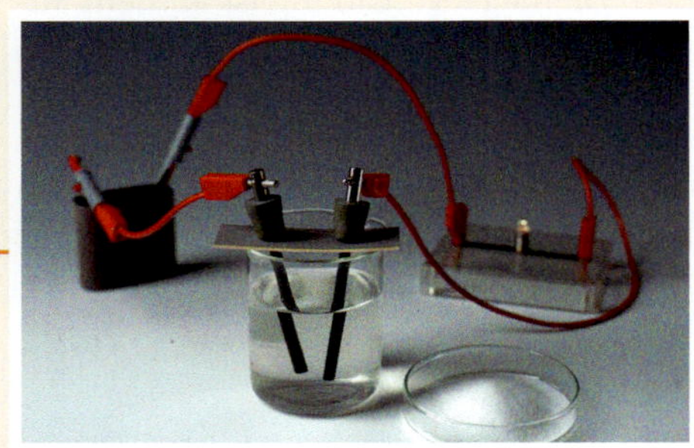

Lösungen und Schmelzen von Salzen sind elektrisch leitfähig, weil in beiden Flüssigkeiten (anders als im Feststoff) frei bewegliche Ionen als Ladungsträger zur Verfügung stehen.

Ionen sind geladene Teilchen. Ionen entstehen aus Atomen der jeweiligen Elemente durch Abgabe oder Aufnahme von Elektronen.

Chloratom + Elektron → Chlorid-Ion

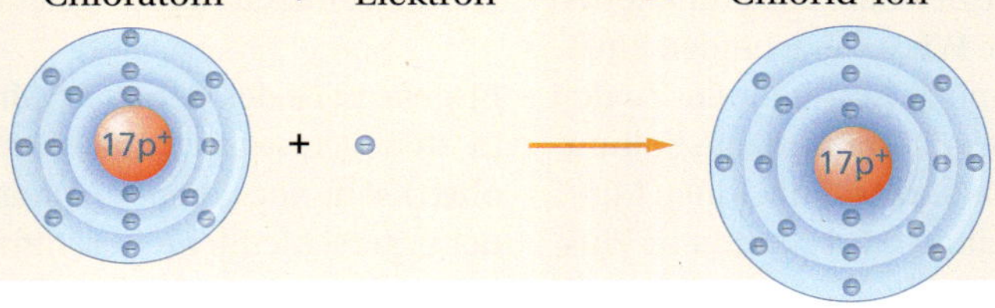

Löse mit Köpfchen

1. Das Handwerkszeug des Chemikers

Interpretiere folgende chemische Zeichen: Al^{3+}, Ca^{2+}, F^-. Zeichne die Schalenmodelle dieser Teilchen.

2. Kniffliges

Salze sind hart und spröde. Führe diese Eigenschaften auf ihren Bau zurück und erläutere an diesen Beispielen den Zusammenhang von Bau und Eigenschaften von Stoffen

3. Ein Salz hergestellt

Natrium reagiert mit Iod zu Natriumiodid:

$$2\,Na + I_2 \longrightarrow 2\,NaI$$

a) Interpretiere die Gleichung.
b) Stelle die Reaktion mithilfe deiner Atommodelle dar. Lies dir dazu auch noch einmal den Text auf den Seiten 22 und 23 durch.

4. Salzlösung hergestellt

Untersuche experimentell, ob das Schütteln des Reaktionsgefäßes oder eine Temperaturerhöhung einen Einfluss auf das Lösen von Kaliumchlorid in Wasser hat. Entwickle einen Plan und lasse ihn von deiner Lehrkraft bestätigen. Führe die notwendigen Experimente entsprechend deinem Plan durch.
Erkläre deine Beobachtungen.
Nutze dazu folgende Abbildung.
S ↗ S. 122

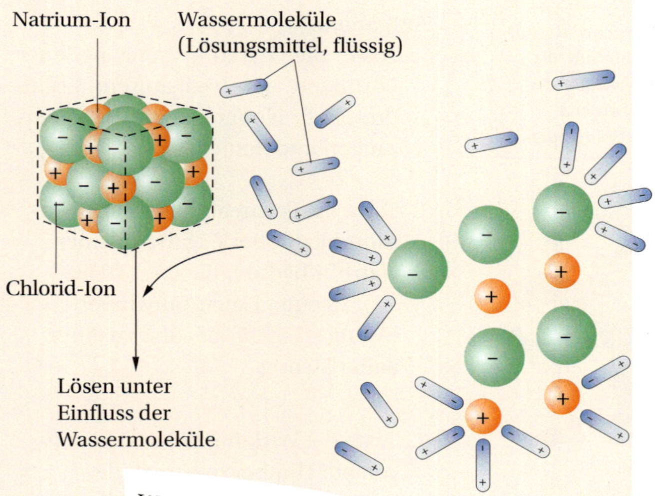

Wassermoleküle umlagern die Ionen an Ecken und Kanten des Kristalls, dringen ein und schwächen die Anziehungskräfte zwischen den Ionen.

5. Werbung verstehen

In der Werbung werden bei starker sportlicher Aktivität oft Isodrinks empfohlen. Erläutere, was mit „isotonischen Getränken" bewirkt werden soll. Was hältst du davon?

Ätzende Ionensubstanzen

Vorsicht Lauge!

Prüfe Seifenlauge mit Universalindikator. Was stellst du fest?

S Erforsche es

Aufgaben:
Teste die Wirkung verschiedener Lösungen auf Indikatoren. Führe Protokoll. Notiere deine Beobachtungen und deute sie.

1. Teste die Farbreaktion von Universalindikator bei Zugabe zu einer Natriumhydroxidlösung (GHS05, E2), zu einer Calciumhydroxidlösung (GHS05, E2) und zu einer Seifenlösung.

2. Teste die Wirkung der drei Lösungen auf Himbeermarmelade.

Wir nutzen Seife oder andere Reinigungsmittel, wenn einfaches Wasser nicht ausreicht, z. B. zur Beseitigung von Fettflecken.
Versuchst du allerdings, einen roten Obstfleck mit Seife aus einem Kleidungsstück zu entfernen, verfärbt sich der Fleck oft blau.
Rote Früchte enthalten **Indikatoren.** Diese zeigen eine **charakteristische Farbreaktion,** ähnlich wie der Universalindikator in dem obigen Test.

Wässrige Lösungen von **Natriumhydroxid NaOH** und **Calciumhydroxid** $\mathbf{Ca(OH)_2}$ zeigen ähnliche Eigenschaften wie Seifenlösungen.
Solche Lösungen werden im Alltag oft als **Laugen** bezeichnet. In der chemischen Fachsprache heißen sie **alkalische bzw. basische Lösungen.**
Die Feststoffe, wie Natriumhydroxid und Bariumhydroxid, wirken dementsprechend als **Basen.**

Alkalische bzw. basische Lösungen werden auch Laugen genannt. Sie bewirken eine charakteristische Farbreaktion bei Indikatoren.

Alkalische (basische) Lösungen weisen weitere typische Eigenschaften auf. Sie zersetzen fettige und ölige Stoffe. Sie dienen daher oft als Reinigungsmittel.

Solche Reiniger haben auch Nachteile. So lassen sie Stofffasern quellen und greifen nicht nur Schmutzstoffe, sondern auch empfindliche Fasern und unsere Haut an.

Alkalische Lösungen sind **ätzend.** Du musst beim Umgang mit Basen und ihren Lösungen daher **Sicherheitsbestimmungen** beachten.

Für den Umgang mit Natriumhydroxid gelten folgende P-Sätze: P280-301 + 330 + 331-309 + 310-305 + 351 + 338. Lies auf den Seiten 188/189 nach, was sie bedeuten.

Ausgewählte Metallhydroxide und ihre Lösungen		
	Bezeichnung in der Fachsprache	Bezeichnung im Alltag
NaOH/fest	Natriumhydroxid	Ätznatron
Lösung	Natriumhydroxidlösung	Natronlauge
KOH/fest	Kaliumhydroxid	Ätzkali
Lösung	Kaliumhydroxidlösung	Kalilauge
$Ca(OH)_2$/fest	Calciumhydroxid	Kalkhydrat, Löschkalk
Lösung	Calciumhydroxidlösung	Kalkwasser
$Ba(OH)_2$/fest	Bariumhydroxid	
Lösung	Bariumhydroxidlösung	Barytwasser

Aufgaben

1 Notiere die Alltagsbezeichnung für Natriumhydroxidlösung und Calciumhydroxidlösung.

2 Informiere dich mithilfe des Internets und des Lehrbuches (S. 188/189) über Sicherheitshinweise, die du beim Umgang mit Basen und ihren Lösungen beachten musst.

3 Erläutere an einem selbst gewählten Beispiel, worin der Unterschied zwischen einer Base und einer alkalischen Lösung besteht.

4 Prüfe die Wirkung von alkalischen Lösungen auf verschiedene Indikatoren. S

5 Recherchiere einige Anwendungen von Basen und alkalischen Lösungen im Alltag und in der Technik.
Nutze dazu auch die nebenstehende Abbildung.

Ätzende Ionensubstanzen

Was chemisch dahintersteckt

Der Test der elektrischen Leitfähigkeit liefert wichtige Hinweise.

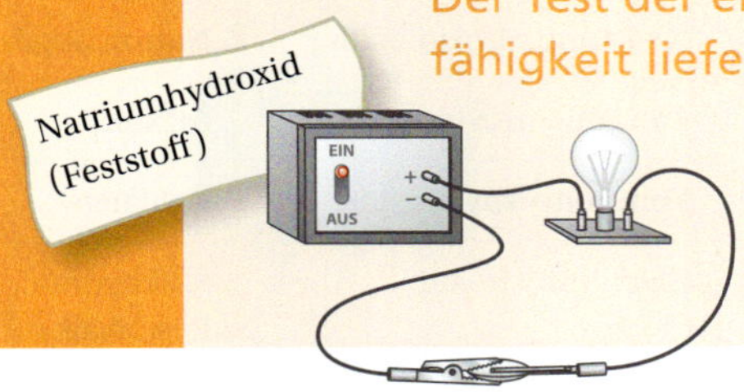

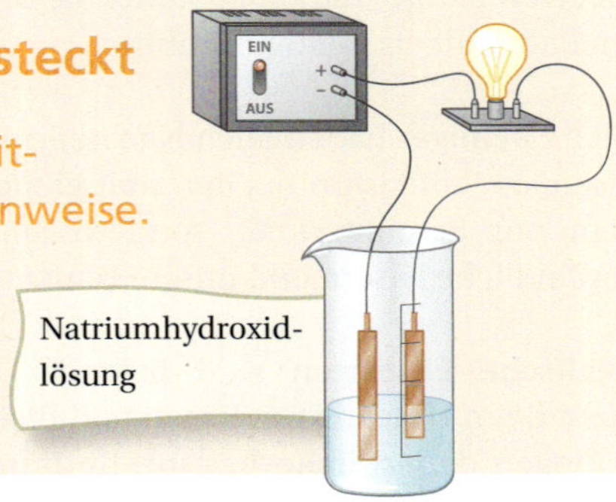

Wässrige Natriumhydroxidlösungen sind **elektrisch leitfähig.** In den Lösungen müssen somit frei bewegliche Ladungsträger vorhanden sein, die den Ladungstransport ermöglichen.
Dabei handelt es sich um elektrisch geladene **Ionen,** die beim Lösen des Natriumhydroxids in Wasser **frei beweglich** werden.

Festes Natriumhydroxid leitet den elektrischen Strom nicht. Im Feststoff sind die Ionen auf festen Gitterplätzen angeordnet. Damit sind zwar mögliche Ladungsträger vorhanden, aber nicht frei beweglich. Erst durch Wassermoleküle werden sie aus dem Ionengitter herausgelöst. Dabei umlagern die Wassermoleküle die Ionen.

Alkalische Lösungen weisen einige gemeinsame Eigenschaften auf: Sie sind ätzend. Außerdem bewirken sie bei Indikatoren eine charakteristische Farbreaktion.
Die Ursache für die charakteristische Farbreaktion und die anderen gemeinsamen Eigenschaften alkalischer Lösungen sind **Hydroxid-Ionen.**
Das sind einfach negativ geladene Ionen der **Formel OH^-.** Neben den Hydroxid-Ionen enthält eine Natriumhydroxidlösung einfach positiv geladene Natrium-Ionen Na^+. Natriumhydroxid ist ein Metallhydroxid.

Alkalische Lösungen enthalten immer frei bewegliche negativ geladene Hydroxid-Ionen.

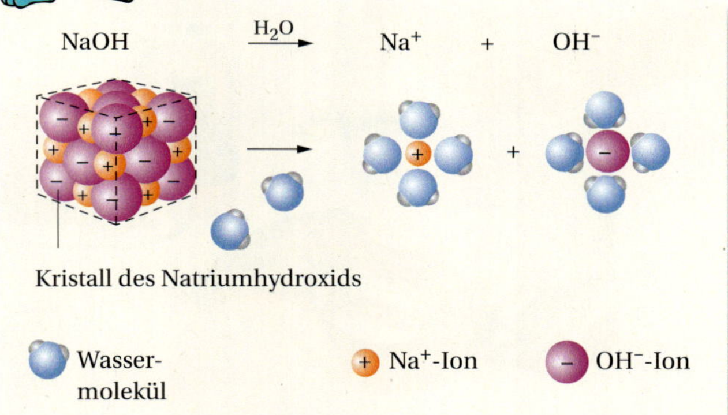

Charakteristische Indikatorfärbung bei alkalischen (basischen) Reaktionen	
Indikatoren	Farbe bei alkalischer Lösung
Universalindikator	Blau
Lackmus	Blau
Phenolphthalein	Rot

Ausgewählte Ionensubstanzen, die mit Wasser alkalische Lösungen bilden					
Metallhydroxid		Art und Verhältnis der Ionen im Kristall und in der Lösung			
Name	Formel	Name	chemisches Zeichen	Name	chemisches Zeichen
Natriumhydroxid	$NaOH$	Natrium-Ionen	Na^+	Hydroxid-Ionen	OH^-
Kaliumhydroxid	KOH	Kalium-Ionen	K^+	Hydroxid-Ionen	OH^-
Calciumhydroxid	$Ca(OH)_2$	Calcium-Ionen	Ca^{2+}	Hydroxid-Ionen	$2\,OH^-$
Magnesiumhydroxid	$Mg(OH)_2$	Magnesium-Ionen	Mg^{2+}	Hydroxid-Ionen	$2\,OH^-$
Bariumhydroxid	$Ba(OH)_2$	Barium-Ionen	Ba^{2+}	Hydroxid-Ionen	$2\,OH^-$
Aluminiumhydroxid	$Al(OH)_3$	Aluminium-Ionen	Al^{3+}	Hydroxid-Ionen	$3\,OH^-$

Neben Natriumhydroxid gibt es weitere Metallhydroxide. Ihre wässrigen Lösungen reagieren ebenfalls alkalisch. Stelle das Lösen in Wasser für zwei Beispiele mithilfe der chemischen Zeichensprache dar.

Aufgaben

1 Fertige nach dem nebenstehenden Muster einen Steckbrief für zwei weitere Basen an.

2 Geschmolzenes Natriumhydroxid ist – im Gegensatz zu festem Natriumhydroxid – elektrisch leitfähig. Leite eine Schlussfolgerung aus dieser Tatsache ab.

3 Beschreibe den Lösungsprozess von festem Kaliumhydroxid in Wasser.

4 Gib die Ursache für die typischen Eigenschaften aller alkalischen Lösungen an.

Steckbrief

Natriumhydroxid

Formel: $NaOH$

Eigenschaften:

fester, weißer, ätzend wirkender Stoff; hygroskopisch, sehr gut in Wasser löslich (je 100 g Wasser lösen sich bei 20 °C 109 g), Lösungen stark alkalisch; Feststoff nicht elektrisch leitfähig, jedoch die Lösungen und die Schmelze

Dichte: 2,1 g/cm³ (bei 25 °C)

Schmelztemperatur: 322 °C

Siedetemperatur: 1 378 °C

Verwendung:

Ausgangsstoff bei der Herstellung von Seifen und vielen anderen Chemikalien, Bestandteil von Reinigungsmitteln, Herstellung von Laugengebäck

Wusstest du schon …

Bildung alkalischer Lösungen

Alkalische Lösungen (Laugen) entstehen nicht nur beim Lösen von Metallhydroxiden in Wasser, sondern auch durch Reaktion von Metallen mit Wasser.
Unedle Metalle wie Natrium oder Magnesium reagieren zum Teil heftig mit Wasser. Dabei bildet sich neben der alkalischen Lösung des Natrium- bzw. Magnesiumhydroxids gasförmiger Wasserstoff.

Metall + Wasser ⟶ Metallhydroxid (Lösung) + Wasserstoff

Die Reaktionen sind stark exotherm.

Aufgrund dieser Prozesse sind unedle Metalle gegen Wasser nicht beständig. Sie rosten schnell und eignen sich nur bedingt als Baumaterialien.
Im Gegensatz dazu sind **edle Metalle** wie Kupfer oder Gold auch in feuchter Umgebung stabil.

Ähnliche Reaktionen laufen ab, wenn du einen **alkalischen Rohrreiniger** in einen verstopften Abfluss gibst. Der Rohrreiniger enthält u. a. Natriumhydroxid und Aluminium. Durch die Reaktionen der Inhaltsstoffe mit Wasser entsteht eine stark alkalische Lösung. Die ätzend wirkende Lauge zersetzt die Feststoffe im Abfluss.
Das ebenfalls gebildete Wasserstoffgas lockert die Verstopfung und der Abfluss wird wieder frei.

Alkalische Lösungen bilden sich auch, wenn Metalloxide mit Wasser reagieren. Dabei entstehen jeweils die Metallhydroxide, die sich in Wasser lösen.

Metalloxid + Wasser ⟶ Metallhydroxid (Lösung)

Ein Beispiel dafür ist die Reaktion von Calciumoxid mit Wasser zu Calciumhydroxidlösung (Kalkwasser).
Allerdings ist Calciumhydroxid nur mäßig in Wasser löslich.

Natrium reagiert heftig mit Wasser zu Natronlauge und Wasserstoff. (Indikator: Phenolphthalein)

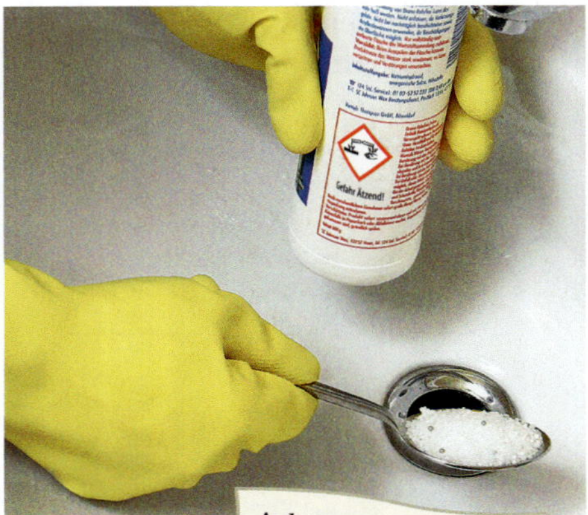

Achtung! Der Umgang mit Rohrreinigern ist gefährlich!

Erforsche es

S Rohrreiniger im Test

Aufgabe:
Untersuche einen basisch reagierenden festen Rohrreiniger. Teste, welcher Bestandteil für die basische Reaktion verantwortlich ist.
Tipp: Lies das Etikett genau. Du erhältst wichtige Informationen.

Vorbereitung:
Geräte: Schutzbrille, Lupe, Spatel, Pinzette, Petrischale, Bechergläser
Chemikalien: Universalindikatorlösung, destilliertes Wasser, handelsüblicher Rohrreiniger

Durchführung:
Betrachte die Stoffprobe mit einer Lupe. Entnimm vorsichtig einzelne Bestandteile und gib sie jeweils in ein extra Gefäß.
Löse sie in etwas Wasser und tropfe Universalindikatorlösung hinzu.

Beobachtung und Auswertung:
Beschreibe die Bestandteile und notiere, ob sie alkalisch reagieren.
Vermute, welcher Inhaltsstoff für die Reaktion des Rohrreinigers verantwortlich ist.

L Vom Metall zum Hydroxid

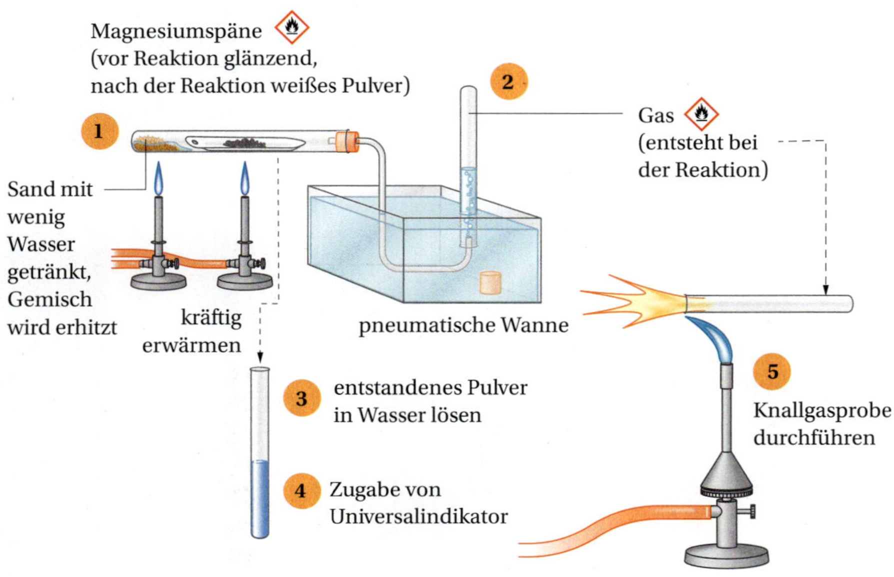

Das hast du gelernt

Ätzende Ionensubstanzen

Metallhydroxide sind Ionensubstanzen

Sie sind aus positiv geladenen Metall-Ionen und negativ geladenen Hydroxid-Ionen aufgebaut.
In wässriger Lösung werden die Ionen frei beweglich. Aufgrund der Hydroxid-Ionen reagieren die Lösungen basisch.

Beispiel NaOH

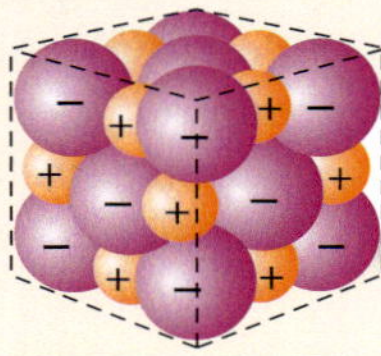

$$NaOH \xrightarrow{H_2O} Na^+ + OH^-$$

Basische Lösungen

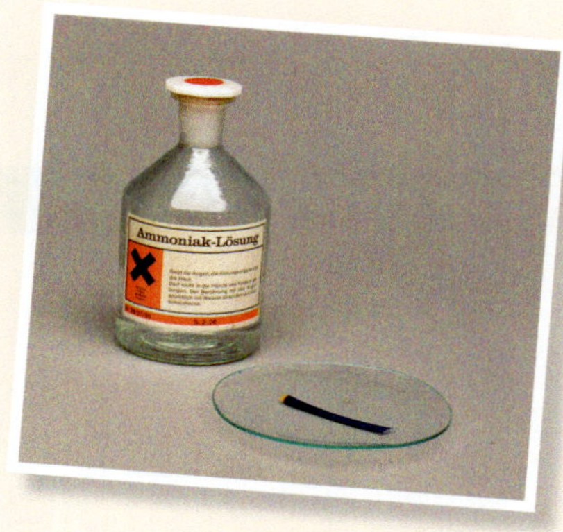

- sind ätzend,
- greifen organische Stoffe an und zersetzen sie,
- zerstören Eiweiße
- färben Indikatoren.

Die Ursache für diese Eigenschaften sind die enthaltenen Hydroxid-Ionen.

Basische Lösungen

finden u. a. als Reinigungsmittel Verwendung. Dabei wird ausgenutzt, dass sie organische Stoffe, wie Fette und Eiweiße, zersetzen.

Löse mit Köpfchen

1. Vom Hydroxid zur Lösung

Stelle das Lösen von Kaliumhydroxid, Natriumhydroxid, Bariumhydroxid und Calciumhydroxid in Wasser in der chemischen Zeichensprache dar.
Wie werden die erhaltenen wässrigen Lösungen bezeichnet?

2. Hygroskopisches Hydroxid

Festes Natriumhydroxid muss in geschlossenen Behältnissen aufbewahrt werden. Begründe diese Art der Aufbewahrung. ↗ S. 20

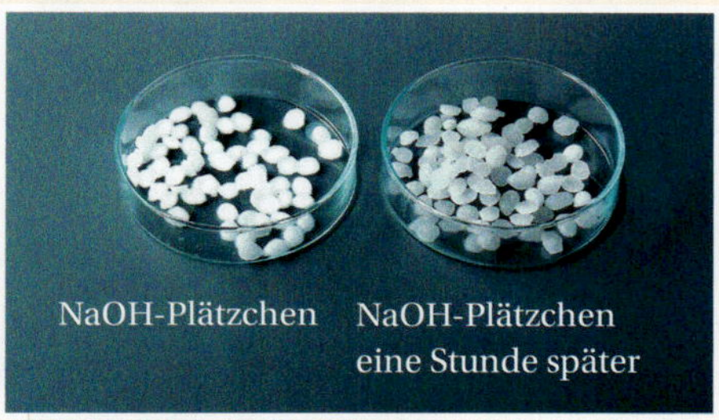

3. Rohrreiniger oder Rohrbombe?

Durch unsachgemäßen oder leichtsinnigen Umgang mit Reinigungsmitteln können Menschen verätzt oder anderweitig verletzt werden.
Diskutiert in der Lerngruppe den chemischen Hintergrund der unten stehenden Zeitungsmeldung.

Mehr als ein Schülerstreich

Durch eine Explosion ist ein 14-jähriges Mädchen schwer verletzt worden. Jugendliche hatten erst Abflussreiniger und dann Wasser in eine Sprudelflasche gefüllt. Sie schüttelten die verschlossene Flasche und lösten dadurch eine chemische Reaktion aus, die zur Explosion dieser selbst gebastelten „Rohrbombe" führte.

4. Alles klar?

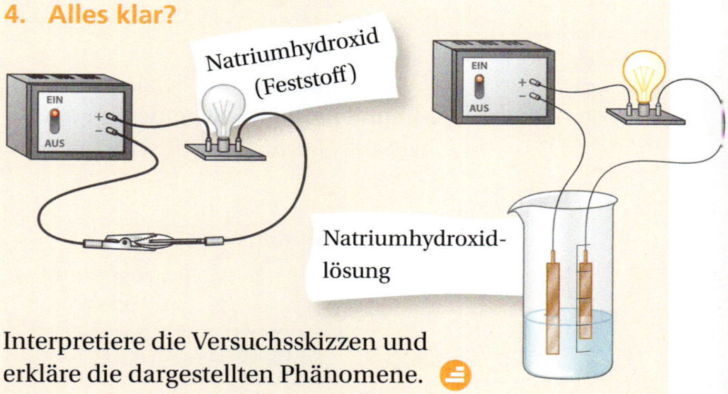

Interpretiere die Versuchsskizzen und erkläre die dargestellten Phänomene.

5. Gefährliches im Haushalt?

Im Haushalt finden unterschiedliche saure und alkalische Lösungen Verwendung. Bei manchen muss man spezielle Sicherheitsregeln beachten, die auf der Verpackung angegeben sind.

a) Suche zu Hause Stoffe mit Gefahrstoffzeichen. Teste mit Indikatorpapier, ob sie basisch reagieren.

b) Erstelle eine tabellarische Übersicht. Nimm alkalische und anders reagierende Lösungen auf, die im Haushalt verwendet werden.

c) Erläutere, warum nicht alle Chemikalien durch die gleichen Gefahrstoffpiktogramme gekennzeichnet sind.

Teste dich selbst

Wähle aus.

1 Warum findet man in Salzlagerstätten Kaliumchlorid im Allgemeinen oberhalb der Natriumchloridschicht?

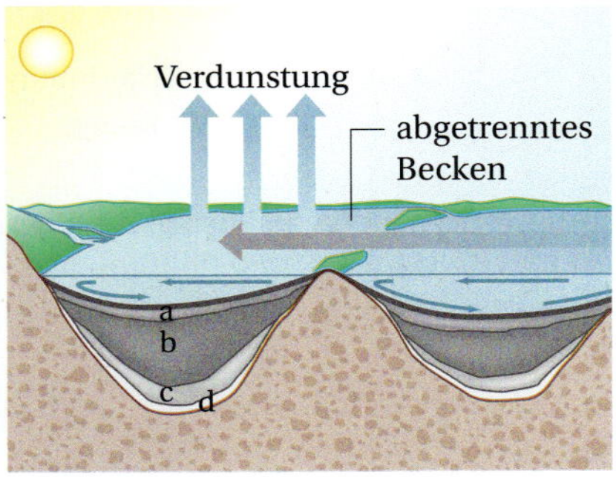

A Bei hohen Temperaturen löst sich mehr Kaliumchlorid als Natriumchlorid in einem bestimmten Volumen Wasser. Bei den hohen Temperaturen in der Zechsteinzeit lagerte sich daher zuerst Natriumchlorid ab.

B Bei hohen Temperaturen löst sich mehr Kaliumchlorid als Natriumchlorid in einem bestimmten Volumen Wasser. Bei den hohen Temperaturen in der Zechsteinzeit lagerte sich daher zuerst Kaliumchlorid ab.

2 Salze haben hohe Schmelz- und Siedetemperaturen, weil

A alle Salze feste kristalline Substanzen sind.

B zwischen den entgegengesetzt geladenen Ionen in den Kristallen starke Anziehungskräfte wirken.

C alle Salze als elementaren Bestandteil Chlor, Brom oder Iod aufweisen.

3 Ein Salzkristall wird mit einem Hammer bearbeitet.

A Der Kristall verbiegt sich.

B An der Aufschlagstelle entsteht eine Delle.

C Der Kristall zerspringt.

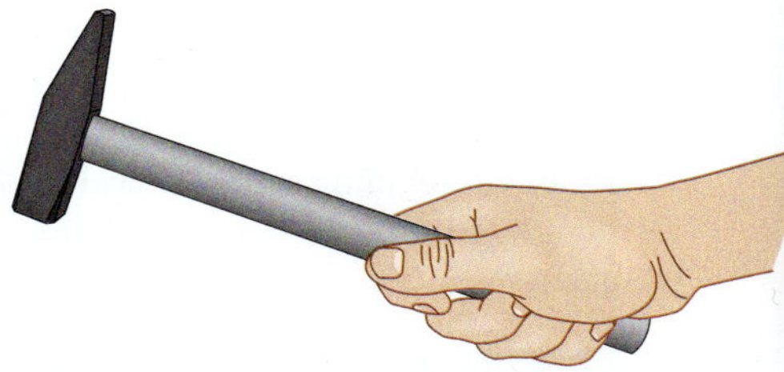

4 Die Ionen im Calciumhydroxid weisen ein Verhältnis von

A Calcium-Ionen: Hydroxid-Ionen = 1 : 2 auf.

B Calcium-Ionen: Hydroxid-Ionen = 2 : 1 auf.

C Calcium-Ionen: Hydroxid-Ionen = 1 : 1 auf.

5 Welche der folgenden Haushaltschemikalien färben Phenolphthaleinlösung rot?

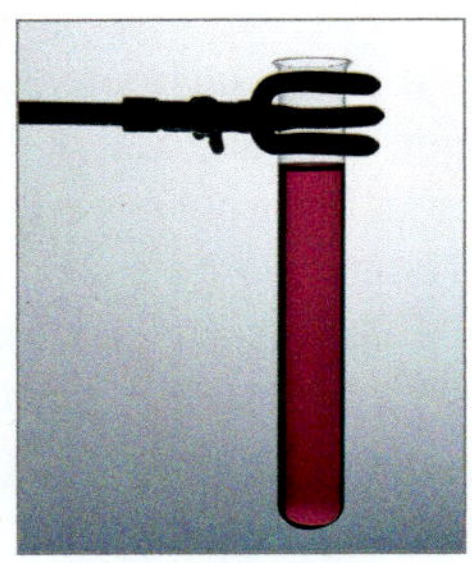

A Vollwaschmittel

B Kalklöser für Armaturen

C Abflussreiniger

6 Bei welchem Stoff handelt es sich nicht um ein Metallhydroxid?

A $Mg(OH)_2$

B MgI_2

C $MgCO_3$

Beantworte ausführlich.

1 Kochsalzkristalle sind hinsichtlich ihrer Druckfestigkeit hart wie Beton. Andererseits sind sie spröde. Erkläre diese Eigenschaften von Kochsalz. Stelle dazu einen Zusammenhang zum Bau her.

2 Im Winter wird häufig Streusalz auf die Straßen aufgebracht, um sie eisfrei zu halten.

a) Notiere, welche Folgen das für die Pflanzen am Straßenrand haben kann.
Tipp: Führe dazu das Experiment 2 von Seite 15 durch bzw. nutze deine Beobachtungsergebnisse.
b) Bewerte den Einsatz von Streusalz im Winter.

3 Im Text auf der Seite 10 sind verschiedene Salze aufgeführt, die im Meerwasser gelöst sind.
Notiere die Ionen, die demzufolge im Meerwasser enthalten sein müssen.

4 Erläutere die Bildung von Calcium-Ionen aus Calciumatomen und Iodid-Ionen aus Iodatomen.

5 Calciumchlorid kann durch chemische Reaktionen hergestellt werden.
a) Gib eine Wortgleichung für eine mögliche Reaktion an.
b) Stelle die Reaktionsgleichung für diese Reaktion auf.

6 Gib die Verteilung der Elektronen in der Atomhülle von Atomen an, die
a) 16 Elektronen,
b) 10 Elektronen,
c) 3 Elektronen
besitzen.

7 Übertrage die Tabelle ins Heft und fülle sie aus. Nutze dazu das Periodensystem der Elemente.

Element	Protonenzahl	Elektronenzahl	Elektronenverteilung
N	?	7	
Na	11	?	
P	15	?	
S	?	16	
Ar	18	?	

8 Ermittle mithilfe des PSE, ob die folgenden Atome Ionen durch Elektronenabgabe bzw. -aufnahme ausbilden können:
a) Magnesiumatom,
b) Neonatom,
c) Aluminiumatom,
d) Wasserstoffatom,
e) Schwefelatom,
f) Fluoratom.
Begründe jeweils.

1B Chemische Verbindungen im Alltag: Säuren und Alkohol

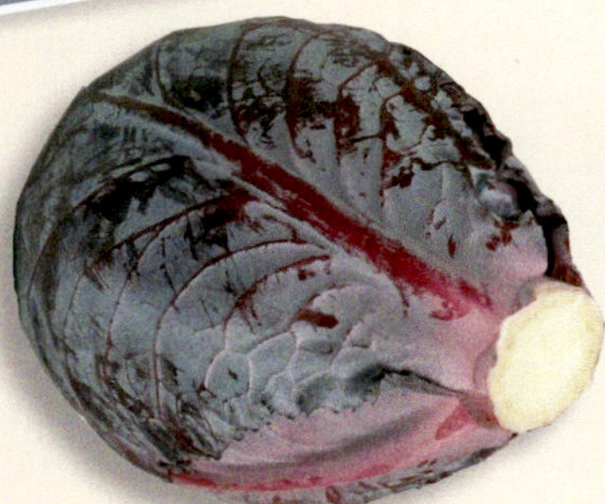

Rotkohl oder Blaukohl?
Koche klein geschnittenen Rotkohl in etwas Wasser. Gieße das Rotkohlwasser in ein extra Gefäß. Gib einige Tropfen davon zu Zitronensaft.
Was beobachtest du? Welche Flüssigkeit aus dem Haushalt würde vermutlich dieselbe Farbreaktion hervorrufen?

Von der Gerste zum Bier
Organisiert eine Exkursion in eine Brauerei. Informiert euch über die Bierherstellung.

Steckbrieflich gesucht
Erarbeitet für Salzsäure, Citronensäure, Essigsäure und „Trinkalkohol" (Ethanol) Steckbriefe.
Arbeitet in Gruppen.

Haushaltsessig oder Essigessenz?
Informiere dich: Worin besteht der Unterschied?
Lies dazu die Etiketten und notiere eventuelle Gefahrenhinweise.

Was heißt hier pH-neutral?
Reinigungsprodukte für die Haut werden häufig mit der Angabe „pH-neutral" beworben. Erkunde, was damit gemeint ist.

Achtung! Auch ätzend!

Vorsicht Säuren!

Lasse in einem Topf vorsichtig Leitungswasser verdampfen. Reibe ihn anschließend mit einer aufgeschnittenen Zitrone aus.

Erforsche es

Lest den ersten Textabschnitt auf dieser Lehrbuchseite genau durch.
Wie könnt ihr die Aussagen im Text experimentell überprüfen?

1. Bildet Arbeitsgruppen. Erarbeitet einen Plan und lasst ihn von der Lehrkraft bestätigen.

2. Fordert notwendige Geräte und Chemikalien an und arbeitet nach eurem Plan.

3. Führt Protokoll.

Mit Zitronensaft kannst du die Kalkablagerungen im Topf beseitigen. Du kannst mit diesem Reinigungsmittel auch Ablagerungen auf den Armaturen an der Badewanne oder in der Spüle entfernen. Das klappt, weil im Saft **Citronensäure** gelöst ist. Diese Säure ist auch ein Bestandteil vieler Haushalts- und Badreiniger.

Anstelle des Zitronensafts könntest du den Kalkbelägen aber auch mit Haushaltsessig zu Leibe rücken. Er enthält **Essigsäure.**
Verdünnte **Salzsäure** (Lösung der Chlorwasserstoffsäure) oder verdünnte **Schwefelsäurelösung** haben die gleiche Wirkung.
Alle diese Flüssigkeiten enthalten gelöste Säuren. Wir bezeichnen sie deshalb als **saure Lösungen.**

Säure	+	**Wasser**	⟶	**saure Lösung**
Citronensäure	+	Wasser	⟶	Citronensäurelösung

Gib an, welche Säure in Haushaltsessig und welche in Salzsäure gelöst ist.

Saure Lösungen enthalten gelöste Säuren.

Aber **Vorsicht!** Saure Lösungen wirken ätzend. Sie zersetzen neben Kalk auch viele Metalle. Deshalb sind sie nicht für alle Oberflächen als Reinigungsmittel geeignet.
Außerdem zerstören sie Eiweiße. Darum werden u. a. Bakterien und Pilze abgetötet. Saure Lösungen greifen auch unsere Haut und unsere Schleimhäute an. Denn diese bestehen ebenfalls aus Eiweißen.
Deshalb werden saure Lösungen mit besonderen Gefahrstoffpiktogrammen gekennzeichnet.
Beim Arbeiten mit solchen Lösungen musst du unbedingt die angegebenen Sicherheitsbestimmungen beachten.

Beim Arbeiten mit Säuren und ihren Lösungen musst du Schutzkleidung tragen und die Sicherheitsregeln einhalten!

Sicherheitsregeln für das Arbeiten mit Säuren und ihren Lösungen

1. Arbeitsschutzkleidung (Schutzbrille, Kittel) tragen!
2. Mit kleinsten Mengen arbeiten!
3. Nicht kosten!
4. Dämpfe nicht einatmen!
5. Vorsicht beim Um- und Abfüllen!
6. Verdünnungsregel: „Erst das Wasser, dann die Säure, sonst geschieht das Ungeheure."
7. Kurze, sichere Transportwege wählen!
8. Glasgefäße vorsichtig absetzen!
9. Bei der ersten Hilfe Säure mit viel Wasser abspülen und verdünnen!
10. Bei Verätzungen der Haut zum Arzt!

Aufgaben

1 Eine Eiweißlösung wurde mit zwei verschiedenen sauren Lösungen versetzt. Beschreibe, was passiert. Nutze dazu das folgende Foto.

2 Wenn du eine Verletzung am Finger hast und saures Obst schneidest, ist das unangenehm. Gelangt Obstsaft an die Wunden, brennt es. Erkläre diese Beobachtung.

3 Im Internet wird unter der Rubrik „Tricks und Kniffe im Haushalt" empfohlen: „Einen verkalkten Wasserkocher kannst du reinigen, indem du in das Wasser etwas Haushaltsessig gibst und die Mischung erhitzt." Wird der Trick zur Entkalkung funktionieren? Bewerte den Vorschlag. ↗ S. 158

4 Saure Reiniger wie Essig- oder Citrusreiniger sind nicht für Marmorfliesen geeignet. Informiere dich woraus Marmor besteht.
Leite daraus ab, warum Marmor mit anderen Reinigungsmitteln behandelt werden muss.

Steckbrief

Formel HCl

Salzsäure (Chlorwasserstoffsäure)

Handelsübliche Lösungen sind:

rauchende Salzsäure: ca. 37 %ig,
konzentrierte Salzsäure: 25 %ig,
verdünnte Salzsäure: 3,5 %ig.

Eigenschaften:

ätzend wirkende, farblose Flüssigkeit; gut elektrisch leitfähig, stechend riechend, leicht flüchtig, verdampft ohne Rückstand, bildet mit Metallen und anderen Reaktionspartnern Salze (Chloride)
Dichte: abhängig von der Konzentration

$\omega_{(HCl)}$	3,5 %	7 %	10 %	30 %	37 %
ϱ in g/cm^3	1,015	1,033	1,047	1,149	1,183

Vorkommen:

Magensäure

Verwendung:

Ätzen von Metallen, Reinigen von Fliesen, Lebensmittelzusatzstoff E 507, Aufbereitung von Abwässern, industrielle Herstellung von Chlorverbindungen

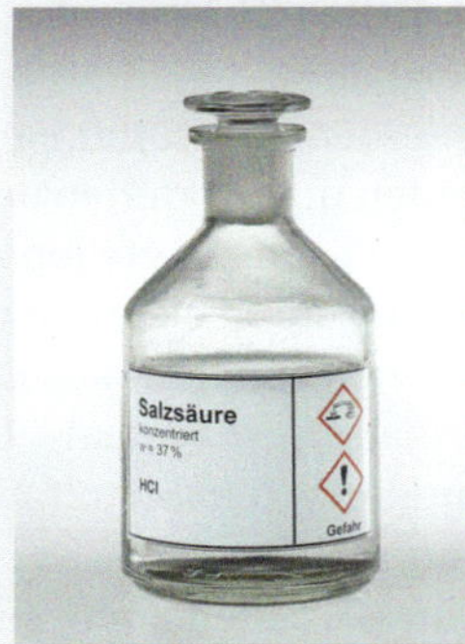

Besonderheit:

Salzsäure ist die wässrige Lösung des Gases Chlorwasserstoff. (↗ S. 44)

Steckbrief

Formel H_2SO_4

Schwefelsäure – das „Blut der Chemie"

Konzentrierte Schwefelsäure (96 – 98 %)

Eigenschaften:

ölige, stark ätzende Flüssigkeit, leitet den elektrischen Strom schlecht, hygroskopisch, zersetzt organische Stoffe, wirkt schwach oxidierend
Dichte: $1{,}84\,g/cm^3$
Schmelztemperatur: 10 °C
Siedetemperatur: 338 °C (zersetzlich)

Verdünnte Schwefelsäure

Eigenschaften:

stark ätzende Flüssigkeit, leitet den elektrischen Strom, färbt Indikatoren charakteristisch, bildet mit Metallen und anderen Reaktionspartnern Salze (Sulfate)

Verwendung:

Batteriesäure, Trocknungsmittel, Herstellung von Düngemitteln, wichtiger Katalysator in der chemischen Industrie, Rohstoff zur Waschmittelherstellung

Besonderheit:

Konzentrierte Schwefelsäure ist stark wasseranziehend (hygroskopisch). Sie entzieht Zucker, Holz und vielen anderen Stoffen sogar chemisch gebundenes Wasser. Übrig bleibt Kohlenstoff. So entsteht aus Zucker Zuckerkohle.

Erforsche es

S Wir untersuchen Lösungen

1. Aufgabe:
Teste verschiedene Lösungen mit Universalindikator.

Vorbereitung:
Geräte und Chemikalien: Reagenzgläser, Uhrgläschen, Pipette, Zitronensaft, Haushaltsessig, weitere Proben verschiedener Lösungen aus dem Haushalt, Universalindikator (Lösung), destilliertes Wasser, Schutzbrille

Durchführung:
1. Fülle etwas destilliertes Wasser, Zitronensaft und Haushaltsessig in je ein Reagenzglas. Versetze jede Probe mit drei Tropfen Universalindikator.
2. Teste jeweils eine Probe deiner ausgewählten Haushaltslösungen mit drei Tropfen Universalindikator.

Beobachtung und Auswertung:
1. Notiere deine Beobachtungen. Leite ab: Wie verfärbt sich der Universalindikator bei Anwesenheit von sauren Lösungen?
2. Notiere in einer Tabelle, wie sich der Indikator bei den Testlösungen verfärbt. Leite ab, ob es sich jeweils um eine saure Lösung handelt oder nicht.

Indikatoren	
Handelsüblicher Indikator	Farbe bei saurer Lösung
Universalindikator	Rot
Lackmus (blau)	Rot
Phenolphthalein	bleibt farblos

2. Aufgabe:
Miss die Temperaturveränderung beim Verdünnen von konzentrierten sauren Lösungen.

Vorbereitung:
Geräte: hohes Becherglas, Reagenzglas, Glasstab, Thermometer, Schutzbrille
Chemikalien: 10 ml konzentrierte Salzsäure (GHS 05, E2), 100 ml Wasser

Durchführung:
Gib zuerst das Wasser in ein hohes Becherglas und bestimme die Temperatur.
Gieße nun langsam und unter ständigem Rühren die Säure in das Wasser. Lies anschließend die Temperatur ab.

Beobachtung und Auswertung:
Notiere die gemessenen Temperaturen. Leite eine Schlussfolgerung aus deinen Beobachtungen ab.

Achtung: Auch ätzend!

Was chemisch dahintersteckt

Der Chlorwasserstoffbrunnen wirkt wie ein Zaubertrick: Wasser fließt nach oben und die Farbe ändert sich plötzlich.

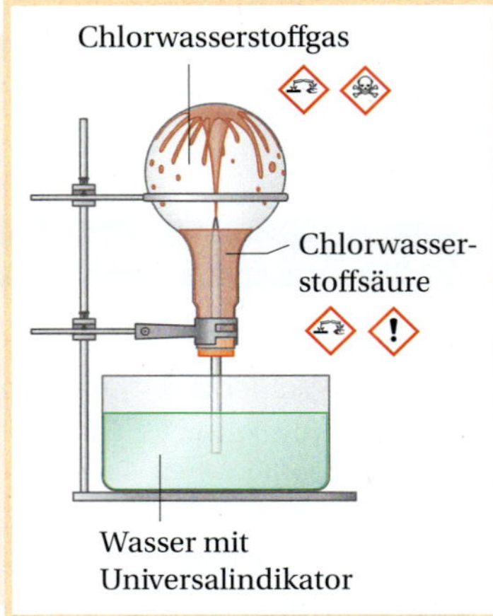

Die Erklärung für den „Zaubertrick" ist ganz einfach: Im oberen Kolben befindet sich **Chlorwasserstoff.**
Das Gas reagiert mit Wasser, sodass ein Unterdruck entsteht. Dadurch wird das Wasser aus dem unteren Kolben nach oben gesaugt.
Bei der Reaktion bildet sich eine saure Lösung – nämlich **Salzsäure.** Deshalb färbt sich der Indikator rot.

Säure + Wasser ⟶ saure Lösung

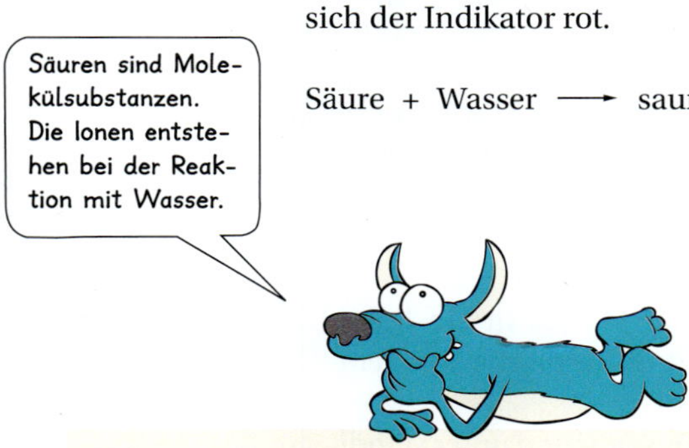

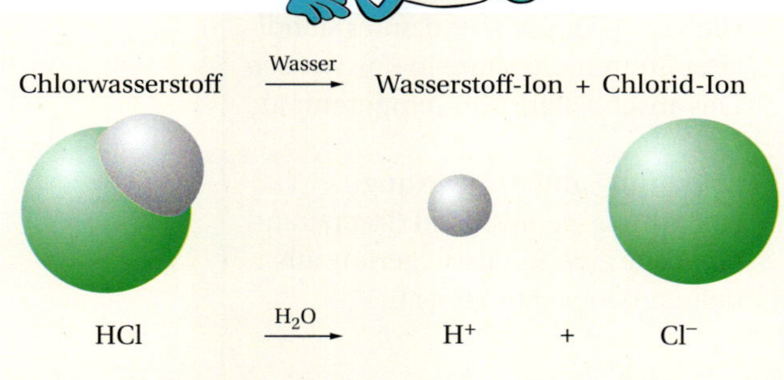

Erläutere, was bei der Reaktion im Teilchenbereich passiert.

Chlorwasserstoff besteht aus Molekülen. In den Molekülen sind je ein Wasserstoffatom und ein Chloratom miteinander verbunden. In wässrigen Lösungen wird diese Bindung gespalten.
Bei der Reaktion entstehen **Wasserstoff-Ionen (H^+)** und **Chlorid-Ionen (Cl^-).** Andere **saure Lösungen enthalten** ebenfalls **Wasserstoff-Ionen.**

Die frei beweglichen Wasserstoff-Ionen sind die Ursache für die typischen Eigenschaften aller sauren Lösungen. Sie färben **Indikatoren** charakteristisch. Diese Färbung gilt als **Nachweis für Wasserstoff-Ionen.**

Die verschiedenen sauren Lösungen enthalten neben den positiv geladenen Wasserstoff-Ionen immer unterschiedliche negativ geladene Ionen. Diese Ionen heißen **Säurerest-Ionen.** So enthält die Salzsäure (Chlorwasserstoffsäure) neben den Wasserstoff-Ionen noch Chlorid-Ionen als Säurerest-Ionen.

Säuren bilden bei der Reaktion mit Wasser Wasserstoff-Ionen und Säurerest-Ionen. Die saure Reaktion der Lösungen beruht auf den frei beweglichen Wasserstoff-Ionen.

Namen und chemische Zeichen ausgewählter Säuren und ihrer Säurerest-Ionen in der Lösung			
Name der Säure	Formel	Namen einiger Säurerest-Ionen	Formel
Chlorwasserstoffsäure (Salzsäure)	HCl	Chlorid-Ionen	Cl^-
Essigsäure	CH_3COOH	Acetat-Ionen	CH_3COO^-
Salpetersäure	HNO_3	Nitrat-Ionen	NO_3^-
Kohlensäure	H_2CO_3	Carbonat-Ionen Hydrogencarbonat-Ionen	CO_3^{2-} HCO_3^-
Schwefelsäure	H_2SO_4	Sulfat-Ionen	SO_4^{2-}
schweflige Säure	H_2SO_3	Sulfit-Ionen	SO_3^{2-}
Phosphorsäure	H_3PO_4	Phosphat-Ionen	PO_4^{3-}

Aufgaben

1 Lies den Text auf der Seite 44. Übernimm dann den folgenden Merksatz in dein Heft und vervollständige ihn: „Saure Lösungen enthalten frei bewegliche positiv geladene … und frei bewegliche negativ geladene …“.

2 Eine unbekannte Lösung färbt sich nach Zugabe einiger Tropfen Universalindikator rot.
Welche Schlussfolgerung kannst du ableiten? Begründe deine Aussage.
↗ S. 20.

3 Schneide einen grünen Apfel an und gib einige Tropfen Universalindikator auf die Schnittstelle.
Erkläre deine Beobachtung.

S Erforsche es

Aufgabe:
Teste die elektrische Leitfähigkeit von Citronensäure (GHS07, E3).

Vorbereitung:
Fordere die nötigen Geräte und Chemikalien an.

Durchführung:
1. Überprüfe, ob feste Citronensäure elektrisch leitfähig ist.
2. Stelle eine Lösung her und teste die elektrische Leitfähigkeit.

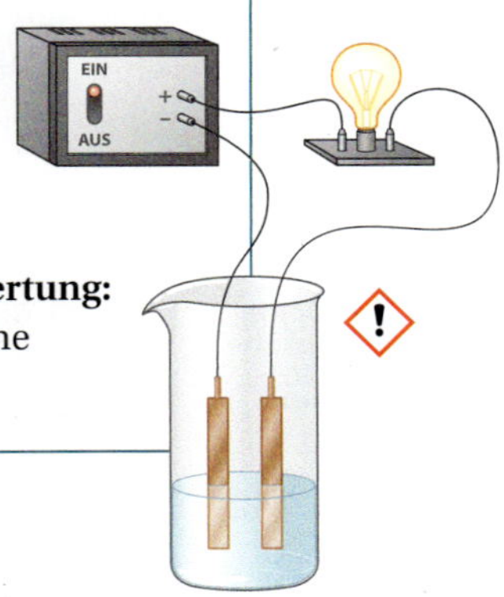

Beobachtung und Auswertung:
Notiere und deute deine Beobachtungen.

Das hast du gelernt

Achtung! Auch ätzend!

Säuren

sind Molekülsubstanzen, die bei der Reaktion mit Wasser positiv geladene Wasserstoff-Ionen und negativ geladene Säurerest-Ionen bilden.

Beispiel HCl

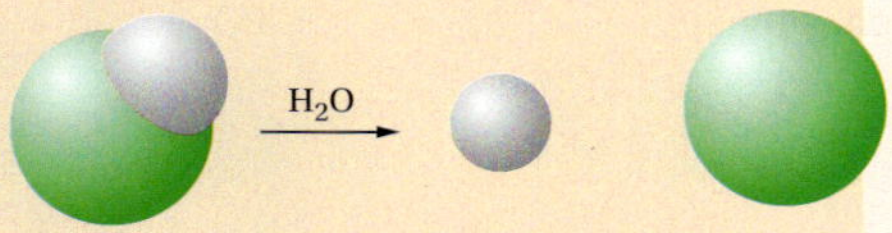

$$HCl \xrightarrow{H_2O} H^+ + Cl^-$$

Saure Lösungen

sind wässrige Lösungen von Säuren. Sie enthalten frei bewegliche Wasserstoff-Ionen, die die Eigenschaften der sauren Lösungen maßgeblich bestimmen.

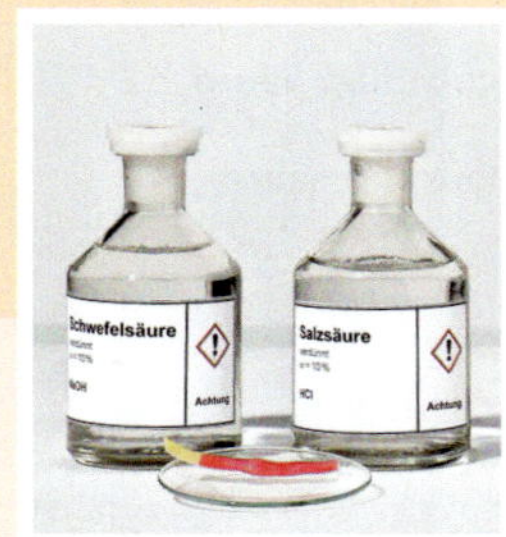

Eigenschaften saurer Lösungen

- wirken ätzend
- greifen Oberflächen aus Metall und Kalk an
- zerstören Eiweiße
- färben Indikatoren aufgrund der enthaltenen Wasserstoff-Ionen charakteristisch

Verwendung saurer Lösungen

Sie finden u. a. als Reinigungsmittel Verwendung. Dabei wird ausgenutzt, dass saure Lösungen Kalkablagerungen und Eiweiße zerstören.
In der Industrie und Technik dienen sie als Ätzmittel und Rohstoffe zur Herstellung von Salzen und vielen anderen Stoffen.

Löse mit Köpfchen

1. Gefahr erkannt – Gefahr gebannt

a) Gib Regeln zum Umgang mit Säuren bzw. sauren Lösungen an und begründe sie jeweils. ↗ S. 20

b) Notiere in einer Tabelle Namen und Formeln von drei Säuren und Namen und Formeln ihrer Säurerest-Ionen.

c) Fertige Steckbriefe für die drei Säuren an.

2. Hilfreiche Säure

Verquirle ein rohes Eiklar mit 150 ml isotonischer Kochsalzlösung (NaCl = 0,9 %). Filtriere diese Mischung über Glaswolle ab. S

a) Gib zu dieser Eiweißlösung verdünnte Salzsäure (GHS 07, E2). Notiere deine Beobachtung.

b) Stelle einen Zusammenhang zu den Funktionen der Salzsäure im Magensaft her.

3. Alles klar?

Wenig verdünnte Schwefelsäure ist ein guter elektrischer Leiter. Hochkonzentrierte Schwefelsäure und sehr stark verdünnte Säure sind schlecht leitfähig. Erkläre.

4. Lebensmittel in Gefahr?

Nahrungsmittel verderben nicht so leicht, wenn man sie sauer einlegt oder einsäuert. Erkläre deiner Lerngruppe, warum sich derartig behandelte Lebensmittel länger halten.

5. Säure-Base-Indikatoren

Gib für mindestens zwei Indikatoren an, welche Färbung bei Zugabe von sauren bzw. alkalischen Lösungen eintritt. Notiere jeweils die Ursache für die charakteristische Farbreaktion der Indikatoren.

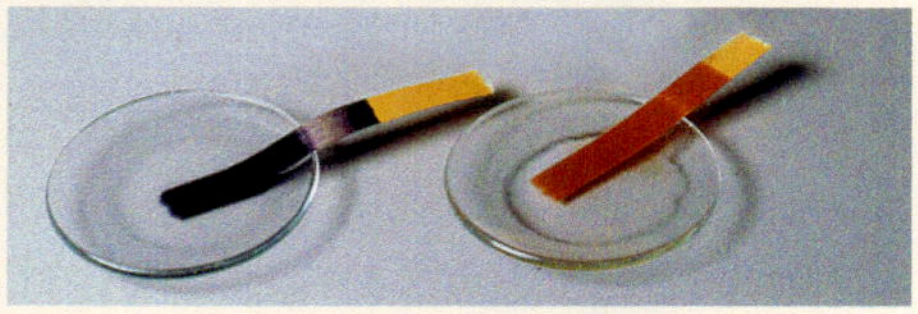

6. Chemie in der Küche

Bei Zugabe von etwas Zitronensaft zu schwarzem Tee ändert die Lösung ihre Farbe.

a) Überprüfe diese Aussage experimentell. Teste anschließend Zitronensaft mit Universalindikatorlösung und werte aus. S

b) Tropfe zu drei Teeproben jeweils verdünnte Salzsäure (GHS07, E2), verdünnte Schwefelsäure (GHS07, E2), bzw. Essig (5 %) und werte aus. S

c) Formuliere eine Vermutung über die Ursache der Farbänderung des schwarzen Tees bei Zugabe von Zitronensaft.

Säuren und ihre Reaktionen

Kann Regen sauer sein?

Gewässer versauern immer mehr

Kranke Bäume durch sauren Regen

Der **saure Regen** sorgt in den Medien ab und an für Schlagzeilen. Was ist eigentlich „saurer Regen"?

Regenwasser ist immer schwach sauer. Gasförmige **Nichtmetalloxide,** wie Kohlenstoffdioxid oder Stickstoffoxide, reagieren mit dem Regenwasser zu sauren Lösungen.

Allerdings gelangen auch **Schadstoffe aus Abgasen** in die Luft. Diese **reagieren** ebenfalls **mit dem Regenwasser,** sodass sich der Gehalt an Säuren erhöht. Erst dann sprechen Chemiker von **saurem Regen.**

Die Prozesse verdeutlicht ein Experiment. Beim Verbrennen von Schwefel an der Luft entstehen Schwefeldioxid und Schwefeltrioxid.

$$S + O_2 \longrightarrow SO_2$$

$$2\,SO_2 + O_2 \longrightarrow 2\,SO_3$$

Die Reaktion der Nichtmetalloxide mit Wasser führt zur Bildung saurer Lösungen. Sie enthalten **schweflige Säure (H_2SO_3)** und **Schwefelsäure (H_2SO_4).**

In der wässrigen Lösung liegen die Säuren in Form von Wasserstoff-Ionen und Säurerest-Ionen vor. Aufgrund der frei beweglichen Wasserstoff-Ionen färbt sich ein entsprechender Indikator charakteristisch.

$$SO_2 + H_2O \longrightarrow H_2SO_3 \xrightarrow{H_2O} 2\,H^+ + SO_3^{2-}$$

$$SO_3 + H_2O \longrightarrow H_2SO_4 \xrightarrow{H_2O} 2\,H^+ + SO_4^{2-}$$

Das Experiment verdeutlicht die Entstehung von saurem Regen:

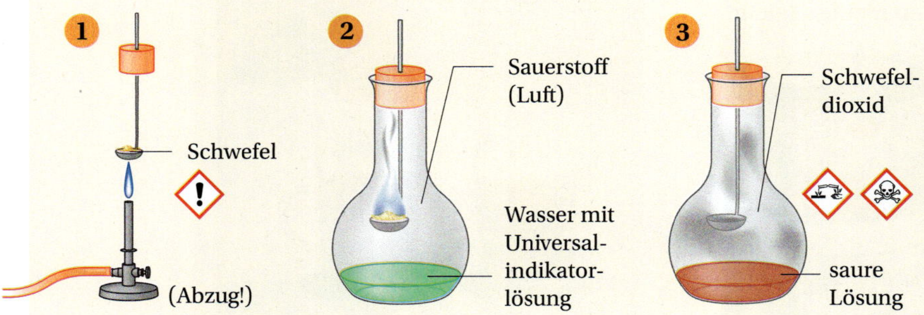

Folgen des sauren Regens

Versauerung des Bodens und Schädigung der Pflanzen

Versauerung von Gewässern und Schädigung der Lebewesen

Schädigung von Bauwerken

Der saure Regen führt zur Versauerung des Bodens und der Gewässer. Dadurch gelangen Säuren in den Stoffwechsel von Pflanzen und Tieren. Dort beeinträchtigen die Säuren die Gesundheit der Lebewesen.

Das saure Regenwasser reagiert zudem mit Baumaterialien. Metallkonstruktionen rosten schneller.
Besonders Bauwerke und Kunstwerke aus Kalkstein verlieren zuerst ihre Konturen und dann ihre Stabilität.

Der Säuregehalt im Regen lässt sich vermindern, indem der Schadstoffausstoß aus Abgasen verringert wird.
So werden Schwefeldioxid und Stickstoffoxide aus Abgasen von Kraftwerken und Industrieanlagen entfernt. Auch **Katalysatoren** in Fahrzeugen senken den Ausstoß von Schadstoffen.

> Der saure Regen entsteht durch die Reaktion von Nichtmetalloxiden aus Abgasen mit Regenwasser.

Aufgaben

1 Erkundigt euch beim zuständigen Umweltamt, ob der Regen in eurer Region sauer ist oder nicht. Bewertet das Ergebnis. ↗ S. 158

2 Interpretiere die rechts stehende Karikatur. Welche Folgen des sauren Regens kannst du auf dem Bild erkennen?

3 Notiere, welche Säuren bei der Reaktion von Schwefeldioxid bzw. Stickstoffoxiden mit Wasser entstehen können. Nutze dazu auch die Tabelle auf der Seite 45.

Wusstest du schon …

Kohlensäure – Chemie im Mineralwasser?

Sicher kennst du den Geschmack von **Mineralwasser mit Kohlensäure** und magst auch das Prickeln auf deiner Zunge? Das Mineralwasser schmeckt leicht säuerlich, denn es enthält Wasserstoff-Ionen. Sie bilden sich bei der Reaktion der im Mineralwasser enthaltenen Kohlensäure mit Wasser.

Die Kohlensäure ist eine eigenartige Säure. Sie existiert nur in Form ihrer wässrigen Lösungen und entsteht in kleinen Mengen durch die Reaktion von Kohlenstoffdioxid mit Wasser.

$$CO_2 + H_2O \longrightarrow H_2CO_3 \xrightarrow{H_2O} 2\,H^+ + CO_3^{2-}$$

Die Reaktion spielt auch in der Natur eine Rolle, wo sich aus Kohlenstoffdioxid und kalkhaltigem Wasser ebenfalls eine kohlensaure Lösung bildet. Daher ist unser Regen immer leicht sauer.

- Warum schmeckt Mineralwasser sauer?

Da die Kohlensäure nicht besonders stabil ist, zerfällt sie leicht wieder in ihre Ausgangsstoffe. Diese Reaktion findet auch im Mineralwasser statt.

$$H_2CO_3 \longrightarrow CO_2 + H_2O$$

Öffnest du eine Flasche Wasser, hörst du ein Zischen und Gasblasen steigen auf. Wird das Gas in Kalkwasser eingeleitet, bildet sich ein weißer Niederschlag.

Wo kam das Gas her? Da du dem Mineralwasser nichts hinzugefügt hattest, muss es aus dem Mineralwasser selbst stammen.
Ein Teil des aufsteigenden Kohlenstoffdioxids lag im Wasser physikalisch gelöst vor. Ein Teil stammt aus dem Zerfall der Kohlensäure.
Diese Reaktion wird durch Druckabfall und durch eine Erhöhung der Temperatur beschleunigt.
Eine geschlossene Flasche steht unter Druck. Beim Öffnen sinkt der Druck und die Gasblasen steigen auf. Bleibt eine Mineralwasserflasche offen stehen, zerfällt ein großer Teil der Kohlensäure. Das Getränk schmeckt nicht mehr sauer und das gelöste Kohlenstoffdioxid entweicht an die Luft. Nach einer Weile schmeckt das offene Mineralwasser fad.

- Warum schmeckt geöffnetes Mineralwasser nach einiger Zeit fad?

Den Zerfall der Kohlensäure kannst du mithilfe eines Indikators nachweisen. Eine Kohlensäurelösung ist eine saure Lösung. Die in der Lösung enthaltenen Wasserstoff-Ionen färben Universalindikatorlösung rot.

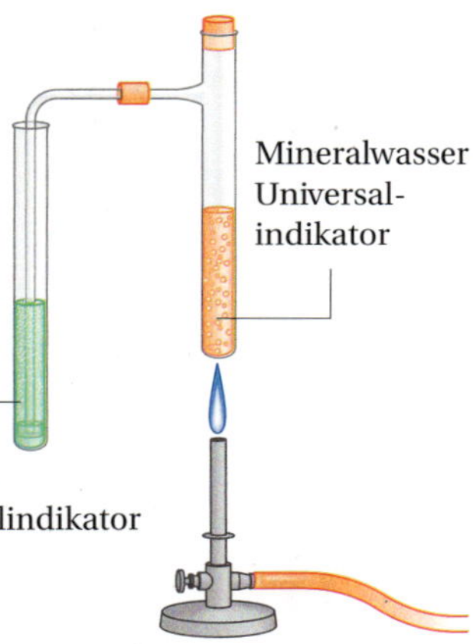

Da sich beim Zerfall der Kohlensäure der Anteil der Säure und somit die Konzentration der Wasserstoff-Ionen verringert, verändert sich der Farbton des Indikators. Die Reaktion kann durch leichtes Erhitzen der Lösung beschleunigt werden (↗ Experiment in der Abb. links).
Leitest du das gebildete Kohlenstoffdioxid in (kaltes) Wasser ein, kannst du mithilfe des Universalindikators den umgekehrten Prozess verdeutlichen. Kohlenstoffdioxid reagiert mit Wasser zur Kohlensäure. Die wässrige Lösung reagiert sauer.

$$CO_2 + H_2O \longrightarrow H_2CO_3$$

Die Säurerest-Ionen der Kohlensäure heißen übrigens Carbonat-Ionen.
Carbonat-Ionen können mit Kalkwasser nachgewiesen werden. Sie verursachen einen weißen Niederschlag von Calciumcarbonat, wenn sie mit Kalkwasser reagieren.

Säuren und ihre Reaktionen

Reaktionsfreudige Säurelösungen

Tropfe etwas verdünnte Salzsäure auf ein Stück Eierschale. Was passiert?

Was steckt dahinter, wenn verschiedene Materialien durch Säurelösungen zersetzt werden? Offensichtlich finden chemische Reaktionen statt. Die Ursache sind jeweils die **enthaltenen Wasserstoff-Ionen.**

Die Eierschale besteht zum großen Teil aus Kalk. Dabei handelt es sich chemisch um Calciumcarbonat. Saure Lösungen **reagieren mit Kalk.** Bei der Reaktion entstehen u. a. Kohlenstoffdioxid und Wasser.

$$CaCO_3 + 2\,H^+ + 2\,Cl^- \longrightarrow Ca^{2+} + 2\,Cl^- + H_2O + CO_2$$

Das Kohlenstoffdioxid lässt sich mit Kalkwasser nachweisen. Es bildet sich ein weißer Niederschlag.

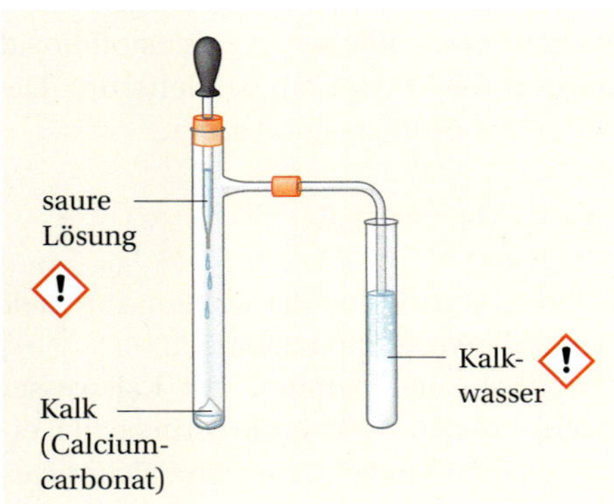

Viele Metalle werden ebenfalls durch saure Lösungen angegriffen. Bei der Reaktion dieser **unedlen Metalle** mit sauren Lösungen entsteht u. a. gasförmiger Wasserstoff als Reaktionsprodukt. Das Gas kannst du durch die Knallgasprobe nachweisen.

$$Mg + 2\,H^+ + 2\,Cl^- \longrightarrow Mg^{2+} + 2\,Cl^- + H_2$$
$$Zn + 2\,H^+ + 2\,Cl^- \longrightarrow Zn^{2+} + 2\,Cl^- + H_2$$

Die Reaktion mit unelden Metallen wie Zink kannst du nutzen, um im Labor Wasserstoff herzustellen.

Saure Lösungen reagieren aufgrund der enthaltenen Wasserstoff-Ionen H^+ mit Kalk und unedlen Metallen.

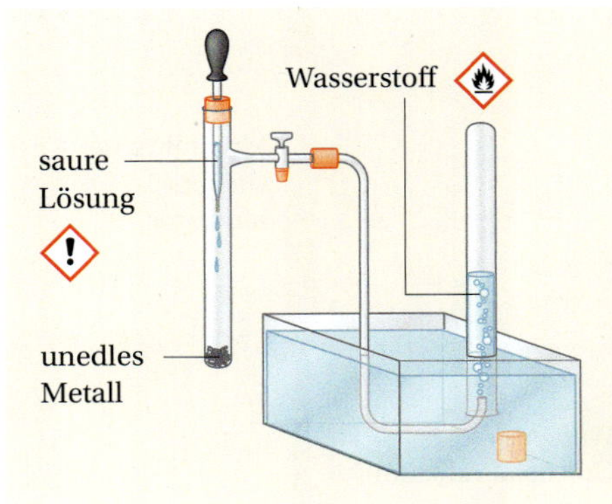

Erforsche es

S Saure Lösungen im Test

Experiment 1

Aufgabe:
Versetze verschiedene Metallproben mit sauren Lösungen.

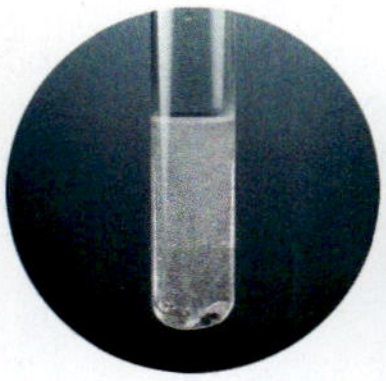

Vorbereitung:
Fordere Geräte und Chemikalien bei der Lehrkraft an.

Durchführung:
Versetze jeweils einen Magnesiumspan (GHS02, E3), ein Zinkstückchen, einen Kupferspan mit verdünnter Salzsäure (GHS07, E2). Wenn sich ein Gas (GHS02, E7) bildet, fange es auf und führe die Knallgasprobe durch.

Beobachtung und Auswertung:
Stelle die Beobachtungen in einer Tabelle dar. Leite eine Schlussfolgerung ab.

Experiment 2

Aufgabe:
Teste eure Tafelkreide mit saurer Lösung.

Vorbereitung:
Fordere Geräte und Chemikalien bei der Lehrkraft an.

Durchführung:
Tropfe verdünnte Säurelösung (GHS07, E2) auf die Probe.

Beobachtung und Auswertung:
Notiere deine Beobachtung.
Leite aus der Beobachtung eine Schlussfolgerung über die Zusammensetzung eurer Kreide ab.

Aufgaben

1 Interpretiere folgende Gleichungen. Nutze dazu die Tabelle auf Seite 45.

a) $2\,H^+ + SO_4^{2-} + Mg \longrightarrow Mg^{2+} + SO_4^{2-} + H_2$

b) $CaCO_3 + 2\,H^+ \longrightarrow Ca^{2+} + H_2O + CO_2$

2 Fliesenleger dichten Fliesenfugen gern mit einfachem Silicon ab. Beim Aushärten dieses Kunststoffs wird Essigsäure frei.
Erkläre, warum zum Verfugen von Marmorfliesen spezielles Natursteinsilicon verwendet werden muss, das keine Säure freisetzt.

Das hast du gelernt

Säuren und ihre Reaktionen

Der saure Regen entsteht durch Reaktionen von Nichtmetalloxiden mit dem Wasser in der Atmosphäre. Dadurch enthält das Regenwasser Wasserstoff-Ionen und verschiedene Säurerest-Ionen.

$S + O_2 \longrightarrow SO_2$

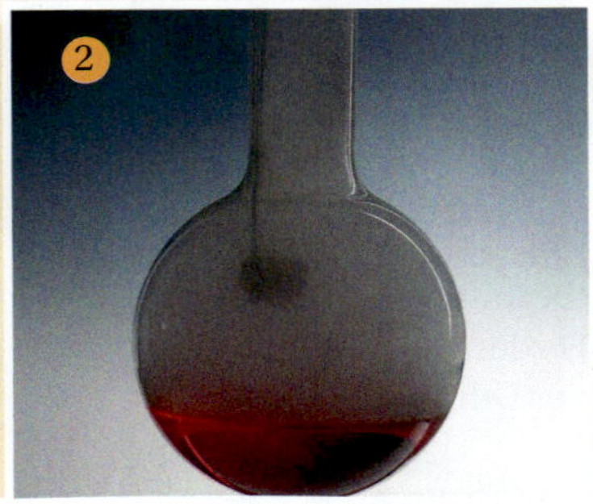

$SO_2 + H_2O \longrightarrow 2H^+ + SO_3^{2-}$

Aufgrund der Wasserstoff-Ionen wirkt der saure Regen ätzend und zeigt die typischen Reaktionen von sauren Lösungen.

Wasserstoff-Ionen reagieren mit Kalk.

$CaCO_3 + 2H^+ \longrightarrow Ca^{2+} + H_2O + CO_2$

Wasserstoff-Ionen reagieren mit unedlen Metallen. Sie zerstören so metallische Oberflächen und verstärken die Korrosion.

$Mg + 2H^+ \longrightarrow Mg^{2+} + H_2$

Löse mit Köpfchen

1. Saure Lösungen getestet

Überprüfe die Eigenschaften der Lösungen folgender Säuren (jeweils 5%ig): Chlorwasserstoffsäure (GHS07, E2), Salpetersäure (GHS05, E2) und Schwefelsäure (GHS07, E2). Notiere deine Beobachtungen. Leite aus den Beobachtungen gemeinsame Eigenschaften aller Säurelösungen ab. S

a) Teste die elektrische Leitfähigkeit der einzelnen Säurelösungen.
b) Gib jeweils einige Tropfen Universalindikator zu den Proben der Säurelösungen.
c) Versetze Zink-, Eisen- bzw. Kupferproben mit den Säurelösungen.
d) Versetze Kalkproben (Kalkstein oder Marmorstückchen) mit den Säurelösungen.

2. Die Sprache der Chemiker

Beim Einleiten in Wasser bilden Säuren frei bewegliche Ionen aus. Stelle diesen Prozess für Schwefelsäure in chemischer Zeichensprache dar.

3. Lebensmittel in Gefahr?

Schwefelsäure (GHS05, E2) wird vorsichtig in ein Reagenzglas mit Zucker gegeben. Erkläre die Beobachtung.

4. Was passiert da?

Blase deine Atemluft über ein Glasrohr und eine Sicherheitsflasche in ein Becherglas mit Kalkwasser (GHS07, E2). Erkläre deine Beobachtungen. Welche Rolle spielen die beobachteten Reaktionen in der Natur?

5. Verschmutzte Luft – kranke Bäume, zerstörte Gebäude

In den Medien wird immer wieder auf die Schädigungen an Bäumen und Gebäuden in Abhängigkeit von der Belastung der Umwelt mit Luftschadstoffen hingewiesen.
Entscheide, ob wirklich ein Zusammenhang besteht. Begründe deine Aussage. Nutze auch die chemische Zeichensprache. ↗ S. 20

6. Natürlicher saurer Regen?

Mit speziellen Indikatoren oder Geräten könnt ihr testen, ob Regenwasser sauer ist oder nicht.

a) Erklärt, warum natürliches Regenwasser immer etwas sauer ist.
b) Ermittelt experimentell, wie stark sauer der Regen in eurer Region ist. S

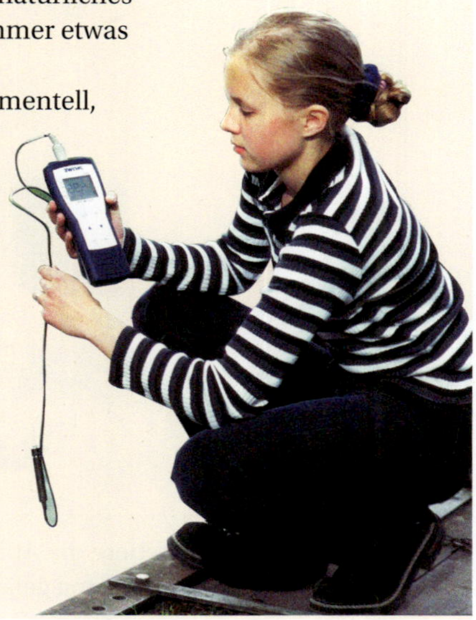

Die Neutralisationsreaktion

Sauer + alkalisch = doppelt gefährlich?

Locken oder gefärbte Haare? Was passiert eigentlich bei der Dauerwelle oder beim Haarefärben?

Normalerweise würde man erwarten, dass ein Gemisch von sauren und alkalischen Lösungen noch gefährlicher ist als die einzelnen Lösungen selbst.
Doch das Gegenteil ist der Fall, wie Chemiker und sogar Friseure wissen. So benutzen Friseure Laugen, z. B. bei der Dauerwelle, oder beim Färben der Haare, um die Oberfläche des Haars anzurauen.
Durch die Veränderung der Oberfläche lässt sich das Haar leichter verformen. Außerdem können die Farbstoffe besser in das Haar eindringen. Zum Abschluss der Behandlung wird das Haar mit einer sauren Lösung gespült.
Das hört sich gefährlich an? Was bei diesen Spülungen geschieht, verdeutlicht das folgende Modellexperiment.

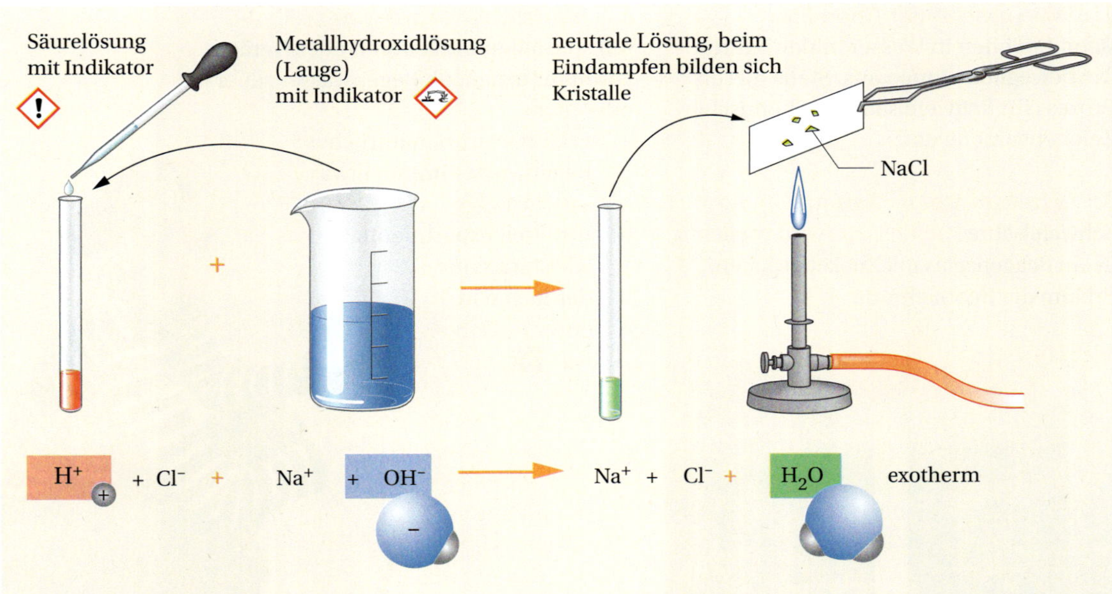

■ Interpretiere die Abbildung: Entstehen bei der Reaktion von Salzsäure und Natriumhydroxidlösung gefährliche Stoffe?

Versetze Natriumhydroxidlösung mit Universalindikatorlösung. Tropfe dann Salzsäure dazu. Du wirst Folgendes bemerken:

1. Das Reagenzglas erwärmt sich.
2. Mischst du die Ausgangsstoffe im richtigen Verhältnis, färbt sich der Indikator grün.

Die Grünfärbung des Indikators zeigt an, dass eine **neutrale Lösung** entstanden ist. So wird eine Lösung bezeichnet, die weder sauer noch alkalisch reagiert.
Dampfst du die Lösung ein, bilden sich Salzkristalle. Es handelt sich um Natriumchlorid.

Im richtigen Verhältnis gemischt, reagieren saure Lösungen mit alkalischen Lösungen zu neutralen Lösungen von Salzen.

In der neutralen Lösung sind keine **Wasserstoff-Ionen** (aus der sauren Lösung) und keine **Hydroxid-Ionen** (aus der alkalischen Lösung) mehr enthalten. Sie haben **zu Wassermolekülen reagiert.**

$$H^+ + OH^- \longrightarrow H_2O$$

Die Reaktionen zwischen Säuren und Basen sind immer exotherm. Solche Reaktionen heißen **Neutralisationsreaktionen.**

S Erforsche es

Aufgabe:

Stelle eine neutrale Lösung her. Versetzte dazu 5 ml 10%ige Salzsäure (GHS07, E2) mit drei Tropfen Universalindikator.
Gib dann tropfenweise 10 %ige Natriumhydroxidlösung (GHS05, E2) hinzu. Schätze die Menge an alkalischer Lösung ab, die du zur Neutralisation der 5 ml Salzsäure benötigst.

Führe Protokoll.

Beim Friseur wird die Lauge in den Haaren ebenfalls durch eine saure Spülung neutralisiert. Sauer plus alkalisch ist also keinesfalls doppelt gefährlich – sondern genau das Gegenteil.

Neutralisationsreaktionen sind exotherme Reaktionen zwischen Säuren und Basen. Dabei reagieren Wasserstoff-Ionen und Hydroxid-Ionen zu Wassermolekülen.

Aufgaben

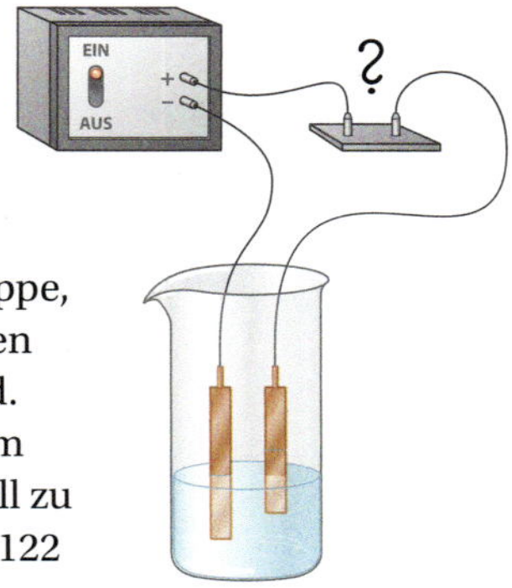

1 Erläutere den Tipp zum Experiment. Warum soll Salzsäure zur Lösung getropft werden, wenn der Universalindikator nicht grün, sondern blau wird?

2 Entwickle die Reaktionsgleichung für die Reaktion von Schwefelsäure mit Calciumhydroxidlösung.

3 Eine Lauge wird durch eine Säure neutralisiert.
Diskutiert in einer Arbeitsgruppe, ob die entstehende Lösung den elektrischen Strom leiten wird.
Entwickelt ein Experiment, um eure Vermutung experimentell zu überprüfen. S ↗ S. 122

Die Neutralisationsreaktion

Alles im grünen Bereich?

Pflegeprodukte für die Haut werden häufig damit beworben, dass sie „pH-neutral" sind. Was ist damit gemeint?

Die Werbung macht uns darauf aufmerksam: Der **pH-Wert** von Seifen, Cremes und Lotionen spielt für unsere Haut eine wichtige Rolle.

Die Haut ist ein vielseitiges Organ. Talg- und Schweißdrüsen bilden auf ihrer Oberfläche einen dünnen Feuchtigkeitsfilm. Dieser Film ist schwach sauer und schützt uns vor Krankheitserregern.

Bakterien wachsen in diesem Milieu nicht gut. Deshalb spricht man auch von einem Säureschutzmantel.

Aufbau der Haut

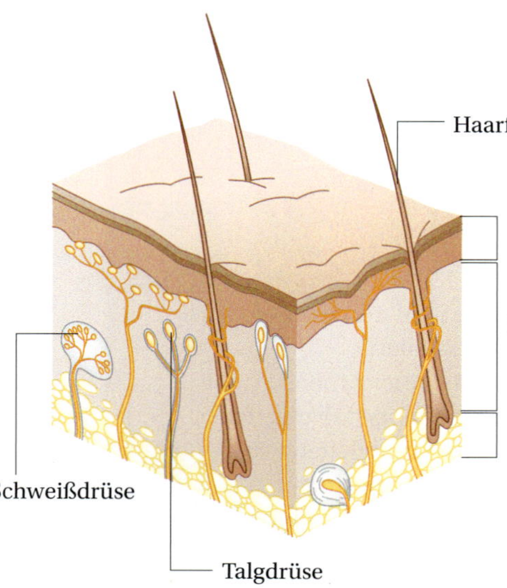

Der Säureschutzmantel kann durch Seifenlauge zerstört werden, denn die **Wasserstoff-Ionen (H^+)** auf der Haut **reagieren mit** den **Hydroxid-Ionen (OH^-)** der alkalischen Lösung.

- Stelle die auf der Hautoberfläche ablaufende Reaktion mithilfe der chemischen Zeichensprache dar.

Ob der Säureschutz jedoch ganz abgebaut wird, hängt davon ab, wie viel Lauge auf die Haut einwirkt und wie stark sie konzentriert ist.

Ein Experiment verdeutlicht diese Tatsache: Versetzt du eine saure Lösung mit etwas Universalindikator und gibst dann tropfenweise eine Lauge hinzu, so verändert sich die Farbe langsam von Rot über Grün zu Blau.

Die Konzentration der H^+-Ionen nimmt mit jedem Tropfen ab, da immer mehr von ihnen mit OH^--Ionen zu H_2O-Molekülen reagieren.

Die grüne Lösung ist neutral, weil alle H^+-Ionen aus der Lösung mit OH^--Ionen reagiert haben.

- Kennzeichne eine neutrale Lösung.

pH-Wert-Skala des Universalindikators

pH-Wert	0	1	2	3	4	5	6	7	8	9	10	11	12	13	14
Eigenschaften der Lösung	stark sauer			schwach sauer				neu-tral	schwach alkalisch			stark alkalisch			

Anteil an Wasserstoff-Ionen nimmt ab. →

← Anteil an Hydroxid-Ionen nimmt ab.

Du gibst zu einer alkalischen (basischen) Lösung tropfenweise eine Lösung, die Wasserstoff-Ionen enthält. Beschreibe, was passiert.

Gibst du nun weiterhin OH^--Ionen hinzu, so wird die Lösung zunehmend alkalisch (basisch). Verwendest du eine stärker konzentrierte Lauge, so werden die einzelnen Phasen bei Zugabe eines geringeren Volumens Lauge erreicht.
Schwach saure Cremes und Lotionen verträgt unsere Haut besser als alkalische Produkte.

Um den sauren bzw. alkalischen Charakter von Stoffgemischen genau zu beschreiben, werden exakte Zahlen benötigt. Dafür wurde der **pH-Wert** als neue Größe eingeführt. Er gibt genau an, wie stark sauer bzw. alkalisch eine Lösung ist.

Der pH-Wert ist eine Maßzahl zur exakten Charakterisierung der sauren, alkalischen oder neutralen Reaktion einer Lösung.

pH-Wert < 7: saure Lösung
pH-Wert = 7: neutrale Lösung
pH-Wert > 7: alkalische Lösung

Wenn Hersteller mit einer pH-neutralen Seife werben, dann hat das kosmetische Produkt keinen pH-Wert von 7. Das beworbene Pflegemittel weist einen pH-Wert auf, der dem unserer Haut entspricht. Dieser liegt ungefähr bei 5,5, weil bei diesem pH-Wert der Säureschutz optimal funktioniert.

Aufgaben

1 Aquarianer wissen, dass die Fische nur dann gedeihen, wenn der pH-Wert des Wassers stimmt.
Erläutere, was der pH-Wert über die Zusammensetzung des Wassers aussagt.

2 Stelle den Unterschied zwischen chemisch neutral und „pH-neutral“ bei Reinigungsprodukten für die Haut dar. ↗ S. 61

Wusstest du schon …

Schutz für Mikroorganismen

Abwässer aus Haushalten können durch die Überdosierung von Vollwaschmitteln und Rohrreinigern alkalisch reagieren. Andererseits enthalten viele Haushaltsreiniger Säuren. Auch saure Lösungen von Lebensmitteln (z. B. essigsaure Reste) gelangen ins Abwasser. Damit sind Abwässer häufig nicht neutral.

Saure oder alkalische Lösungen wirken aber ätzend und töten Mikroorganismen ab. Daher hat der pH-Wert der Abwässer Bedeutung für die Abwasseraufbereitung in **Klärwerken**. In der biologischen Reinigungsstufe der Klärwerke bauen nämlich Mikroorganismen organische Verunreinigungen ab. Sie benötigen einen pH-Wert von etwa 7, um arbeiten zu können. Deshalb werden Abwässer vor dem Einleiten in die Aufbereitungsanlage auf ihren pH-Wert geprüft.
Liegt er weit über 7, muss das Abwasser mit einer sauren Lösung neutralisiert werden. Dabei verbinden sich die Hydroxid-Ionen im Abwasser mit den Wasserstoff-Ionen der Säure zu Wassermolekülen.
Umgekehrt wird ein saures Abwasser mit einer alkalischen Lösung behandelt.

Bei Experimenten im Labor fallen ebenfalls Reste von sauren und alkalischen Lösungen an. Diese Abfälle musst du neutralisieren, bevor du sie in den Ausguss schüttest. Sonst belasten sie unnötig das Abwasser.

▮ Beschreibe, welche Prozesse Abwässer bei der Aufbereitung im Klärwerk durchlaufen.

So kannst du vorgehen

Vergleichen

Beim Vergleichen werden zwei oder mehr Objekte bzw. Prozesse einander gegenübergestellt, um Gemeinsamkeiten und Unterschiede herauszuarbeiten.
Vergleiche die wässrigen Lösungen von Säuren, Metallhydroxiden und Salzen.

► Schritt 1

Lege die Objekte fest, die verglichen werden sollen.

Säurelösungen (Salzsäure, Schwefelsäurelösung), Laugen (Natriumhydroxid-, Calciumhydroxidlösung), Salzlösungen (Natriumchlorid-, Calciumsulfatlösung)

► Schritt 2

Wähle geeignete Merkmale für den Vergleich aus.

Geeignete Merkmale sind in diesem Fall die Art der Teilchen in sauren und alkalischen Lösungen bzw. Lösungen von Salzen.

► Schritt 3

Führe den Vergleich durch.

Ermittle Gemeinsamkeiten und Unterschiede der Objekte bzw. Prozesse, die du vergleichen willst.
Stelle die Ergebnisse in geeigneter Form dar, z. B. in einer Tabelle.

► Schritt 4

Leite gegebenenfalls eine weiterführende Schlussfolgerung ab.

Eine Schlussfolgerung ist nicht bei jedem Vergleich zwingend notwendig. Entscheide selbst, ob sich aus den Gemeinsamkeiten und Unterschieden eine Schlussfolgerung ableiten lässt.
(↗ Tabelle unten)

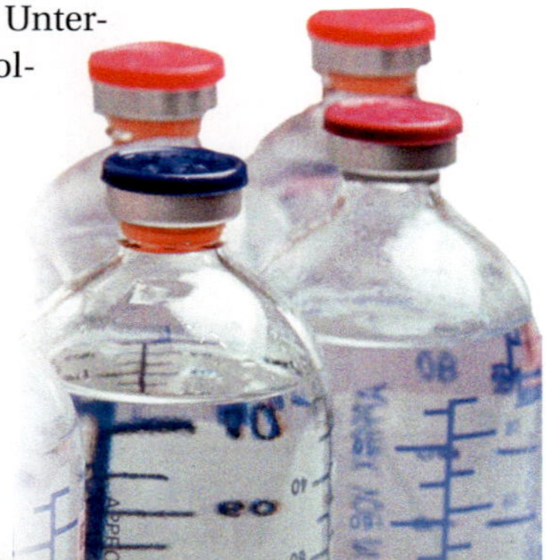

Vergleich						
	Säurelösung		*Lauge (alkalische Lösung)*		*Salzlösung*	
Wässrige Lösung von	*Chlorwasserstoff*	*Schwefelsäure*	*Natriumhydroxid*	*Calciumhydroxid*	*Natriumchlorid*	*Calciumsulfat*
Gemeinsamkeiten	*Alle Lösungen enthalten frei bewegliche Ionen und sind daher elektrisch leitfähig.*					
Unterschiede: Art der Ionen	H^+, Cl^-	H^+, SO_4^{2-}	Na^+, OH^-	Ca^{2+}, OH^-	Na^+, Cl^-	Ca^{2+}, SO_4^{2-}
Schlussfolgerung	*Säurelösungen enthalten positiv geladene Wasserstoff-Ionen und negativ geladene Säurerest-Ionen.*		*Laugen enthalten positiv geladene Ionen (meist Metall-Ionen) und negativ geladene Hydroxid-Ionen.*		*Salzlösungen enthalten positiv geladene Ionen (meist Metall-Ionen) und negativ geladene Säurerest-Ionen.*	

Das hast du gelernt

Die Neutralisationsreaktion

Mit alkalischen (basischen) Lösungen kann man saure Lösungen **neutralisieren.** Umgekehrt kann man mit sauren Lösungen alkalische (basische) Lösungen neutralisieren. Bei **Neutralisationsreaktionen** reagieren Wasserstoff-Ionen und Hydroxid-Ionen zu Wassermolekülen.

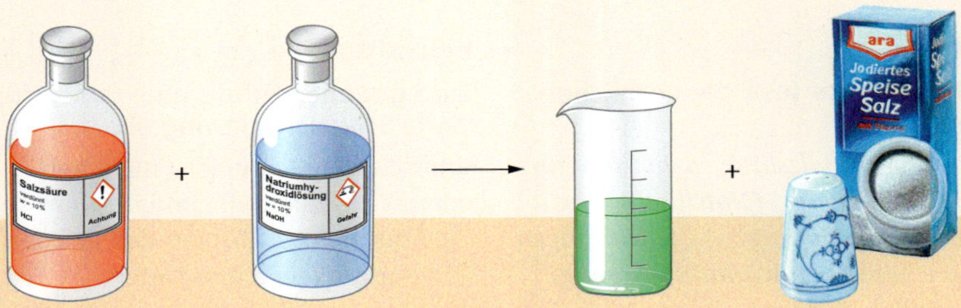

Salzsäure	+	Natronlauge	⟶	Wasser	+	Kochsalz (gelöst)
$H^+ + Cl^-$	+	$Na^+ + OH^-$	⟶	H_2O	+	$Na^+ + Cl^-$

Der pH-Wert

Der **pH-Wert** ist eine Maßzahl zur Kennzeichnung saurer, alkalischer bzw. neutraler Lösungen. Mit Universalindikatoren kann man den pH-Wert bestimmen:

0	1	2	3	4	5	6	7	8	9	10	11	12	13	14
stark sauer				schwach sauer			neutral			schwach alkalisch			stark alkalisch	

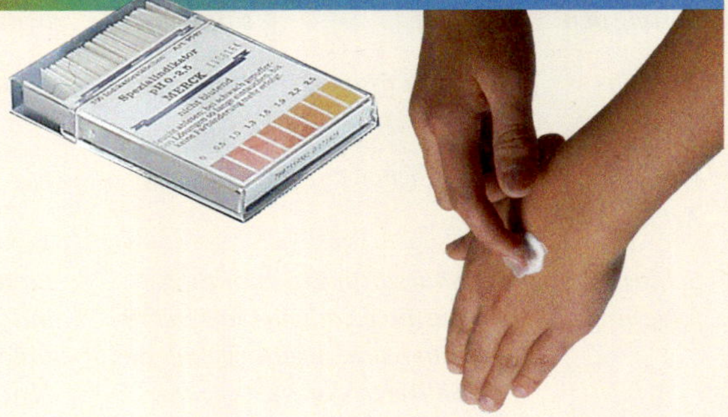

Bei der Herstellung von Haut- und Haarpflegeprodukten ist der richtige pH-Wert wichtig.

Löse mit Köpfchen

1. Problemzone Gartenteich

Das Wasser in einem Gartenteich weist einen zu niedrigen pH-Wert auf. Welche Maßnahmen würdest du vorschlagen, um den Zustand des Gartenteichs zu verbessern? Begründe deine Vorschläge. ↗ S. 20

2. Alkalisch oder sauer?

Spülmittel für Geschirrspüler sind meist alkalisch, Klarspüler dagegen sauer. Erkläre, warum das so ist.

3. Alles sauer oder was?

a) Der Abbildung unten kannst du die pH-Werte einiger Stoffe entnehmen. Gib jeweils die Ursache der sauren bzw. der alkalischen Reaktion der Lösungen an.

b) Ergänze weitere Beispiele.

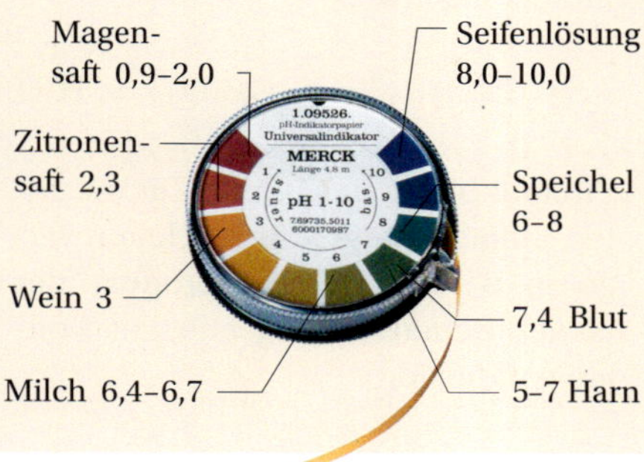

4. Ionen gesucht

Salpetersäure kann Natriumhydroxidlösung, Kaliumhydroxidlösung oder Calciumhydroxidlösung neutralisieren. Notiere die Ionen, die jeweils bei diesen Reaktionen vor und nach der Neutralisationsreaktion in den betreffenden Lösungen vorliegen. Gib die entsprechenden Namen und chemischen Zeichen an.

5. Wie viel Chemie steckt in Cola?

Ein Liter Cola enthält neben 0,9 l Wasser u. a. etwa 100 g Zucker, 0,5 g Citronensäure und 0,5 g Phosphorsäure.

a) Prüfe den pH-Wert von Cola. Nutze ein pH-Meter.

b) Beschreibe, wie du vorgehen würdest, um den Gehalt an Säure in der Cola zu senken.

c) Welche Geschmacksveränderung erwartest du, wenn der pH-Wert der Cola auf 7 eingestellt werden würde?

6. Hilfe für den Magen

Magensaft enthält Salzsäure. Bei Stress kann es zur Überproduktion der Säure kommen. Sie steigt in die Speiseröhre und verursacht dort ein unangenehmes Brennen. Gegen das „Sodbrennen" helfen sogenannte Antacida. Sie enthalten u. a. Aluminiumhydroxid und Magnesiumhydroxid.

a) Diskutiert in der Gruppe, wie diese Medikamente wirken.

b) Belegt eure Vermutung mit einer Reaktionsgleichung.

Genussmittel oder Gift?

Ein Produkt der alkoholischen Gärung

Du kennst Ethanol („Trinkalkohol") als Bestandteil berauschender Getränke? Recherchiere, wo der Stoff noch enthalten ist.

S Erforsche es

Selbst gebraut

Aufgabe:

Stelle Ethanol (GHS02, E1/10) durch alkoholische Gärung her.

Vorbereitung:

Geräte und Chemikalien: Erlenmeyerkolben, durchbohrter Stopfen, Gärröhrchen, Traubenzuckerlösung, Gärhefe, Kalkwasser (GHS07, E2)

Durchführung:

Mische 20 g Traubenzucker mit 10 g Gärhefe und 200 ml lauwarmem Wasser.
Fülle in das Gärröhrchen Kalkwasser und verschließe den Ansatz luftdicht. Stelle ihn an einen warmen Ort, z. B. in die Nähe der Heizung.

Beobachtung und Auswertung:

a) Überprüfe den Geruch des Gäransatzes nach einigen Tagen und beschreibe ihn.
b) Beschreibe die Veränderung des Kalkwassers im Laufe der Zeit. Leite eine Schlussfolgerung ab
c) Erkläre deine Beobachtungen.

Mit „Alkohol" ist häufig **Ethanol (C_2H_5OH)** gemeint. Ethanol ist ein Produkt der **alkoholischen Gärung** und entsteht u. a. beim Backen von Brot und Hefekuchen. Bei der alkoholischen Gärung handelt es sich um einen **Stoffwechselprozess von Hefen.**

Die Hefen wandeln Zucker (meist Traubenzucker $C_6H_{12}O_6$) zu Ethanol und Kohlenstoffdioxid um. Der Prozess findet unter Luftabschluss und bei einer Temperatur von 10 bis 30 °C statt.

$$C_6H_{12}O_6 \xrightarrow{\text{Enzyme}} 2\,C_2H_5OH + 2\,CO_2$$

- Gib Bedingungen für den Prozess der alkoholischen Gärung an.

Leitest du das bei der Gärung entstehende Kohlenstoffdioxid in Kalkwasser ein, zeigt sich eine Trübung. Es hat sich schwer lösliches Calciumcarbonat gebildet (Kohlenstoffdioxidnachweis).

$$CO_2 + Ca(OH)_2 \longrightarrow CaCO_3\downarrow + H_2O$$

Ethanol bildet sich, wenn Zucker unter Luftabschluss durch Hefen vergoren wird. Als Nebenprodukt der alkoholischen Gärung entsteht Kohlenstoffdioxid.

Die Folgen von erhöhtem und regelmäßigem Alkoholgenuss

Gehirn und Nerven

Gehirnzellen werden zerstört, die Leistungsfähigkeit des Gehirns sinkt, Nervenentzündungen sind möglich.

Blutalkoholgehalt	Wirkung
0,1 bis 0,5 ‰	Fröhlichkeit, Enthemmung, verminderte Kritikfähigkeit
0,5 bis 2 ‰	zunehmende Einschränkung des Wahrnehmungsvermögens und der Reaktionszeit, zunehmende Sprach- und Bewegungsstörungen
2 bis 3 ‰	Bewusstseinstrübungen, Erbrechen, narkotischer Schlaf
ab 3 ‰	Koma und Tod durch Atemlähmung möglich

Mund-, Rachenraum und Speiseröhre

Risiko für Krebs im Mund, Rachen und Kehlkopf

Magen

Gesteigerte Säureproduktion im Magen führt zu Entzündungen der Magenschleimhaut und erhöht das Krebsrisiko.

Bauchspeicheldrüse

Schädigung der Drüsenzellen mit den Folgen von Verdauungsstörungen

Leber

Bei Alkoholmissbrauch kann es zu Leberschäden (Verfettung, Verhärtung, Schrumpfung) kommen.

Nieren

werden geschädigt.

Herz-Kreislauf-System

Erhöhung des Blutdrucks, damit steigt die Gefahr eines Schlaganfalls oder Herzinfarkts, Arterienverkalkung

Genitalien

Impotenz des Mannes

Zellstoffwechsel

Es erfolgen eine allgemeine Störung des Zellstoffwechsels und des Natrium-Kalium-Haushalts, aufgenommene Vitamine werden zerstört.

2011 wurden in der Bundesrepublik Deutschland 15 898 Unfälle mit Personenschaden unter Alkoholeinfluss registriert, bei denen 400 Menschen starben (Quelle: Destatis). Setze diese Zahlen in Beziehung zur Übersicht.

Die Hefen sterben bei einem Ethanolanteil von 15 bis 19 % ab, da Ethanol ein wirksames Zellgift ist. Höher konzentriertes Ethanol kann nur durch die Destillation hergestellt werden.

Ethanol dient auch als Lösungsmittel in Arzneimitteln und Kosmetik, als Desinfektionsmittel, als Ausgangsstoff bei der Herstellung von Speiseessig und nicht zuletzt als Biokraftstoff.

Aufgaben

1. Beschreibe die Wirkung von Ethanol auf unseren Organismus.
2. Sieh dich im Haushalt um. Finde heraus, welche medizinischen und kosmetischen Präparate Ethanol enthalten.
3. Erhitze eine Probe aus dem Experiment auf Seite 64. Entzünde die Gase. S

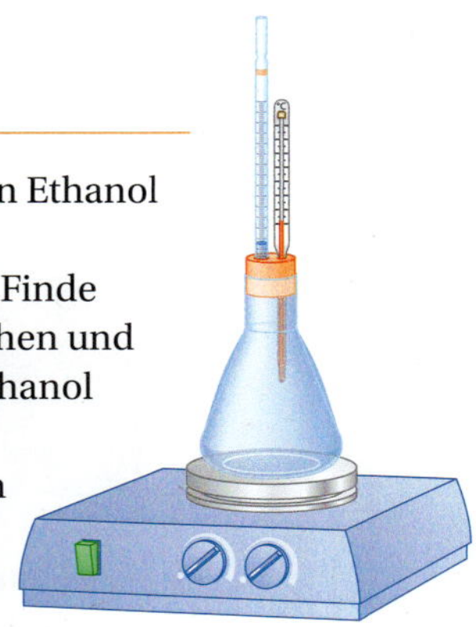

Wusstest du schon …

Bioethanol – Sprit vom Acker

Bioethanol ist hoch konzentrierter Alkohol, der aus nachwachsenden Rohstoffen gewonnen wird. Dazu werden Pflanzen mit einem hohen Gehalt an Zucker oder Stärke biochemisch zu Traubenzucker abgebaut. Der Traubenzucker wird zu Bioethanol vergoren und anschließend zu fast reinem Alkohol destilliert.

Der **Biotreibstoff** kann normalem Benzin in unterschiedlichen Konzentrationen beigemengt werden. In Deutschland enthält Superbenzin 5 % Ethanol (E 5) und der Biokraftstoff E 10 sogar 10 %. Viele Autofahrer sind besorgt, dass der Alkohol ihren Autos schaden könnte. Manche Kunststoffe quellen bei Kontakt mit Ethanol auf. Nur Autos mit geeigneten Schläuchen und Dichtungen können hohe Ethanolgehalte vertragen.

Dass dies funktioniert, zeigen Länder wie Brasilien. Dort fahren viele Autos mit E 85 und manche sogar mit fast reinem Biosprit. In Brasilien wird Bioethanol aus **Zuckerrohr** gewonnen, das in Südamerika sehr preiswert ist. Auf diese Weise könnte das Land theoretisch seinen kompletten Treibstoffbedarf unabhängig vom Erdöl decken.
In den USA dient dagegen Mais als Rohstoff, während in Europa Zuckerrüben und Getreide genutzt werden müssen. Die pflanzlichen Rohstoffe stehen uns allerdings nicht unbegrenzt zur Verfügung.

Obwohl bisher nur ein kleiner Teil des Getreides zu Bioethanol verarbeitet wird, erreichen Mais und Weizen auf dem Weltmarkt neue Rekordpreise. Leidtragende sind vor allem die Menschen in Entwicklungsländern, deren Nahrungsmittel immer teurer werden.

Rohstoffe für Bioethanol

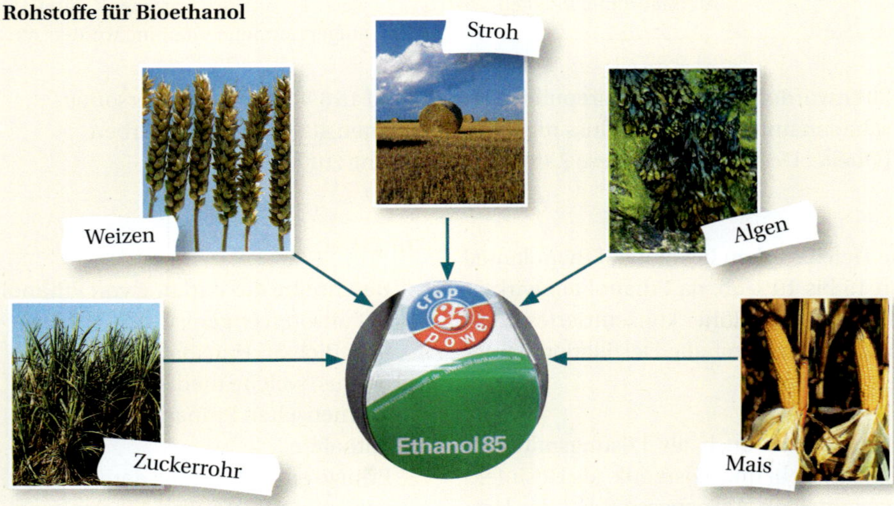

■ Welche Rohstoffe sollten deiner Meinung nach für die Gewinnung von Bioethanol verwendet werden?

So kannst du vorgehen

Arbeiten in Projekten

► Schritt 1

Sammelt Ideen und wählt euer Thema.

Alles, was zur Projektidee passt, wird in der Lerngruppe zusammengetragen.
Findet euch zu Projektteams von zwei bis vier Teammitgliedern zusammen.
Wählt aus der Fülle der Ideen das Projektthema aus, das für alle Teammitglieder spannend ist.

Tipps:
- Beim Projekt entscheidet ihr, was ihr bearbeitet.
- Beim Sammeln von Ideen ist oft eine Mindmap hilfreich.
- Die Arbeit am Projekt muss nicht im Unterricht stattfinden, sondern kann auch als Halbjahres- oder Jahresarbeit außerhalb der Schule durchgeführt werden.

► Schritt 2

Erstellt einen Arbeitsplan.

Stellt den Arbeitsplan für euer Team auf. Überlegt dazu:
- Welche Fragen möchtet ihr zu dem ausgewählten Projektthema beantworten?
- Wie kommt ihr an Informationen? Wen könnt ihr befragen? Welche Materialien/Medien könnt ihr nutzen?
- Möchtet ihr Experimente durchführen? Wenn ja, welche? Was benötigt ihr dafür?
- Wer ist für welche Aufgabenstellung verantwortlich?
- Welcher zeitliche Rahmen steht zur Verfügung?
- Wie wollt ihr die Ergebnisse darstellen?

Ausgangssituation für ein mögliches Projekt:

Eine Freundin lädt zur Party ein. Sie weist aber gleich darauf hin, dass es keinen Alkohol geben wird. Die Meinungen prallen aufeinander.

► Schritt 3

Arbeitet am Projektthema.

Legt eine Materialsammlung an. Führt geplante Experimente durch. Befragt Experten, arbeitet mit Nachschlagewerken und surft im Internet. Diskutiert eure Ergebnisse. Wählt Wesentliches und Interessantes für die Präsentation aus.
Wenn Fragen bei der Arbeit auftreten, sucht euch geeignete Berater. Das können eure Lehrerin bzw. euer Lehrer sein, aber auch Freunde, außerschulische Experten oder eure Eltern.

► Schritt 4

Präsentiert eure Ergebnisse.

Mögliche Präsentationsformen sind Plakate; Wandzeitungen; PowerPoint-Präsentationen, Filme, Mappen, Bilder, Tondokumente, Theaterstücke usw.
Beachtet, dass sich Mitschülerinnen und Mitschüler der verschiedenen Teams mit anderen Fragestellungen beschäftigt haben. Baut eure Darstellung daher logisch auf. Nur so können andere die Versuche und Ergebnisse verstehen und die Erkenntnisse nachvollziehen.

Erforsche es

Dreifacher Umsatz dank Flatrate-Party

Die Flatrate-Partys waren ein lohnendes Unternehmen. Dem Betreiber brachten sie einen dreifachen Umsatz im Vergleich zu gewöhnlichen Abenden. Ohne diese Einnahmen, so beklagte er, müsse er das Lokal schließen.

Jüngstes Alkoholopfer in diesem Jahr

Ein 16-jähriger Gymnasiast fiel nach über 40 Tequila ins Koma und starb.

Jugendschutzgesetz § 9
Alkoholische Getränke

(1) In Gaststätten, Verkaufsstellen oder sonst in der Öffentlichkeit dürfen

1. Branntwein, branntweinhaltige Getränke oder Lebensmittel, die Branntwein in nicht nur geringfügiger Menge enthalten, an Kinder und Jugendliche,
2. andere alkoholische Getränke an Kinder und Jugendliche unter 16 Jahren

weder abgegeben noch darf ihnen der Verzehr gestattet werden.

Alkohol – nein danke?

Zum Thema alkoholische Getränke gibt es immer wieder Diskussionen.
Auch im Jugendalter ist es in einigen Gruppen selbstverständlich, dass bei Zusammenkünften eine Menge Alkohol getrunken wird. Manchmal wird damit geprahlt, wie viel jeder verträgt, oder es wird ein Wetttrinken veranstaltet.

Ist jemand wirklich stark und erwachsen, wenn er an einem Abend den höchsten Blutalkoholgehalt erreicht? Handelt er oder sie aufgrund der eigenen Meinung? Dieses Thema eignet sich sehr gut als Projekt. Sicher fallen euch noch mehr interessante Fragen und Aufgaben ein.
Wie ihr die Probleme bearbeitet oder an Informationen kommt, solltet ihr gemeinsam besprechen.
Hier einige Anregungen.

1. a) Befragt Schülerinnen und Schüler der Schule zu ihrem Umgang mit Alkohol:
   - Überlegt euch in der Gruppe, welche Schwerpunkte die Befragung umfassen soll.
   - Entwickelt gemeinsam einen Fragenkatalog. Beachtet dabei, dass die Fragen kurz zu beantworten sind, damit ihr sie schnell auswerten könnt.

   b) Stellt die Ergebnisse in einer Tabelle zusammen oder stellt sie grafisch dar.

2. Recherchiert aktuelle Medienbeiträge (Zeitschriften, Zeitungen, Nachrichtensendungen usw.) zum Thema Alkoholkonsum von Jugendlichen.

3. Notiert einen Abend lang den Inhalt von Werbespots für Alkohol.
   Beschreibt, in welchen Situationen die agierenden Personen jeweils gezeigt werden. Überlegt, was dem Betrachter vermittelt werden soll.
   Diskutiert in der Gruppe, ob der Zusammenhang zwischen Alkoholgenuss und dem im Spot dargestellten Lebensgefühl existiert.

4. Informiert euch über Alkoholmissbrauch und Alkoholsucht.
   (Tipp: Ihr erhaltet Informationsmaterial in einer Drogenberatungsstelle.)

5. Interpretiert die Bildergeschichte zum Thema Alkoholsucht. Gestaltet eine eigene Bilderfolge.

6. Bewertet die Rolle von alkoholischen Getränken als Droge bzw. als Suchtmittel.
   Diskutiert in der Gruppe eure verschiedenen Standpunkte und präsentiert sie in einem Rollenspiel.

Genussmittel oder Gift?

Ethanol als chemische Verbindung

Ethanol als Energieträger? Natürlich! Probiere es aus. Entzünde dazu eine kleine Stoffprobe.

Steckbrief

Ethanol C_2H_5OH

Eigenschaften:

farblose, charakteristisch riechende Flüssigkeit, giftig (wirkt zerstörend auf Eiweiße), leicht entzündlich, hygroskopisch, in jedem Verhältnis mit Wasser mischbar, verbrennt mit schwach blauer Flamme

Dichte: 0,785 g/cm³ (25 °C)

Schmelztemperatur: −114,1 °C

Siedetemperatur: 78,3 °C

Struktur:

Kugel-Stab-Modell

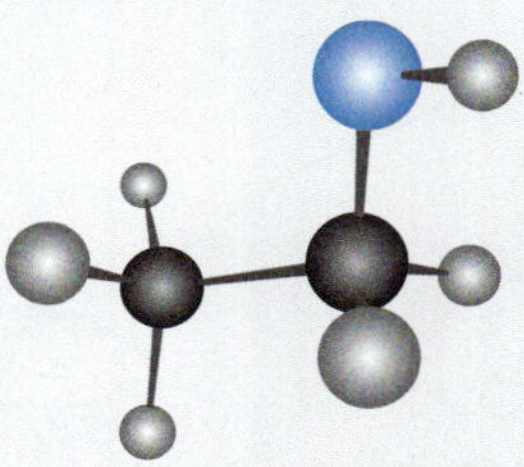

Kalottenmodell

Strukturformel mit Hydroxylgruppe

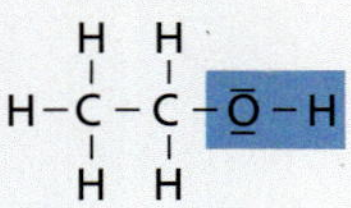

Vereinfachte Strukturformel

CH_3-CH_2OH

Ethanolmoleküle bestehen hauptsächlich aus Kohlenstoff- und Wasserstoffatomen. Wie viele organische Stoffe verbrennt Ethanol vollständig zu Kohlenstoffdioxid und Wasser.

$$C_2H_5OH + 3\,O_2 \longrightarrow 2\,CO_2 + 3\,H_2O$$

Ungefähr 50 % des produzierten Ethanols werden als **Energieträger** verwendet. Es wird vor allem als Beimischung (5 – 10 %) zu herkömmlichem Benzin genutzt.

Ethanol ist nicht nur mit den fettartigen Stoffen, sondern auch mit Wasser unbegrenzt mischbar. Ethanol löst demnach polare und unpolare Stoffe.

Deshalb wird es für viele Stoffe als **Lösungsmittel** eingesetzt, z. B. für fetthaltige Gemische, Parfümöle und für Pflanzenauszüge in Arzneimitteln.

Die Eigenschaften des Ethanols ergeben sich aus der Struktur der Ethanolmoleküle. Als Besonderheit fällt eine OH-Gruppe in den Molekülen auf. Diese Gruppe beeinflusst entscheidend die Stoffeigenschaften. Solche Gruppen heißen funktionelle Gruppen.

Die Hydroxylgruppen darfst du nicht mit den Hydroxid-Ionen der Metallhydroxide verwechseln, denn die Ethanollösung ist weder basisch noch elektrisch leitfähig.

Wusstest du schon ...

Verwandte des Ethanols

Im Zusammenhang mit selbst gebrannten alkoholischen Getränken kommt es immer wieder zu tödlichen Unfällen. Als giftiges Nebenprodukt ist dann **Methanol (CH_3OH)** entstanden. Trotz seiner Giftigkeit wird Methanol vielfältig genutzt, z. B. als Lösungsmittel oder als Treibstoff in speziellen Brennstoffzellen.
Propanol (C_3H_7OH) und **Butanol (C_4H_9OH)** sind nicht ganz so bekannt wie Methanol und Ethanol. Trotzdem besitzen sie in der Technik Bedeutung. Es handelt sich um wichtige Lösungsmittel. Die Stoffe entstehen ebenfalls bei Gärungsprozessen. In alkoholischen Getränken sind sie jedoch nicht erwünscht. Sie gehören zu den sogenannten Fuselölen.

Name, Kalottenmodell	Formel	ϑ_v in °C
Methanol 	CH_3OH	64,5
Ethanol 	C_2H_5OH	78,5
Propan-1-ol 	C_3H_7OH	97,2
Butan-1-ol 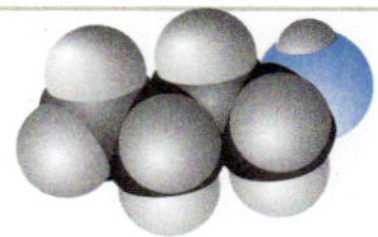	C_4H_9OH	117,7

Die genannten Alkohole ähneln sich aufgrund gleicher struktureller Merkmale. Sie weisen alle eine Hydroxylgruppe in ihren Molekülen auf.
So haben sie ähnliche Eigenschaften. Allerdings sinkt die Löslichkeit in Wasser mit zunehmender Kettenlänge ihrer Moleküle: Der Einfluss der polaren Hydroxylgruppe nimmt ab. Butan-1-ol ist somit schlechter mit Wasser mischbar als Ethanol.

Glycerol (Propan-1,2,3-triol; Glycerin) ist ein „Verwandter" des Ethanols mit mehreren Hydroxylgruppen in den Molekülen. Glycerol hat in der Natur große Bedeutung, denn der Stoff ist am Aufbau der Fette beteiligt.

Aufgaben

1 Prüfe eine Ethanollösung (GHS02, E1/10) und eine Natriumhydroxidlösung (GHS05, E2) mit Universalindikator. Erkläre deine jeweiligen Beobachtungen. S

2 Recherchiere, welche Ausgangsstoffe für die Produktion von Bioethanol verwendet werden. Beschreibe anhand eines Prozessschemas, wie daraus hochprozentiges Ethanol hergestellt wird.

3 Bioethanol wird als alternativer Kraftstoff genutzt. Diskutiert in der Gruppe Pro und Kontra. Recherchiert dazu notwendige Fakten. ↗ S. 84

4 Ethanol wird in Spiritusbrennern genutzt. Stelle einen Zusammenhang zum Bau her und belege deine Aussage mit einer Wortgleichung und einer Reaktionsgleichung.

Das hast du gelernt

Genussmittel oder Gift?

Alkohol mit nur einer Hydroxylgruppe in den Molekülen

Beispiel: Ethanol

Alkohol mit mehreren Hydroxylgruppen in den Molekülen

Beispiel: Glycerol

Bei der Hydroxylgruppe handelt es sich um eine funktionelle Gruppe, die wesentlich die Eigenschaften der Stoffe mitbestimmt.

Ethanol C_2H_5OH ist ein Alkohol. In seinen Molekülen ist jeweils eine funktionelle Gruppe, die Hydroxylgruppe, enthalten. Der Stoff entsteht bei der alkoholischen Gärung.

Alkanol

$R-\overline{\underline{O}}-H$ Beispiel: C_2H_5OH

Hydroxylgruppe
(R = Alkylrest)

Alkoholische Gärung

Die alkoholische Gärung dient bestimmten Hefen zur Gewinnung nutzbarer Energie. Der Mensch setzt diesen Prozess u. a. zur Herstellung von Ethanol ein.

$$\text{Glucose} \xrightarrow[\text{Hefen}]{\text{Enzyme der}} \text{Ethanol} + \text{Kohlenstoffdioxid}$$

$$C_6H_{12}O_6 \xrightarrow[\text{Hefen}]{\text{Enzyme der}} 2\,C_2H_5OH + 2\,CO_2$$

Löse mit Köpfchen

1. Die alkoholische Gärung

Alarm! Ethanol in unserem Bier!

Berlin 11.11.2011: Nach der Panscherei von italienischem Wein ist nun auch deutsches Bier mit Chemikalien belastet. Lebensmittelanalytiker an der Freien Universität Berlin fanden in mehreren Bieren bis zu 6 % giftiges Ethanol, das auch als Fensterreiniger und Desinfektionsmittel verwendet wird.

a) Bewerte die oben gedruckte Zeitungsmeldung. Erkläre anhand einer Reaktionsgleichung, wie Ethanol in das Bier gelangt ist. ↗ S. 158

b) Diskutiere den Wahrheitsgehalt der Zeitungsmeldung vor dem Hintergrund der physiologischen Wirkung von Ethanol bzw. Bier.

2. Sicherheit durch chemische Kenntnisse

Um Unfälle zu vermeiden, sollen Weinkeller während der Gärphase erst nach ausreichender Lüftung und nicht allein betreten werden. Kommt es doch zu einem Unfall, darf der Retter nur mit einem Atemschutzgerät zum Opfer vordringen. Begründe. ↗ S. 20

3. Abbau von Alkohol im Körper

a) Oft ist zu lesen, dass Frauen weniger Alkohol vertragen als Männer. Diskutiert, ob diese Aussage korrekt ist. Informiert euch über den Abbau von Ethanol im Körper.

b) Wer mit einem Blutalkoholwert über 0,5 Promille Auto fährt und ertappt wird, verliert in vielen europäischen Ländern seinen Führerschein. Bewertet diese Festlegung. ↗ S. 158

4. Kenntnisse anwenden

a) Erkläre die folgende experimentelle Beobachtung.

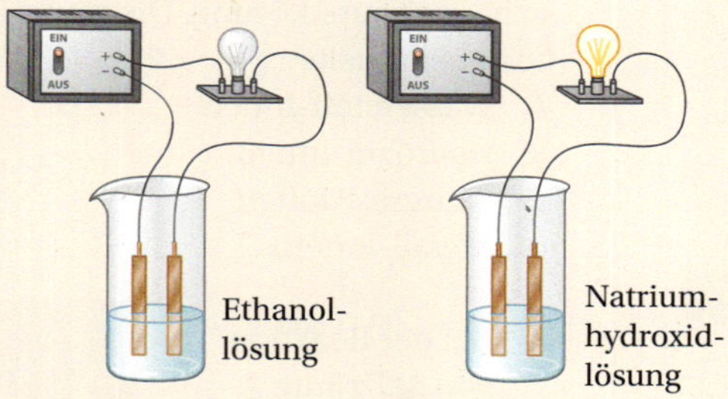

b) Teste die Wirkung beider Lösungen auf Universalindikator. Erkläre deine Beobachtungen. S

5. Formeln begreifen

Konstruiere mithilfe des Molekülbaukastens die Moleküle von Alkoholen mit drei Kohlenstoffatomen und einer Hydroxylgruppe bzw. mit zwei Hydroxylgruppen. Notiere die Strukturformeln der Moleküle.

6. Lebensmittel versus Kraftstoff

Interpretiert die Karikatur. Diskutiert die Probleme, die aus der Verwendung von Bioethanol als Energieträger erwachsen.

+ Teste dich selbst

Wähle aus.

1 Löst du eine Säure in Wasser, so bildet sich eine saure Lösung. Die saure Lösung enthält
- A Wasserstoff-Ionen.
- B Hydroxid-Ionen.
- C Säurerest-Ionen.
- D Metall-Ionen.

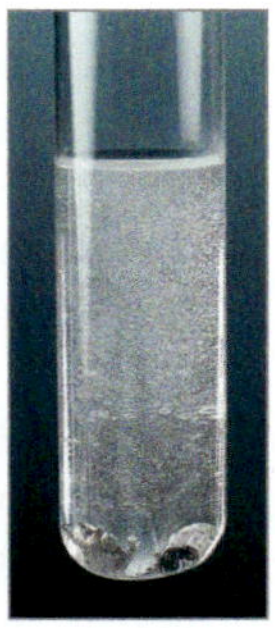

2
- A Bei der Reaktion von Salzsäure mit Magnesium entstehen Magnesiumchlorid und Wasser.
- B Bei der Reaktion von Salzsäure mit Magnesium entstehen Magnesiumsulfat und Wasser.
- C Bei der Reaktion von Salzsäure mit Magnesium entstehen Magnesiumchlorid und Wasserstoff.

3 Unter pH-neutral versteht man bei Kosmetikprodukten
- A einen pH-Wert von ca. 5,5.
- B einen pH-Wert von 7.
- C einen pH-Wert von 0.

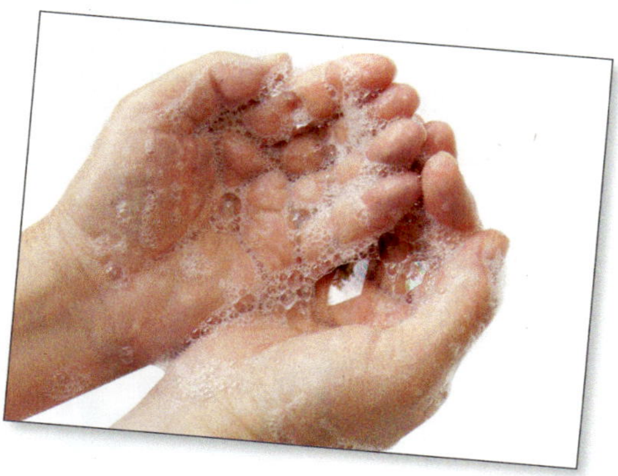

4 Ethanol ist ein hervorragendes Lösungsmittel, weil
- A Ethanolmoleküle sowohl über eine polare funktionelle Gruppe als auch über einen unpolaren Alkylrest verfügen.
- B Ethanolmoleküle Wasserstoffbrücken zu anderen Molekülen bilden können.
- C Ethanolmoleküle im Wasser Wasserstoff-Ionen und Ethanolat-Ionen bilden.

5 Eine grundlegende Voraussetzung für die Vergärung von Traubenzucker zu Ethanol ist
- A ein ungehinderter Zutritt von Luft (Sauerstoff).
- B die Gegenwart von Hefeenzymen.
- C eine Umgebungstemperatur von mindestens 35 °C.

6 In einem Liter Bier (Alkoholgehalt ca. 5 Vol.-%) sind
- A 3,92 g reines Ethanol enthalten.
- B 39,2 g reines Ethanol enthalten.
- C 392 g reines Ethanol enthalten.

7 Lässt du eine Probe von etwa 5 g Glycerol offen an der Luft stehen, stellst du am nächsten Tag
- A eine Verringerung der Masse fest, weil ein Teil verdunstet ist.
- B eine Erhöhung der Masse fest, weil Glycerol aufgrund der Hydroxylgruppen mit dem Sauerstoff der Luft reagiert.
- C eine Erhöhung der Masse fest, weil der Stoff aufgrund seiner Hydroxylgruppen hygroskopisch ist und Feuchtigkeit aus der Luft aufnimmt.

Beantworte ausführlich.

1 a) Erläutere die Funktion der Hefeenzyme bei der alkoholischen Gärung.
b) Beschreibe die Struktur eines Ethanolmoleküls.
c) Ermittle mithilfe geeigneter Stofftabellen Formeln und Eigenschaften verschiedener Alkohole.
d) Interpretiere die nachfolgende Tabelle: Führe die unterschiedlichen Eigenschaften auf die Molekülstruktur zurück.

Name	Siedetemperatur	Löslichkeit in H_2O bei 20 °C
Methanol	64,5 °C	unbegrenzt
Propan-1-ol	97,2 °C	unbegrenzt
Butan-1-ol	117,5 °C	8,3 g pro 100 g H_2O
Pentan-1-ol	137,8 °C	2,7 g pro 100 g H_2O

2 a) Wird Chlorwasserstoffgas über trockenes Universalindikatorpapier geleitet, erfolgt keine Farbänderung. Ist dieses Indikatorpapier feucht, färbt es sich rot.
Erkläre diese unterschiedlichen Beobachtungen.
b) Wird konzentrierte Schwefelsäure verdünnt, kannst du eine Temperaturerhöhung und eine Änderung der elektrischen Leitfähigkeit messen.
Leite aus diesen experimentellen Beobachtungen eine Schlussfolgerung ab.

3 Bei besonderen Hautproblemen wird manchmal ein medizinisches Säurepeeling angeboten. Erläutere, was mit der Haut geschieht, wenn ein Peelingprodukt mit einem sehr geringen pH-Wert verwendet wird. Erstelle einen entsprechenden Handzettel.

4 Die Augenoberfläche ist stets von einem dünnen Tränenfilm bedeckt, der kontinuierlich neu gebildet wird. Der Lidschlag verteilt den Tränenfilm gleichmäßig auf dem Auge. So wird das Auge feucht gehalten.

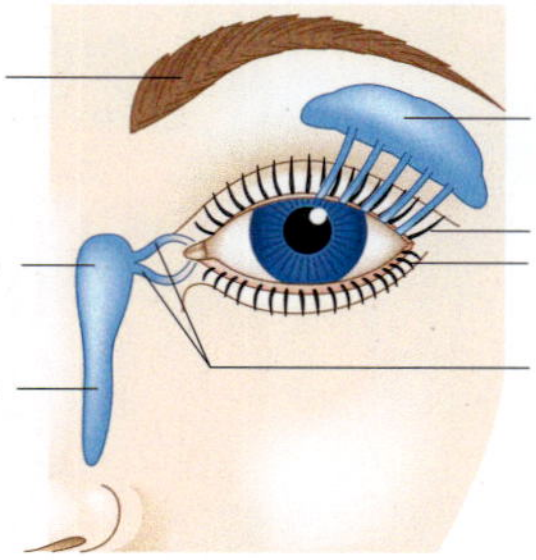

Der pH-Wert des Tränenfilms liegt zwischen 7,1 und 7,6.
Augentropfen müssen exakt dem pH-Wert der Tränenflüssigkeit entsprechen. Begründe die Notwendigkeit.

5 Gib jeweils eine Wortgleichung für die Reaktion von Salzsäure mit Kalk, mit einem unedlen Metall und mit einer alkalischen Lösung an.
Entwickle danach die Reaktionsgleichungen.

2 Chemische Verbindungen als Energieträger und Rohstoffe

Gute Frage?
Vermutet, was der Straßenbelag, die Reifen, die transportierte Flüssigkeit und das Material der Rücklichter gemeinsam haben.

Benzin, Diesel, Kerosin und Co
Wie oft nutzt ihr persönlich diese Energieträger? Wann kommt bei euch das Auto zum Einsatz, wann das Fahrrad? Wie gelangt ihr in die Schule? Wo macht ihr Urlaub und wie kommt ihr an euren Urlaubsort? Schildert eure eigenen Erfahrungen mit Benzin, Diesel, Kerosin und Co.

Gespeicherte Energie
Neben Kohle sind Erdöl und Erdgas wichtige Energielieferanten, auf die wir derzeit nicht verzichten können. Überlegt, woher die Energie stammt, die wir bei der Verbrennung dieser fossilen Energieträger nutzen.

Ein Begriff aus dem Alltag?
Sicher habt ihr schon den Begriff „organische Stoffe" gehört oder gelesen und sogar selbst verwendet. Aber – was sind organische Stoffe eigentlich? Diskutiert die Frage in eurer Lerngruppe.

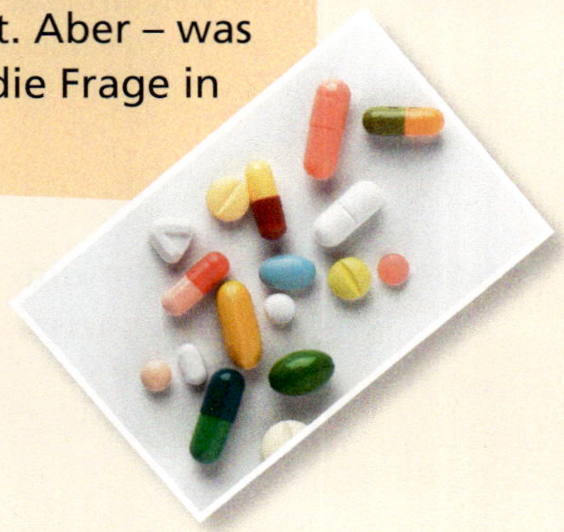

Uralte Bodenschätze

Erdöl und Erdgas

Wenn sich Erdöl und Erdgas aus organischem Material gebildet haben, warum können sie dann nicht immer wieder neu entstehen?

Erdöl und Erdgas haben sich aus kleinsten Meeresbewohnern (Mikroorganismen, Bakterien und Algen) gebildet. Diese sanken zu Boden und wurden dort von mineralischen Ablagerungen (Sedimenten) bedeckt. Bakterien zersetzten das organische Material unter Luftabschluss.
Unter dem Einfluss von hohem Druck und hohen Temperaturen bildeten sich im Laufe vieler Millionen von Jahren Erdöl und Erdgas. Dabei handelt es sich um Gemische verschiedener Stoffe.
Das Erdöl kann aus ganz unterschiedlichen Erdzeitaltern stammen. Die ältesten Lagerstätten sind vor 2 Milliarden Jahren entstanden. Erdöl aus den wichtigsten Lagerstätten ist 100 bis 500 Mio. Jahre alt.

Erdöl und Erdgas sind Stoffgemische. Sie entstanden in langen Zeiträumen und werden daher als fossile Energieträger bezeichnet.

Erforsche es L

Erdöl im Test

Aufgabe:
Es soll experimentell gezeigt werden, dass Erdöl ein Stoffgemisch ist. Dazu führt die Lehrkraft eine Destillation durch.

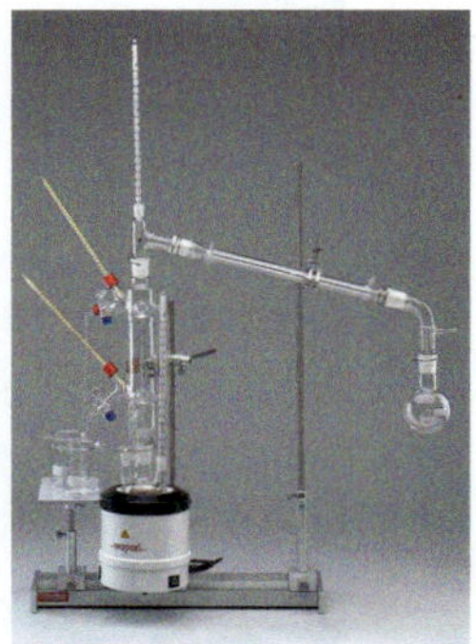

Führe Protokoll:
Notiere *Geräte* und *Chemikalien* sowie Beobachtungen und werte die Beobachtungsergebnisse aus.

Erdöl aus Algerien

Epoche	Präkambrium	Kambrium	Ordovizium	Silur	Devon
Alter in Mio. Jahren	4600–542	542–488	488–443	443–416	416–359

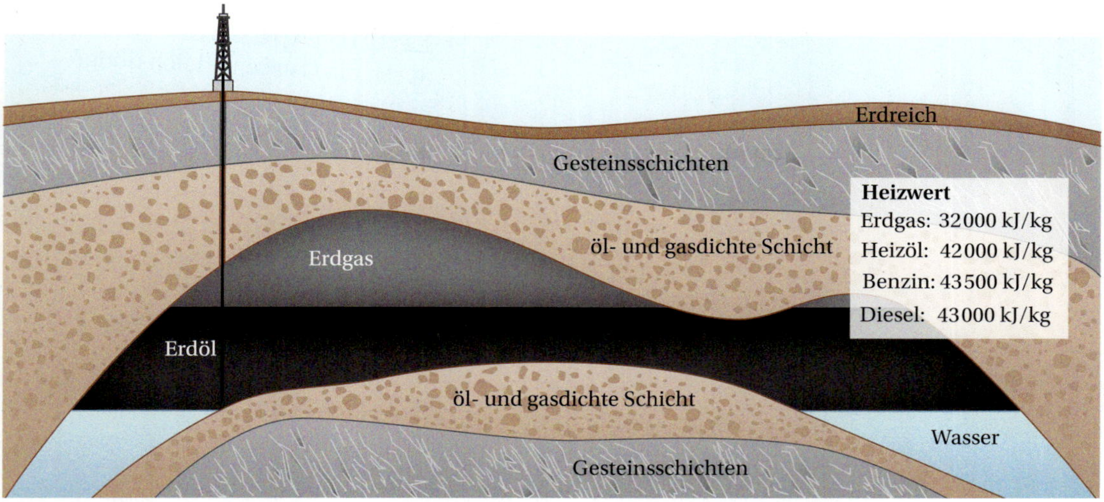

Erläutere unter Nutzung der Abbildung den Aufbau von Erdöl- und Erdgaslagerstätten.

Aufgaben

1 Diskutiere mit deiner Lernpartnerin bzw. deinem Lernpartner die Frage, die oben auf der Seite 78 gestellt wurde. Findet eine Antwort.

2 Beschreibe die Entstehung von Erdöl und Erdgas.

3 Recherchiere die Entstehung von Kohle. Nutze dazu das Internet.

4 Notiere wichtige Lagerstätten von Erdöl und Erdgas.

5 Erdöl ist nicht gleich Erdöl – die Farbe, der Geruch und auch die Zähigkeit können von Probe zu Probe sehr unterschiedlich sein. So sind manche Rohöle dünnflüssig und strohgelb, manche dickflüssig, beinahe schon fest und tiefschwarz. Erkläre diese unterschiedlichen Eigenschaften der Rohöle. Nutze dazu das Experiment auf Seite 78.

Uralte Bodenschätze

Von der Quelle bis zum Speicher

Sammelt weitere Schlagzeilen zum Thema „Förderung und Transport von Erdöl und Erdgas".

Erdgaspipeline
durch die Ostsee wirklich nötig?

Gasstreit
zwischen Russland und Weißrussland beendet – Russland öffnet „Gashahn" wieder.

Russland stoppt Erdöllieferung – steigt der Benzinpreis?

Rohöl beziehen wir nur zu einem geringen Anteil aus eigenen Lagerstätten. Diese liegen sehr tief: Erdöllagerstätten in 1 000 bis 2 000 m, Erdgaslagerstätten in 3 000 bis 5 000 m Tiefe.

Zur Förderung wird das Rohöl an die Oberfläche gepumpt. Vor dem Transport wird es von Wasser, Sand und Bohrschlamm befreit. Die wichtigsten Transportmittel für Erdöl sind Pipelines und Großtanker. Der Transport in Tankern birgt ein Umweltrisiko. Bei Tankerunfällen kann es zur Verschmutzung des Meeres und von Küstenabschnitten kommen.

Das Rohöl wird in Raffinerien aufbereitet.

Unser Erdgasbedarf wird zu ca. 20 % aus eigener Förderung gedeckt. Darüber hinaus beziehen wir **Erdgas** hauptsächlich aus norwegischen und russischen Quellen.

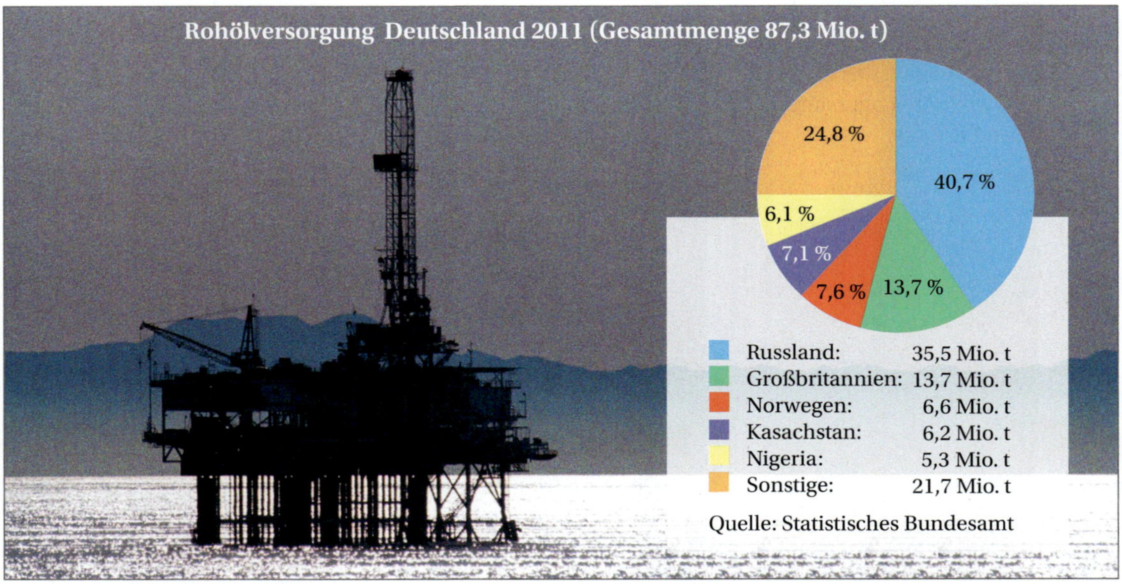

- Interpretiere die Grafik. Diskutiere, warum es günstig ist, Erdöl von unterschiedlichen Anbietern zu beziehen.

Häufig wird bei der Förderung von Rohöl auch Erdgas freigesetzt. In anderen Lagerstätten sind Erdgase unter Druck in porösem Gestein enthalten.
Oft reicht der Lagerstättendruck aus, um das Gas durch unterirdische Pipelines bis zum Verbraucher zu transportieren. Vor dem Transport wird das Erdgas getrocknet und von Schwefelwasserstoff befreit.
Erdgas kann in unterirdischen Hohlräumen oder in Stahltanks gelagert werden. Im Zusammenhang mit dem Bau der Ostseepipeline soll die Speicherkapazität von 21 auf 37 Mrd. m^3 erhöht werden.

Den größten Teil unseres Erdöl- und Erdgasbedarfs decken wir mit importierten Rohstoffen.

Aufgaben

1 Tragt zusammen, welche Umweltprobleme durch Förderung, Transport und Nutzung von Erdöl entstehen können.
2 Diskutiert Maßnahmen, die die Förderung und den Transport von Rohöl sicherer machen.
3 Informiert euch über den Bau der Erdgasleitung durch die Ostsee. Tragt Argumente zusammen, die für den Bau, und solche, die gegen den Bau dieser Pipeline sprechen.
4 Informiert euch über Lagerstätten und Förderung von Erdöl und Erdgas in der Nordsee.

Erforsche es

L

Folgen einer Katastrophe im Test

Aufgabe:
Führe bei folgendem Lehrerexperiment Protokoll. Notiere deine Beobachtungen und erkläre sie.

Durchführung:
a) Wasser mit künstlichem Rohöl (GHS02/07, E10/12) überschichten

b) Luft einspritzen

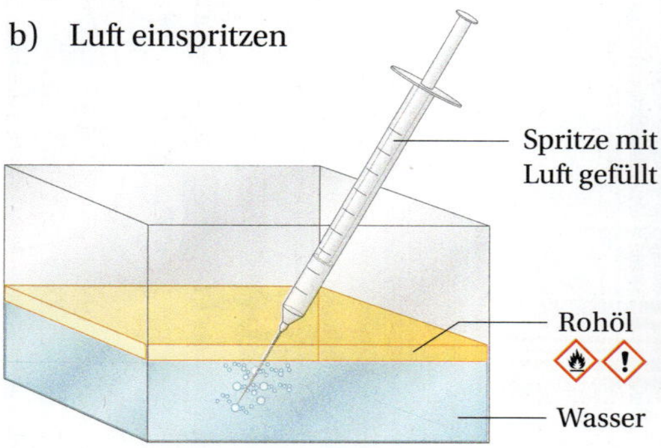

Auswertung:
Die Folgen von Tankerunfällen für die betroffenen Küsten sind durch die Medien bekannt. Jedoch ist auch das Gewässer mit seinen Bewohnern betroffen. Leite aus deinen Beobachtungen entsprechende Schlussfolgerungen für das Meeresökosystem ab.

Uralte Bodenschätze

Erdöl – ein goldwertes Gemisch

Erdöl wird zwar als „schwarzes Gold" bezeichnet, aber so kann es nicht in den Tank. Wie wird Erdöl aufbereitet?

Erdöl ist ein komplexes Stoffgemisch. Es besteht aus mehr als 500 verschiedenen Stoffen.
Diese Stoffe weisen unterschiedliche Eigenschaften auf.
Vor der weiteren Verwendung muss das Rohöl in seine Bestandteile zerlegt werden.

Die Aufbereitung erfolgt in Raffinerien. Das Rohöl wird durch **fraktionierte Destillation** zerlegt.
Dabei werden die unterschiedlichen Siedetemperaturen der Bestandteile ausgenutzt.

In der ersten Phase wird das Rohöl unter Normaldruck bei ca. 300 °C verdampft.
Die entstehenden Dämpfe werden in die Fraktionierkolonne (bzw. Destillationskolonne) geleitet.
Dort kondensieren die Stoffe entsprechend ihrer Siedetemperaturen in verschiedenen Höhen (Etagen) und werden abgezogen.

Bei den gewonnenen Fraktionen handelt es sich nicht um Reinstoffe, sondern wiederum um Stoffgemische aus Stoffen mit ähnlichen Siedetemperaturen.

Interpretiere die Bildgeschichte.

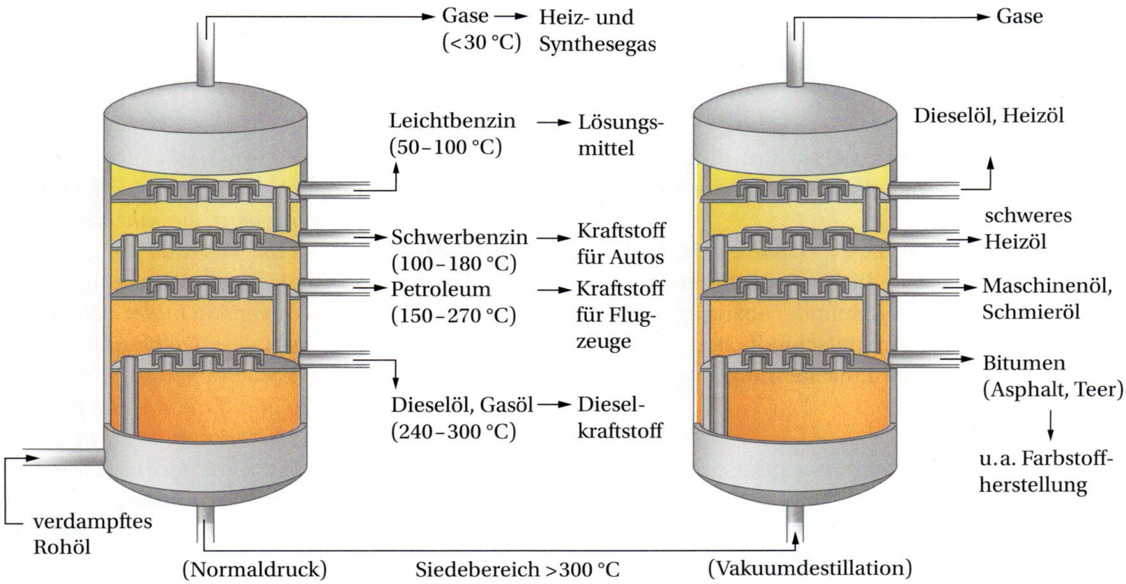

Beschreibe die Aufbereitung von Erdöl und gib an, wie die einzelnen Erdölfraktionen verwendet werden.

Nach der ersten Phase der fraktionierten Destillation bleibt ein Gemisch aus Stoffen mit höheren Siedetemperaturen übrig. Die Temperatur in der Anlage kann jedoch nicht weiter erhöht werden, weil sich die verbliebenen Bestandteile sonst zersetzen würden.
Diese Stoffe werden bei niedrigem Druck getrennt. Die zweite Phase heißt **Vakuumdestillation.**
Der größte Teil der Destillationsprodukte des Erdöls wird direkt zu Kraftstoffen weiterverarbeitet.
Allerdings wird dadurch der Bedarf noch nicht gedeckt. Darum wird auch ein Teil der höher siedenden Fraktionen chemisch aufbereitet und zur Herstellung von Benzin und anderen Kraftstoffen genutzt.

Bei der Erdölaufbereitung wird Rohöl durch Destillation in Gemische (Fraktionen) mit unterschiedlichen Siedetemperaturen getrennt.

Aufgaben

1 Wiederhole, wie Bestandteile von Stoffgemischen getrennt werden können. Beschreibe mindestens drei Verfahren und gib an, welche Eigenschaften der Bestandteile jeweils ausgenutzt werden.

2 Gib zwei niedrig siedende Fraktionen und zwei hoch siedende Fraktionen an. Nutze dazu die Grafik oben.

3 Erläutere, warum in der zweiten Phase der fraktionierten Destillation mit niedrigem Druck gearbeitet wird.

So kannst du vorgehen

Führen einer Pro-und-Kontra-Debatte: Dieselkraftstoff oder Biodiesel?

Bei dieser Debatte geht es darum, unterschiedliche Sichtweisen darzulegen und gegeneinander abzuwägen. Die Darlegung der unterschiedlichen Argumente dient einer Entscheidungsfindung.

Vorbereitungsphase

► Schritt 1

Wählt die Fragestellung aus.
Achtet darauf, dass das Thema viele interessiert und Diskussionsstoff bietet.

Biodiesel gilt als umweltschonender Treibstoff. Es heißt, dass bei der Nutzung weniger umweltschädigende Stoffe entstehen als bei der Nutzung von Dieselkraftstoff. Setzt euch mit dieser Ansicht auseinander.

► Schritt 2

Arbeitet Pro-Argumente aus.
Tragt Informationen und Fakten zusammen, die die gegebene Darstellung unterstützen. Nutzt verschiedene Medien.

Die Verbrennung von Biodiesel führt kaum zur Verstärkung des Treibhauseffekts. Bei der Verbrennung wird die nutzbare Energie zwar durch die Reaktion des enthaltenen Kohlenstoffs (und Wasserstoffs) mit Sauerstoff gewonnen. So bildet sich als ein Reaktionsprodukt das Treibhausgas Kohlenstoffdioxid.
Allerdings gelangt auf diese Weise Kohlenstoffdioxid in die Atmosphäre zurück, welches die Ölpflanzen vor nicht allzu langer Zeit aus ihr entnommen haben. Wenn die Pflanzen in der Natur verrotten, entsteht beim Abbau letztendlich genauso viel Kohlenstoffdioxid wie beim Verbrennen.

Die Verbrennung von Dieselkraftstoff führt der Atmosphäre dagegen Kohlenstoffdioxid zu, welches ihr vor Millionen von Jahren entzogen worden ist. Das entstehende Kohlenstoffdioxid erhöht den heutigen Kohlenstoffdioxidanteil der Luft und verstärkt den Treibhauseffekt.
Biodiesel belastet die Umwelt also weniger als Dieselkraftstoff auf Erdölbasis.

► Schritt 3

Arbeitet Kontra-Argumente aus.
Sammelt nun Informationen und Fakten, die eine entgegengesetzte Position unterstützen.

Bei der Verbrennung von Biodiesel werden genauso viele schädliche Stoffe und Feinstaubpartikel freigesetzt wie bei der Verbrennung von Diesel auf Mineralölbasis.

Für den Anbau von Ölpflanzen zur Herstellung von Biodiesel wird außerdem Ackerfläche benötigt, die dann zum Anbau von Nahrungsmitteln nicht zur Verfügung steht. Teilweise wird Regenwald gerodet, um Anbauflächen zu schaffen.

Zum Teil werden die Ausgangsstoffe für Biodiesel (Rapsöl) bzw. der Biodiesel selbst importiert. Der Transport verbraucht ebenfalls Energie und führt somit zur zusätzlichen Bildung von Kohlenstoffdioxid. Hinzu kommt die nötige Energie zum Bestellen des Ackers, für die Ernte usw.

Ablauf der Debatte

► Schritt 1

Vorstellen des Themas

Ein Moderator gibt zur Einführung allgemeine und grundlegende Informationen zum Thema.

► Schritt 2

Darlegen der gegenteiligen Positionen

Jeweils ein Sprecher stellt die Argumente der beiden Gruppen vor.

► Schritt 3

Fragerunde

Zuschauer und Gruppenmitglieder haben die Möglichkeit, Fragen zu den Argumenten zu stellen. Die jeweiligen Vertreter der Gruppen antworten.

► Schritt 4

Zusammenfassen des Wesentlichen

Der Moderator fasst noch einmal die wichtigsten Fakten (Pro und Kontra) zusammen.

► Schritt 5

Abstimmung

Das Abstimmungsergebnis zeigt, wie überzeugend die Vertreter der gegensätzlichen Positionen waren.

Uralte Bodenschätze

Zum Verbrennen viel zu schade

Prüfe deinen Kleiderschrank. Besitzt du Kleidungsstücke, die nur aus natürlichen Fasern bestehen? Was wäre, wenn es kein Erdöl mehr gäbe?

Sicher stellst du beim Blick in den Kleiderschrank fest, dass viele Kleidungsstücke zumindest zum Teil aus Kunstfasern bestehen. Die Basis dafür ist Erdöl.
Auf der Grundlage von Erdöl wird eine breite Palette von Stoffen produziert, die unseren Alltag erleichtern.

Warum kann Erdöl eigentlich für so viele Produkte Ausgangsstoff sein?
Die Ursache besteht in der Zusammensetzung dieses Stoffgemischs.
Es enthält einen hohen Anteil an **Kohlenwasserstoffen.** Sie bestehen aus den Elementen Kohlenstoff und Wasserstoff.
Diese beiden Elemente sind die Grundbausteine aller **organischen Stoffe.**

Die wichtigsten „Zutaten" sind also zu einem hohen Anteil im Erdöl enthalten.

- Gib die Elemente an, die wesentliche Bestandteile organischer Stoffe sind.

Alle organischen Stoffe sind prinzipiell ähnlich aufgebaut. Es handelt sich um Molekülverbindungen. Das „Rückgrat" dieser Moleküle bilden immer Kohlenstoffatome, die mit weiteren Atomen verknüpft sind.

Erölförderung → **Raffinerie** → **chemische Industrie**

- Gib Stoffe aus unserem Alltag an, die auf der Basis von Erdöl produziert werden.

Wusstest du schon …

Organische Stoffe

Dieser Begriff wird auch im Alltag verwendet, aber was sind eigentlich „organische Stoffe“? Unter dieser Sammelbezeichnung wurden früher Stoffe zusammengefasst, die von Lebewesen produziert wurden. Die Menschen nahmen an, dass für ihre Herstellung eine geheimnisvolle Lebenskraft *(vis vitalis)* erforderlich wäre.
Als Friedrich Wöhler 1828 Harnstoff aus anorganischen Stoffen synthetisierte, verblüffte dieses Ergebnis die gesamte Fachwelt. Harnstoff entsteht nämlich bei einigen Tieren als Abfallprodukt des Eiweißstoffwechsels und wird über die Nieren mit dem Urin ausgeschieden. Mit seinem Experiment widerlegte Wöhler die geltenden Lehrsätze. Nun stand fest, dass organische Stoffe auch ohne die *vis vitalis* gebildet werden können.

Durch Wöhlers Experiment wurde deutlich, dass organische und anorganische Stoffe ineinander umwandelbar sind.
Diese neue Erkenntnis führte zu einer stürmischen Entwicklung der organischen Chemie.

Heute sind Millionen organischer Verbindungen bekannt. Dazu gehören u. a. Fette, Kohlenhydrate, Eiweiße, Farbstoffe, Arzneimittel, Kunststoffe, Aromastoffe, auch die Essigsäure und die Alkohole (z. B. Ethanol).

Organische Stoffe sind alle Kohlenstoffverbindungen außer den Oxiden des Kohlenstoffs, den Carbiden, der Kohlensäure und ihren Salzen (Carbonate und Hydrogencarbonate).
Viele organische Stoffe werden heute gezielt produziert.

Aufgaben

1. Definiere die Begriffe „organische Stoffe“ und „Kohlenwasserstoffe“. Nutze die Seiten 86 und 87.
2. Recherchiere drei Stoffe, die auf Erdölbasis hergestellt werden. Erkläre, warum Erdöl als Ausgangsstoff für so unterschiedliche Stoffe dienen kann.
3. Erläutere den Versuchsaufbau (↗ Abb. rechts).
4. a) Weise nach, dass Kerzenwachs die Elemente Kohlenstoff und Wasserstoff enthält. Führe Protokoll. S
   b) Stelle die Wortgleichung für die vollständige Verbrennung auf.

S Nachweis von Kohlenstoff und Wasserstoff in organischen Stoffen

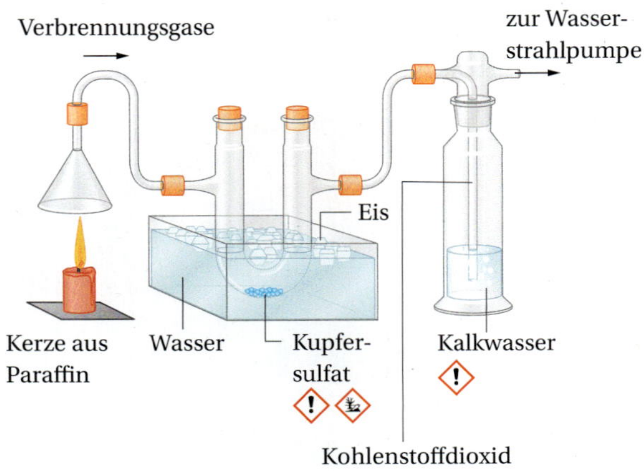

Das hast du gelernt

Uralte Bodenschätze

viele Mio. Jahre

Luftabschluss, Druck, hohe Temperatur

Rohöl

Energieträger

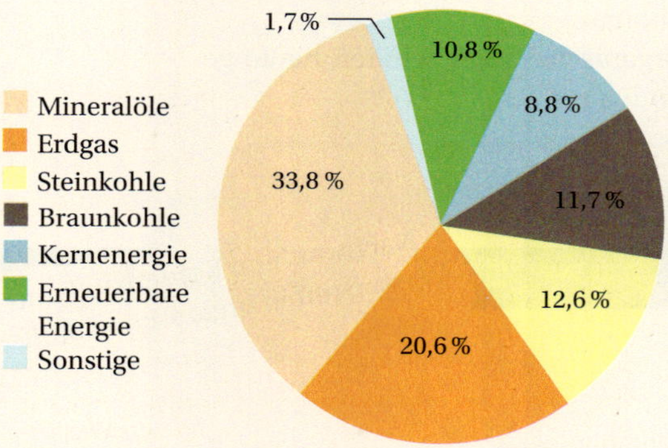

Ausgangsstoff der chemischen Industrie

Die Nutzung fossiler Bodenschätze birgt Gefahren für die Umwelt durch ...

Katastrophen bei der Förderung und beim Transport

Verstärkung des Treibhauseffekts

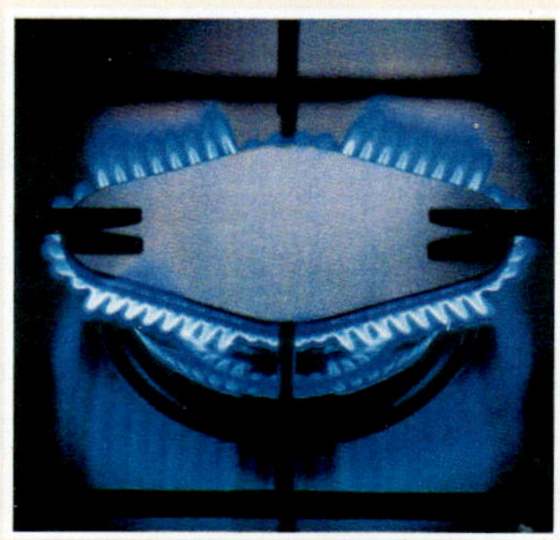

Löse mit Köpfchen

1. Nachgedacht

Informiert euch über Erdöllagerstätten auf dem Gebiet der Bundesrepublik Deutschland und die Eigenschaften dieses Erdöls. Bereitet euch auf eine Debatte zum Thema „Pro und Kontra zur Förderung von Erdöl aus eigenen Lagerstätten“ vor. ↗ S. 84

2. Nachgefragt

a) Erdgas und Produkte der Erdölaufbereitung werden als Brennstoffe genutzt. Befrage Mitschüler, Nachbarn und Verwandte, wie ihre Wohnung geheizt wird.
Stelle die Ergebnisse der Befragung in einem Diagramm dar.

b) Stelle unterschiedliche alternative Energieträger zusammen. Führe jeweils Gründe auf, die für ihren Einsatz sprechen. Gib an, welche Nachteile zu erwarten sind.

3. Sicher ist sicher

Erläutere, warum an Tankstellen grundsätzlich Rauchverbot besteht.

4. Alles klar?

a) Erläutere am Beispiel der Aufbereitung von Rohöl das Prinzip der fraktionierten Destillation.

b) Gib an, welche Fraktionen aus dem Erdöl abgetrennt werden und welche Verwendung sie jeweils finden.

5. Weg der Energie

Erläutere, woher letztendlich die Energie stammt, die wir beim Heizen mit fossilen Brennstoffen freisetzen.
Stelle den Weg der Energie schematisch am Beispiel der Entstehung und Verbrennung von Kohle dar.

6. Formel gesucht?

Weder Erdöl noch Erdgas können durch eine einheitliche chemische Formel beschrieben werden. Begründe diesen Sachverhalt. ↗ S. 20

7. Auf die Eigenschaften kommt es an

Obwohl die einzelnen Erdölfraktionen Gemische aus Kohlenwasserstoffen sind, unterscheiden sie sich teilweise erheblich in ihren Eigenschaften. Verwechslungen können fatale Folgen haben:

Wiesbaden - Durch einen tragischen Irrtum sind eine 17 Jahre und eine 26 Jahre alte Bewohnerin eines Mietshauses sowie das Kind der älteren Frau ums Leben gekommen. Die jüngere Hausbewohnerin hatte ihren Ölofen versehentlich mit Benzin statt mit Diesel gefüllt und damit eine Explosion ausgelöst. Die gewaltige Explosion überraschte die Hausbewohner am frühen Morgen.
Der Ort des fatalen Irrtums der 17-Jährigen war eine Tankstelle. Eine Überwachungskamera zeichnete auf, wie die junge Frau die Zapfpistolen verwechselte und anstatt Diesel Superbenzin in eine Ölkanne füllte.

Quelle: www.abendblatt.de

Informiere dich in geeigneten Quellen über die Siede- und Entzündungstemperaturen von Benzin und Diesel.
Erkläre, weshalb es zur Explosion des Ölofens gekommen ist.

8. Qual der Wahl

Vergleiche die Heizwerte der fossilen Energieträger. Leite eine Schlussfolgerung ab.

Brennstoff	Heizwert
Braunkohle	20 000 kJ/kg
Steinkohle	32 000 kJ/kg
Anthrazit	35 000 kJ/kg
Heizöl	42 000 kJ/kg
Diesel	43 000 kJ/kg
Benzin	43 500 kJ/kg
Erdgas	32 000 kJ/kg

Erforsche es

Wahlthema: Das Element Kohlenstoff

Kohlenstoff ist nicht gleich Kohle

Neben Erdöl und Erdgas nutzen wir Kohle als Energieträger.

1. Recherchiere, was Kohle ist und welche Zusammensetzung sie hat. Informiere dich über die Entstehung von Kohle. Nutze dazu auch den Text auf der folgenden Lehrbuchseite.

2. Ermittle mithilfe einer Karte aus dem Geografieunterricht oder des Internets, wo auf dem Gebiet der Bundesrepublik Deutschland Kohlelagerstätten existieren.

3. Ermittle Heizwerte der unterschiedlichen Kohlearten.

Koks weist einen hohen Heizwert auf. Es handelt sich dabei um ein Produkt der Kohleveredlung. Dabei wird Kohle unter Luftabschluss stark erhitzt.
Das Verfahren heißt Kohleentgasung oder Verkokung. Als Reaktionsprodukte bilden sich Koks, Teer und gasförmige Stoffe (Heizgas).

4. Kohle kann nicht nur als Energieträger zum Einsatz kommen, sondern auch als Rohstoff. Prinzipiell ist es möglich, die gleichen Stoffe aus Kohle wie aus Erdöl und Erdgas zu fertigen. Entscheide, ob diese Aussage stimmt. Begründe deine Antwort.

L Modellversuch Verkokung

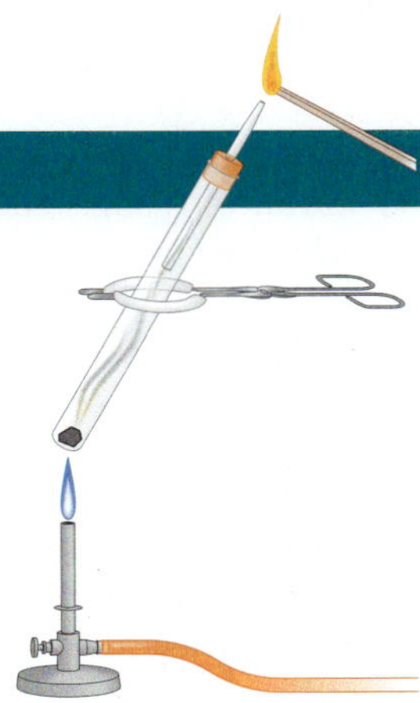

Aufgabe:
Im Modellexperiment soll Koks hergestellt werden. Führe Protokoll.

Vorbereitung:
Geräte und Chemikalien: Reagenzglas mit durchbohrtem Stopfen, Düse, Reagenzglashalter, Brenner, Holzkohle

Durchführung:
Ein Reagenzglas mit Düse, das Holzkohle enthält, wird unter einem Abzug stark erhitzt. Nach einer Weile wird ein brennendes Streichholz an die Düse gehalten.

Beobachtung und Auswertung:
Notiere deine Beobachtungen. Stelle eine Vermutung auf, welche Gase entstanden sein könnten. Begründe deine Vermutung.

Wusstest du schon …

Braunkohle und Steinkohle

Das Element Kohlenstoff bildet zwar einen ganz wesentlichen Bestandteil von Kohle, an dem Ascherest bei der Verbrennung von Kohle kannst du jedoch erkennen, dass Kohle nicht aus reinem Kohlenstoff besteht.

Die Geschichte unserer Steinkohle begann vor vielen Millionen Jahren.
In der Zeit vor 345 bis 280 Millionen Jahren (im **Karbon**) bedeckte eine reiche Sumpfvegetation einen Großteil der Erde. Die meisten dieser Pflanzen waren Farne und Bärlappe, von denen einige Arten so groß wie Bäume wurden und Wälder bildeten. Starben die Pflanzen ab, stürzten sie in die Sümpfe und wurden vollständig von Wasser bedeckt.
Aus diesem Grund gelangte kein Sauerstoff mehr an das abgelagerte pflanzliche Material. Es wurde nicht in üblicher Weise zersetzt. Im Laufe der Zeit lagerten sich Schichten aus Sand und Schlamm auf dem organischen Material ab.

Durch die Masse der Ablagerungen erhöhten sich Druck und Temperatur. Chemische Reaktionen liefen ab.
Dabei wurden Sauerstoff und Wasserstoff aus dem Material abgespalten. Der Anteil des Kohlenstoffs erhöhte sich auf diese Weise. Dieser Prozess heißt **Inkohlung.**
Aus den Wäldern des Karbons bildeten sich Steinkohlelagerstätten.

Im **Tertiär** (vor 65 bis 2,6 Mio. Jahren) waren ähnliche klimatische Bedingungen gegeben. Aus dieser Zeit stammen unsere Braunkohlelagerstätten. Riesige Nadelbäume bildeten das Ausgangsmaterial der Braunkohle.

Der Kohlenstoffanteil der Steinkohle ist höher als der von Braunkohle. Je länger die Inkohlung fortschreitet, desto weniger Sauerstoff und Wasserstoff enthält die Kohle.
Je nach Dauer der Inkohlung entsteht zunächst Torf, dann Braunkohle, dann unterschiedliche Steinkohle bis hin zum Anthrazit und schließlich Grafit.

Interpretiere die Bildgeschichte. Beschäftige dich dazu mit der Entstehung und Verwendung von Kohle.

Erforsche es

Kohlenstoff – von weich bis megahart

1. a) Woran erkennt man, ob es sich bei einer Elementsubstanz um ein Metall oder ein Nichtmetall handelt? Notiere jeweils wesentliche Eigenschaften.
   b) Suche das Element Kohlenstoff im Periodensystem der Elemente auf. Handelt es sich um ein Metall oder ein Nichtmetall?
   c) Leite eine Vermutung über die elektrische Leitfähigkeit von Kohlenstoff ab. Überprüfe die Vermutung experimentell. Verwende einen Grafitstab. Bestätigt oder widerlegt das Experiment die Vermutung?
   d) Erkläre die Beobachtung. Nutze dazu auch den unten stehenden Text.

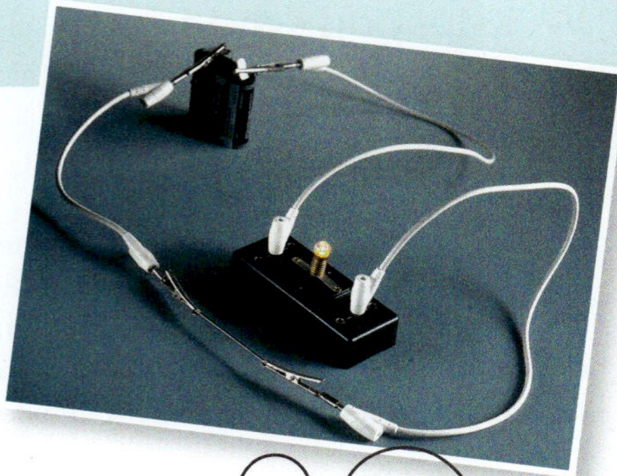

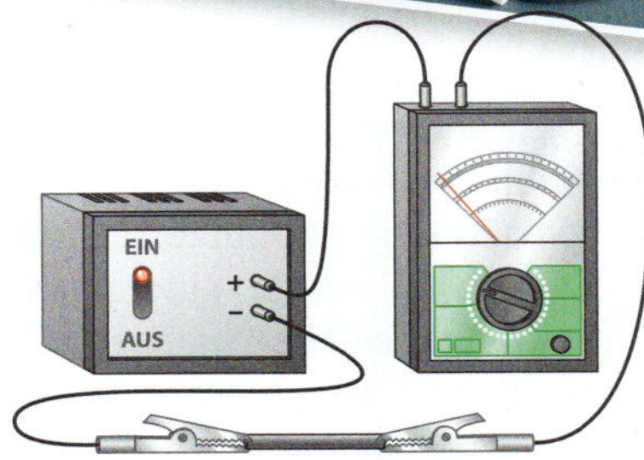

Tipp: Für den Versuch zur elektrischen Leitfähigkeit kannst du eine Bleistiftmine verwenden, denn sie besteht aus einem Grafit-Ton-Gemisch.

Atombindung ist eine Bindung zwischen zwei Atomen, die auf der Ausbildung von gemeinsamen Elektronenpaaren beruht.

Grafit

Kohlenstoffatome haben vier Außenelektronen. Im Grafit hat jedes Kohlenstoffatom mit jeweils nur drei anderen Kohlenstoffatomen ein gemeinsames Elektronenpaar ausgebildet. Diese Atome haben gleich große Abstände zueinander. Dadurch entstehen Schichten, in denen die Atome in Sechserringen angeordnet sind. Diese Anordnung entspricht einem bienenwabenartigen Muster. Über die verbleibenden, nicht bindenden Außenelektronen der Kohlenstoffatome sind die Schichten nur locker miteinander verknüpft. Daher können diese gegeneinander verschoben und leicht gelöst werden.

Struktur des Gitters

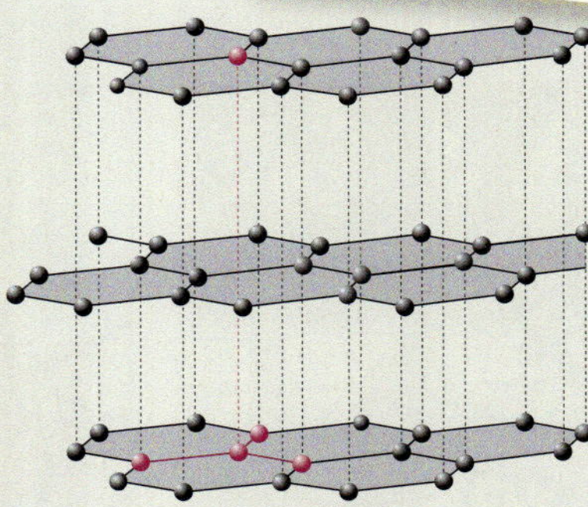

Grafit ist deshalb sehr weich. Mit geringem Druck kannst du etwas davon abreiben.
Durch die freien Elektronen im Kristall ist ein Ladungstransport möglich. Grafit ist elektrisch leitfähig.

2. Obwohl Diamant und Grafit jeweils aus Kohlenstoff bestehen, weisen die Stoffe sehr unterschiedliche Eigenschaften auf.
Es handelt sich um unterschiedliche Modifikationen (Erscheinungsformen).
Stelle am Beispiel dieser Modifikationen den Zusammenhang von Bau und Eigenschaften dar.

Das Fullerenmolekül C_{60} besitzt eine stabile, fußballähnliche Molekülstruktur.

3. Erstelle einen Steckbrief für Grafit und Diamant. Nimm Eigenschaften, Verwendung und Vorkommen in diese Steckbriefe auf. Nutze neben den Texten im Lehrbuch auch Nachschlagewerke und das Internet.

4. Bei Fullerenen und Nanotubes handelt es sich um weitere Modifikationen des Kohlenstoffs, die erst 1985 bzw. 1991 entdeckt wurden. Informiere dich über diese Modifikationen und bereite einen Vortrag vor.

Diamant

Chemisch ist Diamant ebenfalls reiner Kohlenstoff. Der Aufbau des Kristalls unterscheidet sich aber von dem des Grafits. Im Diamantgitter geht ein Kohlenstoffatom mit vier anderen Kohlenstoffatomen jeweils eine Atombindung ein. Dadurch bilden die Kohlenstoffatome ein Tetraeder. Alle Kohlenstoffatome sind regelmäßig angeordnet und weisen untereinander gleiche Abstände auf. Die Struktur des Kristalls ist daher sehr stabil. Der Stoff Diamant ist sehr hart. Es handelt sich um das härteste natürliche Mineral.
Weil keine freien Elektronen mehr zur Verfügung stehen, ist Diamant auch nicht elektrisch leitfähig.

Ausschnitt aus dem Diamantgitter

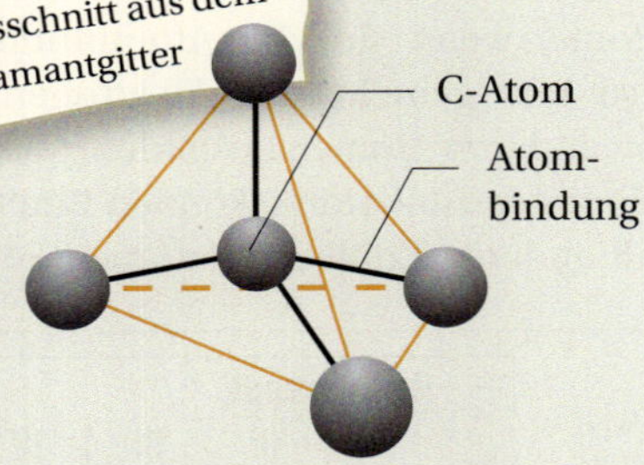

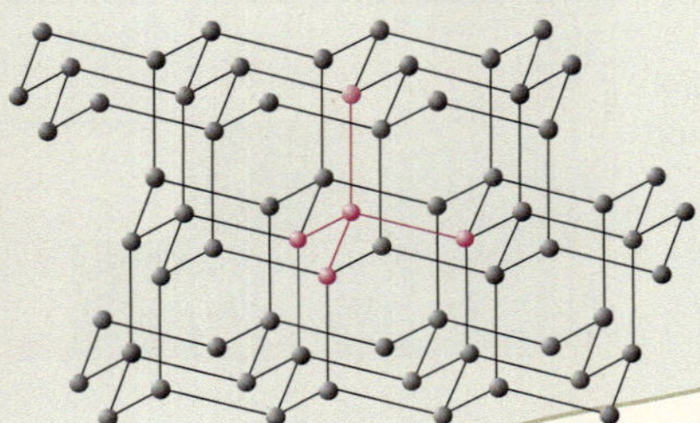

Struktur des Gitters

Vielfalt durch Kombination

Auf das Grundgerüst kommt es an

Das Eiweißmolekül ist kompliziert gebaut? Sicher. Doch ein paar grundlegende Kenntnisse helfen dir, den Bau solch eines Moleküls zu enträtseln.

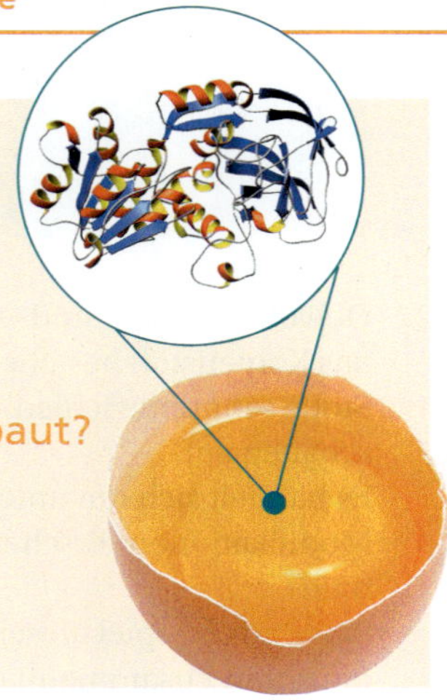

Die Vielfalt organischer Stoffe ist riesig, ihr Bau unterschiedlich und z. T. sehr kompliziert. Trotzdem: Ob Eiweiß, Haushaltszucker, Essigsäure, Ethanol oder Kunststoff – das Geheimnis der Vielfalt der organischen Stoffe liegt im Kohlenstoff begründet. **Kohlenstoffatome** bilden das **Grundgerüst der Moleküle** aller organischen Stoffe. Der Bau der Kohlenstoffatome ist dafür entscheidend.

Kohlenstoffatome besitzen **vier Außenelektronen.** Die Edelgaskonfiguration (acht Außenelektronen) erreichen die Atome, wenn sie **vier Atombindungen,** also vier gemeinsame Elektronenpaare, mit anderen Atomen ausbilden.
Die Kohlenstoffatome können Bindungen mit anderen Kohlenstoffatomen oder mit Atomen anderer Elemente (Wasserstoff, Sauerstoff, Schwefel, Stickstoff, Phosphor u. a.) eingehen.
So können ganz verschiedene Moleküle gebildet werden: kettenförmige, ringförmige und verzweigte, noch dazu mit einer unterschiedlichen Anzahl von Atomen.
Weil die Zahl der möglichen Kombinationen so groß ist, existieren so viele verschiedene organische Stoffe. Die einfachsten organischen Stoffe sind **Kohlenwasserstoffe.** Sie sind nur aus **Atomen der Elemente Kohlenstoff** und **Wasserstoff** aufgebaut.

> Kohlenstoffatome bilden das Grundgerüst organischer Stoffe.
> Die Atome sind in den Molekülen über Atombindungen verbunden.

4 Außenelektronen

Schalenmodell des Kohlenstoffatoms

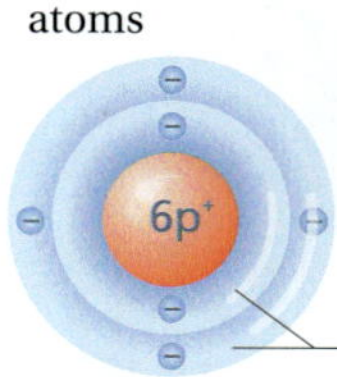

Periode	Hauptgruppe I	II	III	IV	V	VI	VII	VIII
1	1 1,008 2,1 H Wasserstoff							2 4,00 He Helium
2	3 6,94 1,0 Li Lithium	4 9,01 1,5 Be Beryllium	5 10,81 2,0 B Bor		7 14,007 3,0 N Stickstoff	8 15,999 3,5 O Sauerstoff	9 18,998 4,0 F Fluor	10 20,18 Ne Neon
3	11 22,99 0,9 Na Natrium	12 24,31 1,2 Mg Magnesium	13 26,98 1,5 Al Aluminium	14 28,09 1,8 Si Silicium	15 30,97 2,1 P Phosphor	16 32,06 2,5 S Schwefel	17 35,45 3,0 Cl Chlor	18 39,95 Ar Argon

2 besetzte Schalen (Verteilung der Elektronen in der Hülle)

6	12,01
2,5	C
Kohlenstoff	

Protonenzahl (≙ Ordnungszahl); Atommasse; Elementsymbol; Elementname

Wusstest du schon …

Verbundene Atome

In der Natur existieren nur Edelgasatome einzeln. Alle anderen Stoffe bestehen aus Ionen oder Molekülen. Zu den Molekülsubstanzen gehören u. a. Wasserstoff, Kohlenstoffdioxid und Kohlenwasserstoffe.
Was zwingt Atome eigentlich dazu, Moleküle zu bilden?
Wissenschaftler haben herausgefunden, dass Atome immer einen möglichst energiearmen Zustand anstreben. Dieser energetisch stabile Zustand ist erreicht, wenn ein Atom acht Außenelektronen (bzw. im Fall von Heliumatomen zwei Außenelektronen) besitzt. Das trifft nur auf Edelgasatome zu.
Andere Atome erreichen die Stabilität durch Abgabe oder Aufnahme von Elektronen (Bildung von Ionen) oder durch die Ausbildung gemeinsamer Elektronenpaare (Bildung von Molekülen).

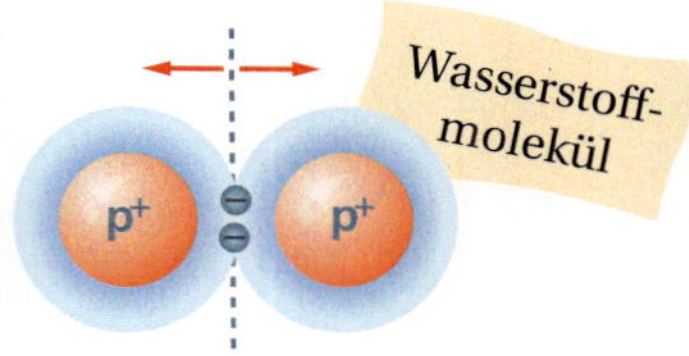

So besitzen Wasserstoffatome beispielsweise nur ein Außenelektron. Daher bilden zwei Atome jeweils ein gemeinsames (bindendes) Elektronenpaar aus. Dieses bewegt sich zwischen den Atomen, wird von beiden genutzt und bewirkt den Zusammenhalt im Molekül. Diese Art des Zusammenhalts heißt Atombindung.
Kohlenstoffatome besitzen vier Außenelektronen und benötigen demzufolge vier bindende Elektronenpaare, um die energetische Stabilität zu erreichen. Dabei können die gemeinsamen Elektronenpaare auch zwischen Atomen verschiedener Elemente ausgebildet werden. So entstehen Moleküle unterschiedlichster Verbindungen.

Aufgaben

1 Konstruiere mithilfe des Molekülbaukastens mindestens drei verschiedene Kohlenwasserstoffe.

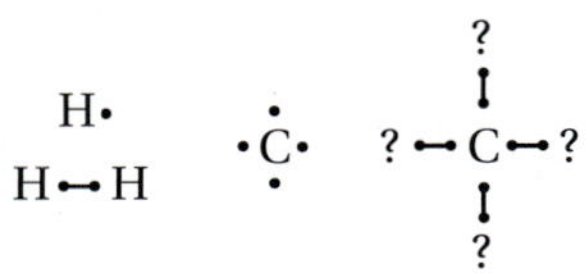

Erläutere, wie die Vielfalt der Kohlenwasserstoffe möglich ist.

2 Ethanol hat die Formel C_2H_5OH. Handelt es sich um einen Kohlenwasserstoff? Begründe deine Antwort.
↗ S. 20

3 Die Abbildung rechts zeigt die räumliche Struktur eines Eiweißmoleküls und einen winzigen Ausschnitt aus der Molekülstruktur. Interpretiere diesen Ausschnitt.

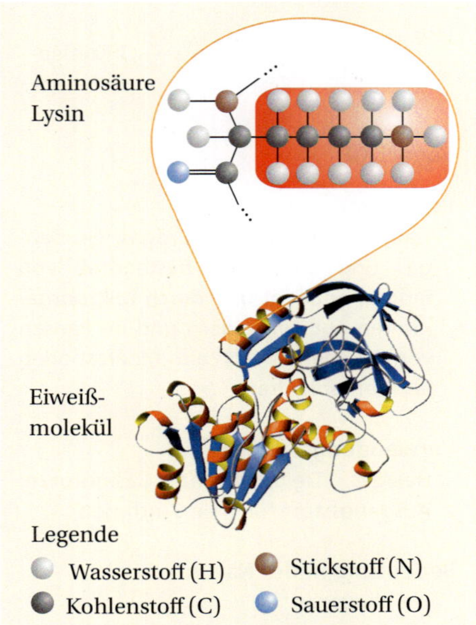

Vielfalt durch Kombination

Methan – ein Gas voller Überraschungen

Was haben Kühe mit dem Weltklima zu tun? Finde es heraus.

Steckbrief

Methan

Eigenschaften:

farbloses, geruchloses Gas, schwer wasserlöslich, gut löslich in organischen Lösungsmitteln, brennbar (blaue Flamme), bildet mit Luft explosive Gemische

Dichte: 0,72 g/l (bei 0 °C und 101,3 kPa)
Schmelztemperatur: – 182,5 °C
Siedetemperatur: – 161,5 °C

Struktur:

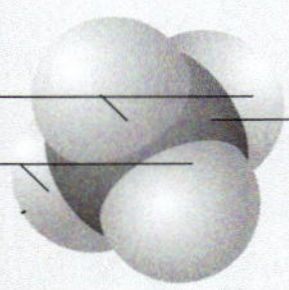

Formel: CH_4

Vorkommen:

Hauptbestandteil von Erdgas, Grubengas und Sumpfgas; Bestandteil von Biogas; entsteht u. a. durch Mikroorganismen auf Reisfeldern und im Pansen von Wiederkäuern; am Meeresboden als Methanhydrat

Verwendung:

Heizgas, Treibstoff für Gasmotoren, Ausgangsstoff für viele Synthesen

Bedeutung in der Natur:

Treibhausgas

Die Legende von Irrlichtern im Sumpf geht wahrscheinlich auf brennendes Methan zurück.

Methan ist der einfachste **Kohlenwasserstoff.** Die Moleküle bestehen nur aus einem Kohlenstoffatom und vier Wasserstoffatomen. Die Wasserstoffatome sind durch je ein gemeinsames Elektronenpaar mit dem Kohlenstoffatom verbunden (Atombindung). Kohlenstoffatom und Wasserstoffatome sind räumlich gleichmäßig ausgerichtet.

- Beschreibe das Methanmolekül.

Methan ist Hauptbestandteil von Erdgas. Wird das Gas verbrannt, reagiert es mit Sauerstoff. Wie bei jeder Verbrennung wird Energie in Form von Wärme abgegeben.

$$CH_4 + 2\,O_2 \longrightarrow CO_2 + 2\,H_2O; \quad Q = -888\,kJ/mol$$

Die abgegebene Energie wird zum Heizen genutzt, dient der Stromerzeugung oder treibt Motoren an.
Dabei dürfen keine explosiven Methan-Sauerstoff-Gemische entstehen.
Im Bergbau haben solche Gemische als „schlagende Wetter“ immer wieder zu Grubenunglücken geführt.

Methan ist der einfachste organische Stoff und gehört zu den Kohlenwasserstoffen.

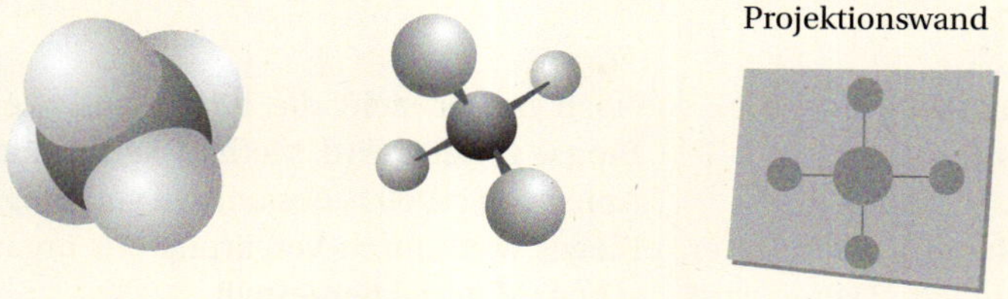

Strukturformel

```
     H
     |
H  – C – H
     |
     H
```

Summenformel

CH_4

Erläutere mithilfe der Grafik, wie man von der dreidimensionalen Struktur des Methanmoleküls zur zweidimensionalen Strukturformel kommt.

Aufgaben

1 _ Methan ist eine Verbindung. Beurteile den Wahrheitsgehalt dieser Aussage.

2 _ Immer wieder wird von Unfällen berichtet, die durch Grubengas ausgelöst wurden. Erkläre, wie es zu solchen Unfällen kommt.

Grubengasexplosion in der Ukraine
Kiew (dpa) – Im ukrainischen Kohlenrevier Donbass hat sich erneut eine Tragödie ereignet: Nach einer schweren Grubengasexplosion gaben die Behörden am Sonntagabend die Zahl von mindestens 27 getöteten Bergleuten bekannt. Das Schicksal von 18 vermissten Arbeitern bleibt zunächst ungewiss, teilte das Ministerium für Zivilschutz mit. Mindestens 17 Bergleute wurden nach Angaben der Agentur Itar-Tass mit zum Teil schwersten Verletzungen in Krankenhäuser gebracht.
(Meldung vom 29. 10. 2007)

3 _ Stadtgas besteht hauptsächlich aus geruchlosem Methan. Das Gas wird mit Stoffen versetzt, die den charakteristischen „Gasgeruch“ hervorrufen. Bewerte diese Maßnahme.
↗ S. 158

S Erforsche es

Energieträger Biogas

Aufgabe:
Fange Biogas auf und überprüfe die Brennbarkeit.

Vorbereitung:
Notiere Geräte und Chemikalien.

Durchführung:

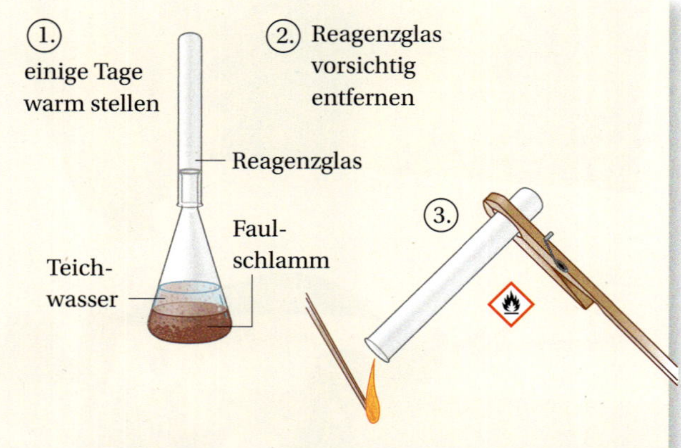

Beobachtung und Auswertung:
Notiere deine Beobachtungen. Vergleiche die Entstehung von Erdgas und Biogas.

Wusstest du schon …

Biogas und Methanhydrat – Energieträger von morgen?

Immer wieder ist Methan als alternativer Energieträger im Gespräch. Dabei wird u. a. darauf verwiesen, dass Methan relativ umweltschonend sei.

Beim Verbrennen von Methan entsteht natürlich Kohlenstoffdioxid. Kohlenstoffdioxid ist ein Treibhausgas und beeinflusst unser Klima.

Trotzdem gilt Methan als umweltschonender Brennstoff, weil bei der Verbrennung des Gases **bei gleicher Energieausbeute weniger Kohlenstoffdioxid** entsteht als bei der Verbrennung von Erdöl.

Noch besser sieht die Bilanz aus, wenn **Biogas** genutzt wird. Methan ist mit einem Anteil von ca. 60 % Bestandteil von Biogas. Biogas wird durch Vergärung aus organischem Material hergestellt.

In Biogasanlagen werden dazu u. a. Klärschlamm, Gülle und Mist, bisher nicht verwertete Pflanzenreste und gezielt angebaute Energiepflanzen, wie Energiemais oder Raps, verarbeitet.

Dieses Biogas wird in Blockheizkraftwerken zur Erzeugung von Strom genutzt. Nach entsprechender Aufbereitung kann es wie Erdgas als Heizgas oder in Kraftfahrzeugmotoren verwendet werden.

Das bei der Verbrennung von Biogas gebildete Kohlenstoffdioxid erhöht den Kohlenstoffdioxidanteil in der Atmosphäre nicht. Es gelangt nur das Gas wieder in die Atmosphäre zurück, welches ihr die Pflanzen vor relativ kurzer Zeit entzogen haben.

Als Bestandteil von Biogas ist Methan besonders dann CO_2-neutral, wenn zur Produktion organische Reste verwertet werden.

Anders sieht es beim Methan im **Erdgas** aus. Beim Erdgas handelt es sich um einen fossilen Brennstoff.
Das bei der Verbrennung freigesetzte Gas wurde der Atmosphäre vor Millionen von Jahren entzogen und erhöht somit den aktuellen Kohlenstoffdioxidanteil.

Ähnlich ist eine „neue“ Energiequelle zu beurteilen. In Anbetracht sinkender Erdöl- und Erdgasvorräte wurde in letzter Zeit über die mögliche Nutzung von **Methanhydrat** diskutiert.
Methanhydrat wird auch als brennbares Eis bezeichnet. Es besteht aus Methan, welches in gefrorenem Wasser eingelagert ist. Die Wassermoleküle umschließen die Methanmoleküle vollständig. Methanhydrat bildet sich bei tiefen Temperaturen und hohem Druck – Bedingungen, die am Boden der Ozeane herrschen. Besonders an den Kontinentalrändern, wo der Meeresboden zur Tiefsee abfällt, lagern große Mengen dieses Stoffes (schätzungsweise zwölf Trillionen Tonnen).
Das würde bedeuten, dass die gebundene Kohlenstoffmenge in ihm mindestens doppelt so hoch ist wie die Menge an Kohlenstoff in Erdöl, Erdgas- und Kohlevorkommen zusammen.

Allerdings gibt es beim Abbau große Probleme. Bei steigender Temperatur und sinkendem Druck entweicht Methan. Der Zerfall erfolgt schon, während das Methanhydrat zur Meeresoberfläche transportiert wird.
Abgesehen von den technischen Problemen sind die Folgen des Abbaus und der Nutzung des Methanhydrats für die Meeresökologie und unser Klima noch nicht abzuschätzen. Auch hier würde das beim

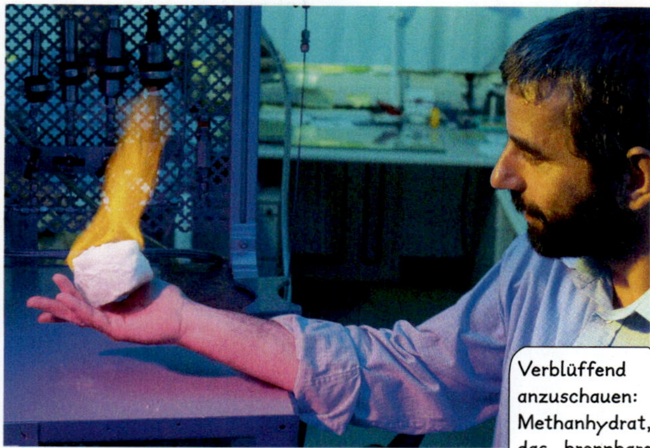

Verbrennen gebildete Kohlenstoffdioxid die Zusammensetzung unserer Erdatmosphäre nachhaltig beeinflussen und eventuell zur Verstärkung des Treibhauseffekts beitragen.
Ob und wie umweltschonend Methan wirklich ist, hängt also entscheidend von seiner Herkunft ab.

Gasaustritte aus Lagerstätten von Methanhydrat am Meeresgrund könnten die Ursache für das Verschwinden von Flugzeugen und Schiffen im geheimnisvollen Bermudadreieck sein.

Vielfalt durch Kombination

Verwandte des Methans

Über die kleinen Helfer des Alltags denkt kaum jemand nach. Dabei steckt viel Chemie in ihnen. Beispiel gefällig? – Warum ist das Butan im Feuerzeug flüssig?

Einige Vertreter werden vorgestellt

Butan (C_4H_{10}) ist ein Nebenprodukt der Erdölraffination und ist eigentlich ebenso wie Methan gasförmig. Allerdings wird es bei Druck leicht flüssig.
Wie Methan gehört Butan zu den Kohlenwasserstoffen. Das Gas weist eine ähnliche Struktur wie Methan auf. Das trifft auch auf das Gas **Ethan (C_2H_6)** zu. Ethan ist ebenfalls im Erdgas enthalten.

Auch **Propan (C_3H_8)** ist ein Gas und als Brennstoff für Gaskocher bekannt.
Ein Kohlenwasserstoff mit einer längeren Kette ist **Heptan (C_7H_{16}).** Heptan ist eine farblose Flüssigkeit und dient u. a. zur Bestimmung der Qualität von Benzinen.
Heptadecan ($C_{17}H_{36}$) hat eine feste wachsartige Konsistenz und dient u. a. zur Herstellung von Kerzen. Andere langkettige Verwandte des Methans sind in der wachsartigen Schicht auf Blättern enthalten.

Ausgewählte Alkane					
Name	Strukturformel des Alkans	Verkürzte (vereinfachte) Strukturformel	Summenformel	Schmelztemperatur	Siedetemperatur
Methan	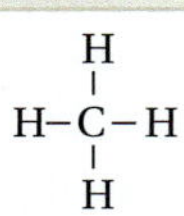	CH_4	CH_4	- 182,5 °C	- 161,5 °C
Ethan	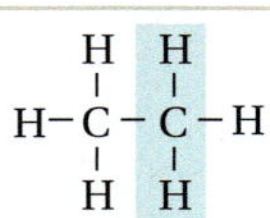	$CH_3 - CH_3$	C_2H_6	- 183,3 °C	- 88,6 °C
Propan	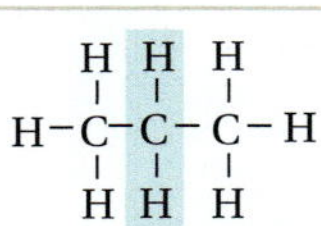	$CH_3 - CH_2 - CH_3$	C_3H_8	- 187,7 °C	- 42,1 °C
Butan	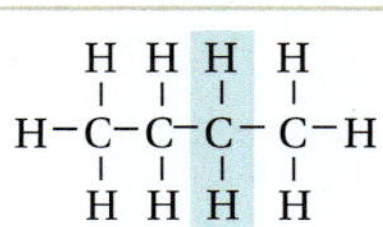	$CH_3 - CH_2 - CH_2 - CH_3$	C_4H_{10}	- 138,4 °C	- 0,5 °C

Benennung der Alkane

Die Namen der Alkane setzen sich aus den Wortstämmen und der Endung -an zusammen.
Der Wortstamm gibt die Anzahl der Kohlenstoffatome im Molekül an.

Pentan

- Pent → Anzahl der Kohlenstoffatome
- an → nur Einfachbindungen zwischen den Kohlenstoffatomen

Bedeutung der Wortstämme									
Meth	Eth	Prop	But	Pent	Hex	Hept	Oct	Non	Dec
1	2	3	4	5	6	7	8	9	10

Bei allen diesen Kohlenwasserstoffen sind mehrere Kohlenstoffatome jeweils durch ein **gemeinsames Elektronenpaar** (eine Atombindung) kettenförmig miteinander verknüpft. Zwischen den Kohlenstoffatomen gibt es nur **Einfachbindungen.** Alle restlichen Bindungsmöglichkeiten der Kohlenstoffatome sind mit Wasserstoffatomen „abgesättigt“.
Sie werden daher **gesättigte** Kohlenwasserstoffe genannt.

Sind in einem Molekül zwei Kohlenstoffatome durch ein gemeinsames Elektronenpaar verbunden, heißt diese Art der Bindung Einfachbindung.
Bei gesättigten Verbindungen gibt es in den Molekülen nur Einfachbindungen zwischen den Kohlenstoffatomen.

Ethan, Propan, Butan und viele weitere gesättigte Kohlenwasserstoffe sind kettenförmig. Methan und „Verwandte“ bilden die Gruppe der **Alkane.** Ihre Struktur lässt sich durch eine gemeinsame Summenformel beschreiben.

Alkane (C_nH_{2n+2}) sind kettenförmige Kohlenwasserstoffe, die zwischen den Kohlenstoffatomen der Moleküle nur Einfachbindungen aufweisen.

Aufgaben

1 Stelle einen Zusammenhang zwischen der Anzahl der Kohlenstoffatome im Molekül und dem Aggregatzustand der Verbindungen her. Lies dir dazu den Text auf der Seite 100 durch.

2 Erläutere am Beispiel des Propans den Begriff „gesättigte Verbindung“.

3 Die Moleküle von Alkanen können unverzweigt, aber auch verzweigt sein.
   a) Konstruiere mithilfe des Molekülbaukastens ein unverzweigtes Molekül mit acht Kohlenstoffatomen. Benenne es und notiere die Strukturformel.
   b) Ändere die Struktur so, dass sich eine verzweigte Molekülstruktur ergibt. Notiere die Strukturformel der Verbindung. Benenne die Verbindung. Nutze dazu die Seite 103.

Octan (kettenförmige, unverzweigte Moleküle)

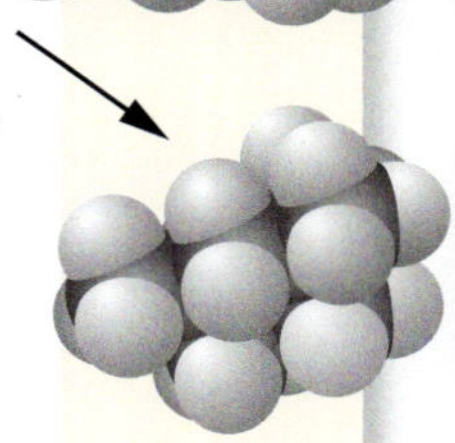

2,2,4-Trimethylpentan (kettenförmige, verzweigte Moleküle)

Gemeinsamkeiten und Unterschiede

Alkane bestehen aus Kohlenstoff- und Wasserstoffatomen. Die Moleküle sind kettenförmig und weisen nur Einfachbindungen zwischen den Kohlenstoffatomen auf. Diese **gemeinsamen Strukturmerkmale** bewirken **ähnliche Eigenschaften.**
Alle Alkane verbrennen bei ausreichend Sauerstoffzufuhr vollständig:

$$C_3H_8 + 5\,O_2 \longrightarrow 3\,CO_2 + 4\,H_2O$$

Aufgrund ihrer Struktur mischen sich Alkane nicht mit Wasser und leiten den elektrischen Strom nicht. Sie lösen jedoch organische Stoffe gut.
Wegen dieser ähnlichen Eigenschaften bezeichnet man die Reihe der kettenförmigen, unverzweigten Alkane auch als **homologe Reihe.** Aufeinanderfolgende Glieder einer homologen Reihe unterscheiden sich jeweils um eine CH_2-Gruppe.

Die zunehmende Kettenlänge bewirkt jedoch **abgestufte Unterschiede der Eigenschaften.** So sind nur die ersten vier Alkane bei Normbedingungen gasförmig. Pentan ist das erste flüssige Alkan. Nimmt die Kettenlänge weiter zu, wird die Beschaffenheit ölig. Ab $C_{17}H_{36}$ sind Alkane fest.

Eigenschaften der Alkane	
Übereinstimmungen (ähnlicher Molekülbau)	Unterschiede (unterschiedliche Kettenlänge)
– Reaktionsverhalten – brennbar – wasserunlöslich – gute Lösungsmittel für Öle, Fette – leiten elektrischen Strom nicht	– molare Masse – Dichte – Schmelztemperatur – Siedetemperatur

Aufeinanderfolgende Glieder einer homologen Reihe unterscheiden sich durch eine -CH_2-Gruppe.
Gleiche Strukturmerkmale führen zu ähnlichen Eigenschaften.
Aus der Zunahme der Molekülmasse ergeben sich abgestufte Unterschiede der Eigenschaften.

Aufgaben

1 Vergleiche die Struktur und die Eigenschaften von Ethan und Heptan.
↗ S. 61

2 Erläutere deiner Lerngruppe, was eine homologe Reihe ist.

S Erforsche es

Aufgabe:
Triff eine begründete Voraussage zur elektrischen Leitfähigkeit von Alkanen (Beispiel Heptan). Überprüfe deine Voraussage experimentell.

Beobachtung und Auswertung:
Notiere deine Beobachtungen. Erkläre deine Beobachtungen mithilfe der Struktur von Heptan.

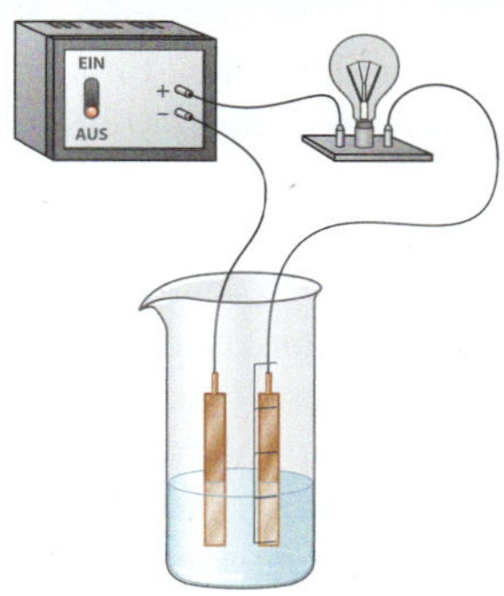

So kannst du vorgehen

Benennen von verzweigten Verbindungen

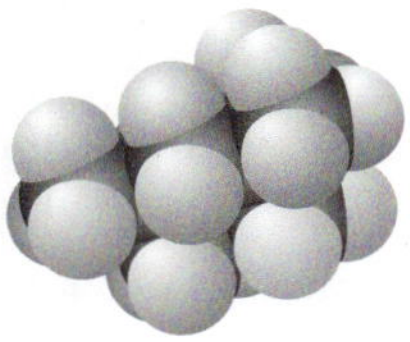

Aufgabe:
Leite den Fachnamen für ein Isooctan aus der Strukturformel der Verbindung ab.

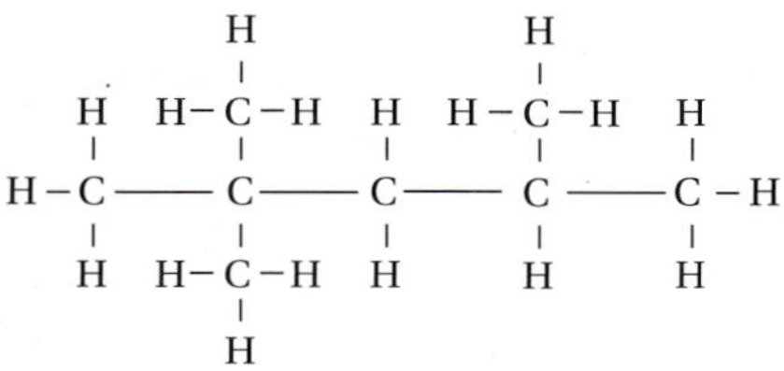

► Schritt 1

Suche und benenne die Hauptkette.
Suche die längste durchlaufende Kette. Leite aus der Anzahl der Kohlenstoffatome und den Bindungen zwischen ihnen den Grundnamen ab.

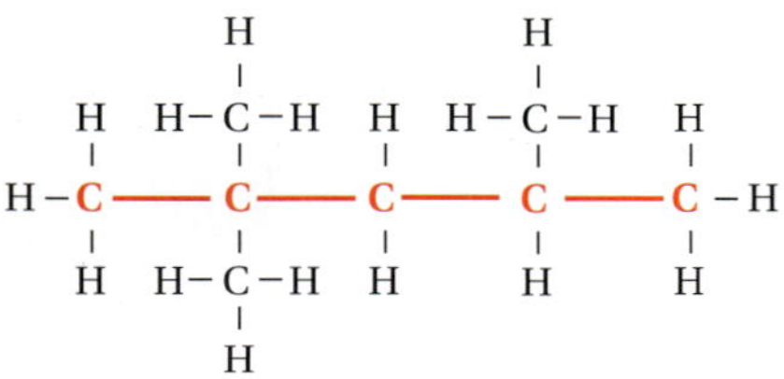

Fünf Kohlenstoffatome in der Hauptkette werden gekennzeichnet durch den ***Wortstamm pent.***

Die Einfachbindungen zwischen den Kohlenstoffatomen werden verdeutlicht durch die ***Endung -an.***

Die Bezeichnung der Hauptkette lautet ***pentan.***

► Schritt 2

Suche und benenne die Seitenketten.
Vor dem Grundnamen steht der Name der Seitenkette (Alkylrest). Benenne die Alkylreste und sortiere ihre Namen alphabetisch (Ethyl-, Methyl- ...). Fasse gleichartige Reste zusammen und kennzeichne sie als Vorsilbe durch Zahlwörter (mono-, di-, tri-, tetra-, penta- ...).

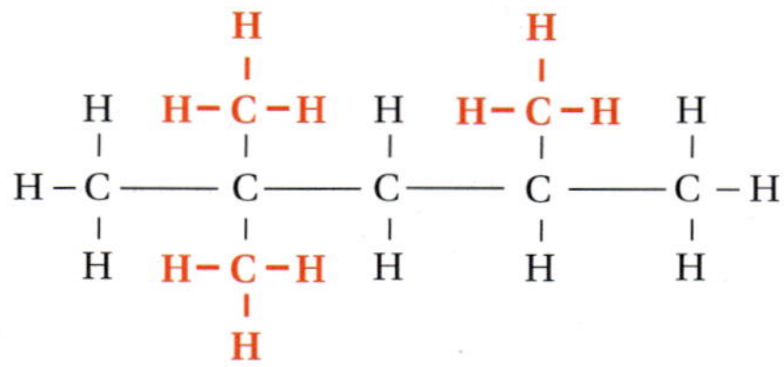

Bei allen drei (tri-) Seitenketten handelt es sich um Methylgruppen: ***trimethyl.***

► Schritt 3

Benenne die Stellung der Seitenketten.
Nummeriere die Kohlenstoffatome von dem Ende aus, das der ersten Verzweigung am nächsten ist. Gib die Stellung der Seitenketten mit arabischen Ziffern an.

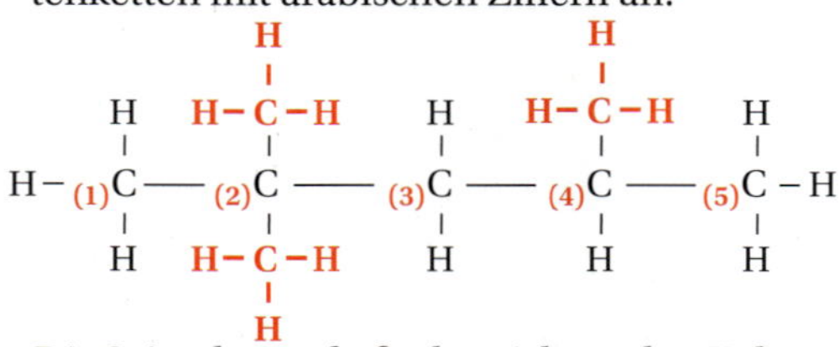

Die Seitenketten befinden sich an den Kohlenstoffatomen ***2,2,4.***

► Schritt 4

Bilde den Namen der Verbindung.
Gib erst die Stellung und Bezeichnung der Seitenketten und dann die Benennung der Hauptkette an.
Der Fachname lautet ***2,2,4-Trimethylpentan.***

Wusstest du schon …

Halogenkohlenwasserstoffe – Wundermittel oder Ozonkiller?

Alkane (z. B. Heptan) reagieren bei Zufuhr von Energie mit Halogenen (Chlor, Fluor und Brom). Bei dieser Reaktion werden Wasserstoffatome durch Halogenatome ersetzt. Aus zwei Ausgangsstoffen entstehen zwei Reaktionsprodukte. Die Art der Bindung in den Molekülen bleibt erhalten.

Beispiel:

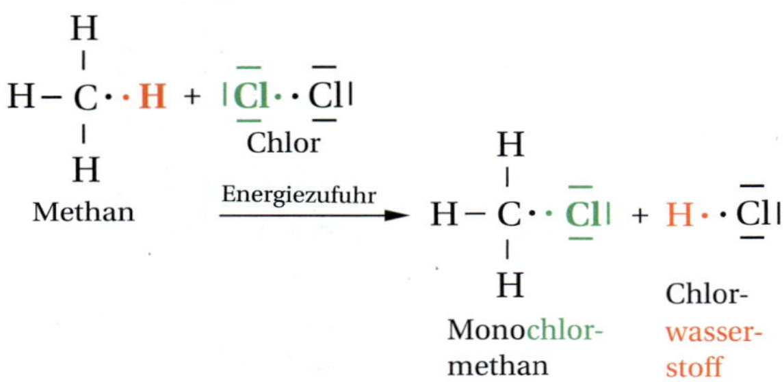

Diese chemische Reaktion heißt **Substitution.** Im Ergebnis der Substitution entstehen Halogenkohlenwasserstoffe.

Ausgewählte Halogenalkane	
Bezeichnung/ Formel	Frühere Verwendung
Trichlormethan (Chloroform) $CHCl_3$	Lösungsmittel, früher Narkosemittel
Tetrachlormethan (Tetra) CCl_4	Lösungsmittel, chemische Reinigung von Textilien
Monochlorethan (Chlorethyl) C_2H_5Cl	Kältespray für örtliche Betäubung
Difluordichlormethan (Freon-12) CF_2Cl_2	Kältetechnik, Treibgas für Spraydosen
Dichlordiphenyltrichlorethan (DDT)	Insektizid

Zu den Halogenkohlenwasserstoffen gehören Chlorkohlenwasserstoffe – CKW (besitzen Chloratome in den Molekülen), Fluorchlorkohlenwasserstoffe – FCKW (besitzen Chlor- und Fluoratome in den Molekülen) und Halone (besitzen auch Bromatome in den Molekülen).

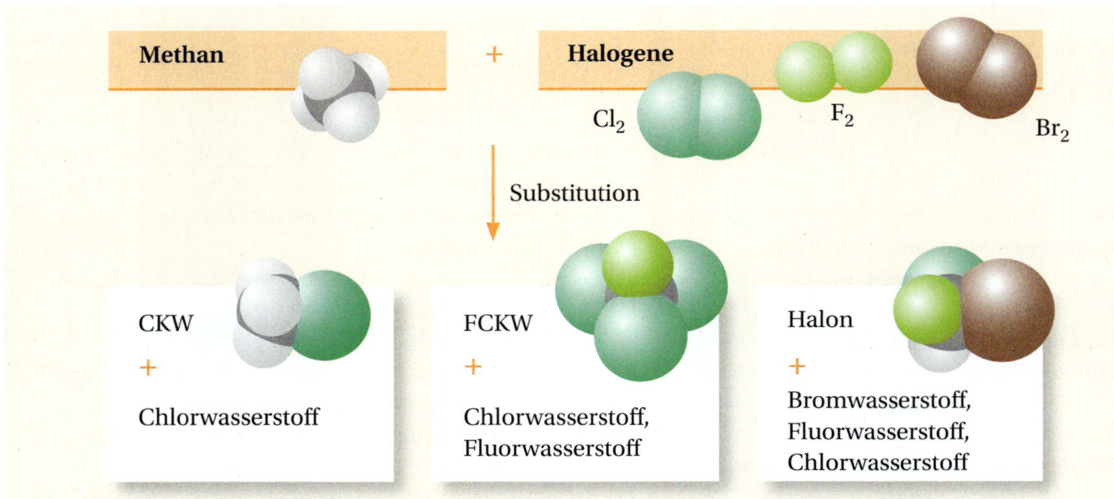

Die Eigenschaften dieser organischen Verbindungen sind ausgesprochen vielfältig. Daher fanden sie früher vielseitige Verwendung. Heute weiß man, dass einige Halogenkohlenwasserstoffe giftig und krebserregend sind.

Außerdem besitzen sie ein hohes umweltschädigendes Potenzial. So wurde 1985 von Atmosphärenforschern eine alarmierende Entdeckung veröffentlicht. Von 1977 bis 1984 hatte die Ozonschicht über der Antarktis um 40 % abgenommen. Als eine Ursache dafür gelten CKW und FCKW.
Durch Lichteinstrahlung bilden sich in der Ozonschicht Chlorradikale. Diese Radikale sind reaktive Teilchen mit ungepaarten Elektronen. Sie reagieren mit Ozon und führen zur Zerstörung der Ozonschicht.
Im Gegensatz zum schädlichen bodennahen Ozon („Sommersmog“) ist die Ozonschicht in der Stratosphäre für das Leben auf der Erde lebensnotwendig, denn sie absorbiert energiereiche UV-Strahlung.
Nicht zuletzt wirken Halogenkohlenwasserstoffe in der Atmosphäre als Treibhausgase.

Wegen der vielen Probleme wird weltweit versucht, geeignete Alternativen zu finden. In Deutschland wurde schon 1991 die FCKW- und Halon-Verbotsordnung beschlossen, die den schrittweisen Ausstieg aus der Verwendung dieser Stoffe regelt.
Auch das 1997 in Kyoto verabschiedete Protokoll (2005 in Kraft getreten) und Vereinbarungen der Montrealer Klimakonferenz (2005) sollen für eine weltweite Reduzierung der Emissionen von ozonschädigenden Substanzen und Treibhausgasen sorgen.

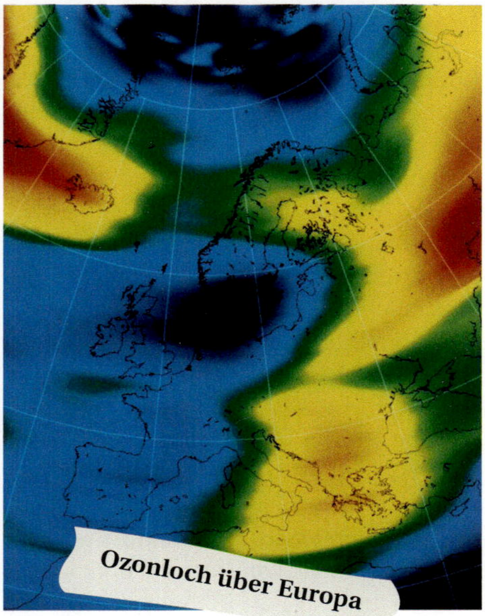

Ozonloch über Europa

Das hast du gelernt

Vielfalt durch Kombination

Kohlenwasserstoffe sind organische Verbindungen deren Moleküle nur aus Kohlenstoffatomen und aus Wasserstoffatomen bestehen.

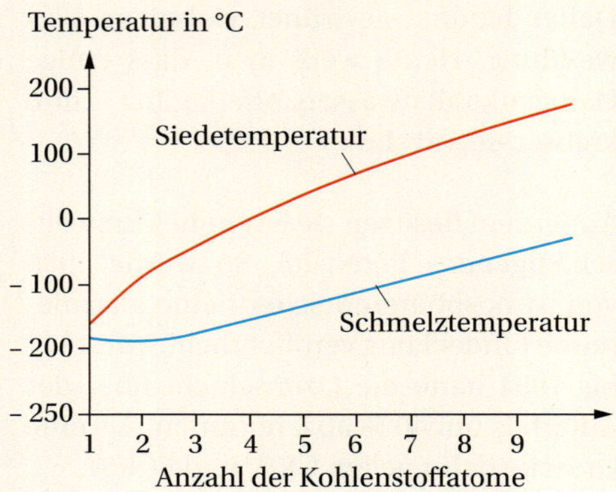

Alkane sind gesättigte kettenförmige Kohlenwasserstoffe. Ihre Moleküle weisen ausschließlich Einfachbindungen zwischen den Kohlenstoffatomen auf.

Unverzweigte Alkane bilden eine **homologe Reihe** der Zusammensetzung C_nH_{2n+2}.

Die energiereichen Stoffe sind brennbar und Bestandteile von Heizgas, Benzin und Diesel.

Sie dienen auch als Lösungsmittel, Schmierstoffe und als Ausgangsstoffe in der chemischen Industrie.

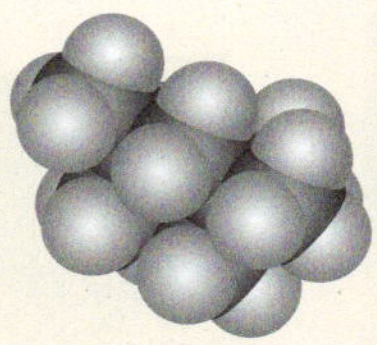

Benennung von Alkanen

Octan

acht Kohlenstoffatome

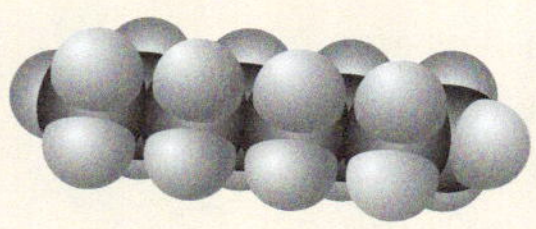

nur Einfachbindungen zwischen den Kohlenstoffatomen

Bedeutung der Wortstämme									
Meth	Eth	Prop	But	Pent	Hex	Hept	Oct	Non	Dec
1	2	3	4	5	6	7	8	9	10

Löse mit Köpfchen

1. Alles klar?

a) Es gibt eine große Zahl von Kohlenwasserstoffen. Ihre Anzahl ist größer als die aller anorganischen Stoffe zusammengenommen. Begründe diese Vielfalt an Kohlenwasserstoffen. ↗S.20

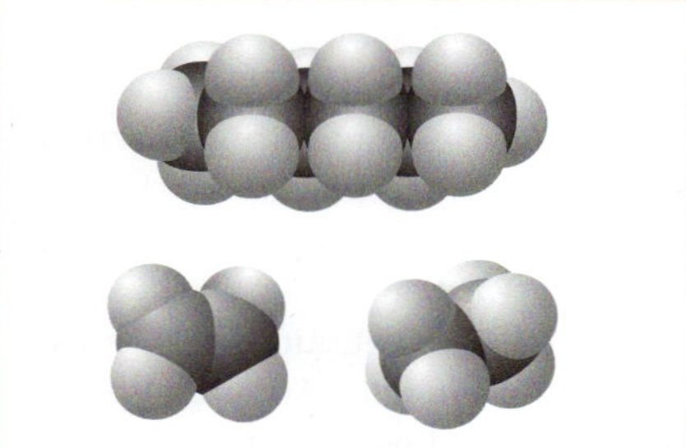

b) Von den folgenden sechs Formeln sind drei richtig und drei falsch: CH_3Cl_2, CO_2, CCl_3, CH_2Cl_2, CH_4, CH_3O Welche Formeln sind fehlerhaft? Begründe deine Entscheidung.

c) Vergleiche die Anzahl der Kohlenstoff- und Wasserstoffatome von Methan, Ethan, Propan und Butan. Vergleiche dann die Siedetemperaturen der vier Alkane. Formuliere einen Zusammenhang. ↗S. 61

2. Kniffliges

a) Ordne zu:

a) $C_{13}H_{28}$ A) fest
b) Ethan B) gasförmig
c) $C_{18}H_{38}$ C) dünnflüssig
d) $C_{20}H_{42}$ D) ölig
e) Hexan E) salbenartig

b) Finde heraus, wie viele Isomere es gibt, die durch die Summenformel C_5H_{12} beschrieben werden können. Kannst du die Stoffe benennen? Notiere die Strukturformeln.

3. Treibhausgas Methan

Der Beitrag des Methans am anthropogenen Treibhauseffekt liegt bei ca. 20 %.

a) Interpretiere die beiden Grafiken.

Methanemission aus natürlichen Quellen

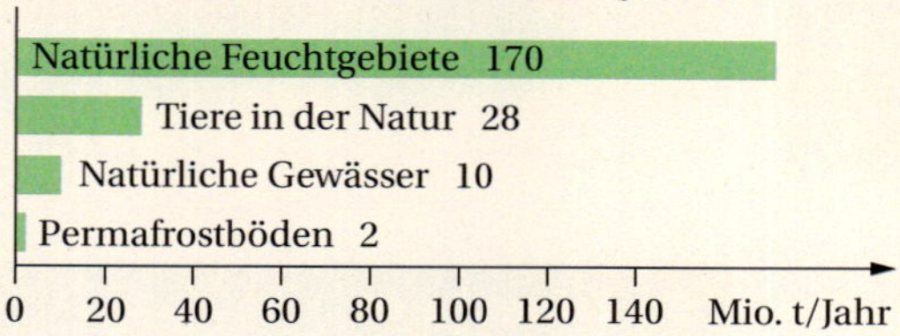

Methanemission durch menschliche Aktivitäten

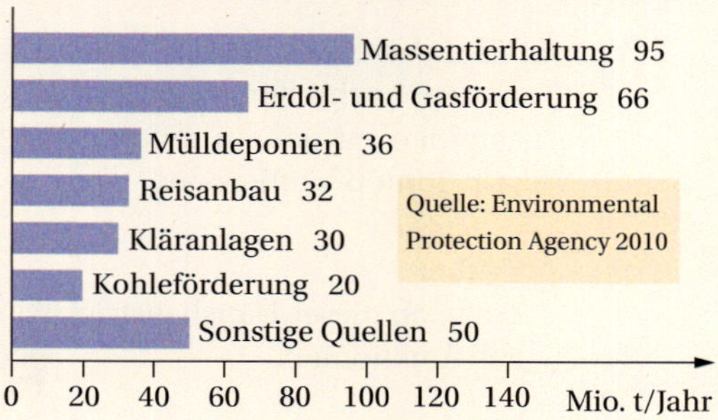

b) „Die Methankonzentration in der Atmosphäre hat mit der Bevölkerungsexplosion stark zugenommen.“ Setze diesen Satz in Beziehung mit obiger Grafik und bewerte seine Richtigkeit. Diskutiere mit deiner Lerngruppe mögliche Konsequenzen. ↗S. 158

Eine Milchkuh setzt im Jahr ca. 100 kg und ein Jungrind 50 kg CH_4 beim Wiederkäuen frei.

Vielfältige Kohlenwasserstoffe

Ethen – ein wichtiges Alken

Hast du dir schon einmal überlegt, warum so empfindliche Früchte wie Bananen einen langen Transport unbeschadet überstehen? Nur dank Chemie!

S Erforsche es

Der Dreh mit dem reifen Apfel

Ein Haushaltstrick besagt, dass unreife Tomaten nachreifen, wenn man sie zusammen mit einem reifen Apfel in einem Tontopf aufbewahrt.

Aufgabe:
Teste, ob dieser Haushaltstrick wirklich funktioniert.

Vorbereitung:
Materialien: zwei Tontöpfe mit Deckel, unreife Tomaten, reifer Apfel

Durchführung:
Lege in zwei Tontöpfe jeweils drei unreife Tomaten und füge in einem Topf den reifen Apfel hinzu. Verschließe die Töpfe.

Beobachtung und Auswertung:
Kontrolliere die Tomaten jeden Tag. Erkläre deine Beobachtungen.

Bei uns werden kaum sonnengereifte Bananen verkauft. Diese Früchte kämen nach dem langen Transport verdorben an. Bananen werden in den Produktionsländern grün geerntet und erst kurz vor dem Verkauf durch einen Trick nachgereift: Sie werden mit **Ethen** begast.
Keine Angst, das ist nicht schädlich! Ethen ist ein **pflanzliches Hormon,** das die Reifung anregt. Es wird in der Natur besonders von reifenden und reifen Früchten produziert.

In der chemischen Industrie ist Ethen ebenfalls von Bedeutung. Das Gas ist ein **wichtiger Ausgangsstoff,** u. a. für die Produktion von Kunststoffen (z. B. Polyethen).

Ethen ist ein Kohlenwasserstoff, denn die Atome sind aus Kohlenstoff- und Wasserstoffatomen aufgebaut. Es handelt sich jedoch nicht um ein Alkan.
In den Ethenmolekülen ist zwischen den Kohlenstoffatomen eine **Doppelbindung** (zwei gemeinsame Elektronenpaare) ausgebildet. Aus der Summenformel von Ethen (C_2H_4) ist erkennbar, dass in den Molekülen des Ethens nicht die maximal mögliche Anzahl von Wasserstoffatomen enthalten ist.
Solche Stoffe heißen **ungesättigte Verbindungen.**

Steckbrief

Ethen C_2H_4

Eigenschaften:
farbloses, süßlich riechendes Gas, brennt mit leuchtender Flamme, sehr reaktionsfähig, bildet mit Sauerstoff explosive Gemische
Dichte: 1,260 g/l
Schmelztemperatur: – 160,2 °C
Siedetemperatur: – 103,7 °C

Vorkommen:
im Erdgas, in reifen und reifenden Früchten (pflanzliches Hormon)

Verwendung:
Ausgangsstoff, z. B. zur Herstellung von Kunststoffen

Struktur:

Kugelstabmodell

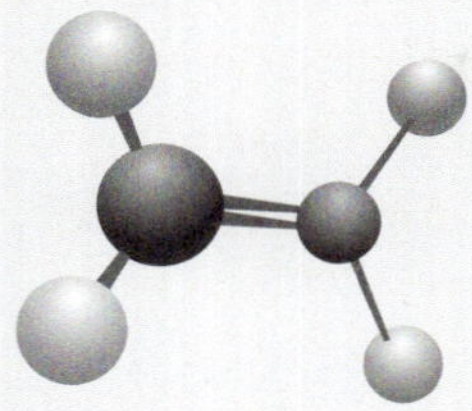

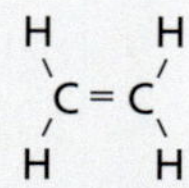

Strukturformel

Kalottenmodell

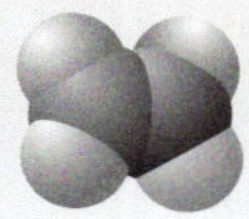

$CH_2 = CH_2$
verkürzte Strukturformel

C_2H_4
Summenformel

Ethen und ähnlich gebaute Verbindungen gehören zu den **Alkenen.** Die Doppelbindung ist im Namen an der **Endung -en** erkennbar.
Bei Alkenen mit mehr als drei Kohlenstoffatomen in den Molekülen kann sich die Doppelbindung an verschiedenen Stellen des Moleküls befinden. Das wird durch eine zusätzliche Angabe im Namen deutlich gemacht.

Beispiel:

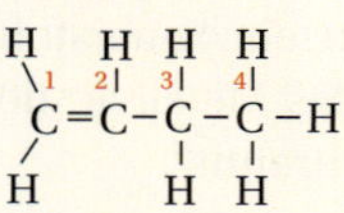

But-1-en

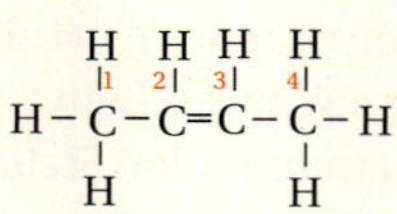

But-2-en

Ethen gehört zu den Alkenen. Alkene (C_nH_{2n}) sind kettenförmige ungesättigte Kohlenwasserstoffe mit einer Doppelbindung zwischen zwei benachbarten Kohlenstoffatomen und Einfachbindungen zwischen den übrigen Kohlenstoffatomen im Molekül.

Aufgaben

1 Baue das Ethenmolekül und das Propenmolekül mit dem Molekülbaukasten nach.

2 Erkläre, warum Tomaten nachreifen, wenn sie in einem Topf mit reifen Äpfeln aufbewahrt werden.

3 Notiere die Strukturformeln für Ethen, Propen, But-1-en und Pent-1-en. Leite die Summenformeln ab.

4 Vergleicht die Summenformeln von Ethen, Propen, But-1-en und Pent-1-en. Was stellt ihr fest?
Leitet eine mögliche Schlussfolgerung aus der Feststellung ab. Diskutiert sie im Lernteam.
Überlegt, wie ihr eure Vermutung überprüfen könntet.
↗ S. 61

5 Notiere alle möglichen Strukturformeln für einen kettenförmigen Kohlenwasserstoff mit der Summenformel C_5H_{10}.

Vielfältige Kohlenwasserstoffe

Ethin – ein wichtiges Alkin

Bergbau unter Tage oder Höhlenforschung – wie kam ein transportables Licht ins Dunkle?

Steckbrief

Ethin C_2H_2

Eigenschaften:
farbloses, fast geruchloses Gas; brennt mit leuchtender, stark rußender Flamme; sehr reaktionsfähig, bildet hochexplosive Gemische mit Luft und Sauerstoff
Dichte: 1,170 g/l
Schmelztemperatur: – 80,8 °C
Siedetemperatur: – 84,0 °C

Struktur:

Kugelstabmodell

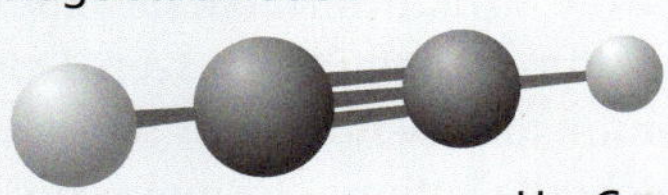

H – C ≡ C – H
Strukturformel

Kalottenmodell

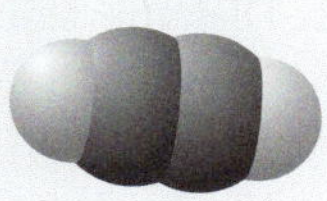

CH ≡ CH
verkürzte Strukturformel

C_2H_2
Summenformel

Verwendung:
Brenngas in Schweiß- und Schneidbrennern; Ausgangsstoff zur Herstellung von Kunststoffen (z. B. PVC)

Bis in die 60er-Jahre des 20. Jahrhunderts wurden in Bergwerken Carbidlampen eingesetzt. In diesen Lampen wurde der Brennstoff **Ethin** hergestellt. Seine Verbrennung lieferte das nötige Licht.

$$2\,C_2H_2 + 5\,O_2 \longrightarrow 4\,CO_2 + 2\,H_2O \qquad Q = -\,455\ kJ/mol$$

Ethin ist heute ebenfalls noch ein wichtiger Brennstoff. Das Gas wird in Schweißgeräten oder im Schneidbrenner verwendet. Bei der Verbrennung in reinem Sauerstoff wird eine Temperatur von bis zu 3 000 °C erreicht.

Im Schneidbrenner wird die thermische Energie zum Erhitzen des Metalls genutzt. Zum Trennen wird dann ein Sauerstoffstrom zugeschaltet und das Metall an der zu trennenden Stelle „verbrannt".

Zum Schweißen wird das Gasgemisch so reguliert, dass mit einem Überschuss an Ethin gearbeitet werden kann. Dabei entsteht eine Flamme mit reduzierender Wirkung. So wird das geschmolzene Metall nicht oxidiert.

- Erläutere am Beispiel Ethin den Zusammenhang zwischen Eigenschaft und Verwendung.

Wusstest du schon …

Der „Geist“ der Lampe

Anfang des 19. Jh. erfand Sir HUMPHRY DAVY (1778 – 1829) die nach ihm benannte Sicherheitslampe für Bergleute.
Die Carbidlampe enthielt einen Behälter mit Calciumcarbid (unterer Teil) und einen Behälter mit Wasser. Wenn Wasser auf das Calciumcarbid tropfte, erfolgte eine chemische Reaktion. Dabei entstand Ethin.

$$CaC_2 + 2\,H_2O \longrightarrow C_2H_2 + Ca(OH)_2$$

Die Reaktion von Ethin mit Sauerstoff setzte neben der Wärmeenergie auch die erforderliche Lichtenergie frei.

Die Konstruktion der Lampe verhinderte die Explosion sowohl des entstehenden Gases als auch der Gase im Bergwerk.
Bei der Lampe umhüllte ein Drahtgitter die offene Flamme. Metall besitzt eine sehr gute Wärmeleitfähigkeit. Ein Teil der abgegebenen thermischen Energie wurde so von den Gasen weggeleitet.
Dadurch reichte die verbleibende Energie nicht aus, um eine Explosion auszulösen.

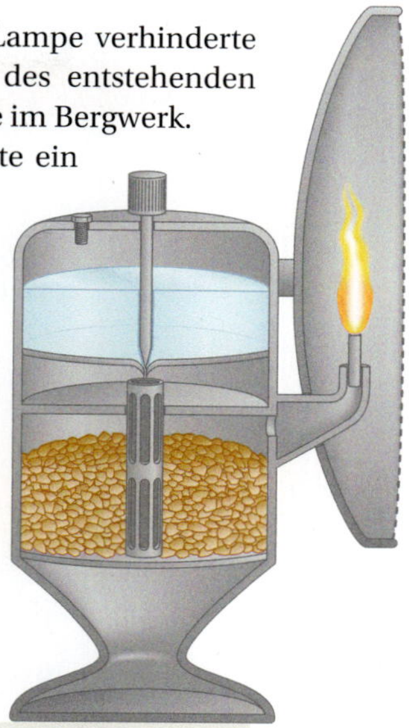

Die Ethinmoleküle bestehen aus je zwei Kohlenstoffatomen und zwei Wasserstoffatomen. Es handelt sich um eine **ungesättigte Verbindung.** Zwischen den beiden Kohlenstoffatomen existieren drei Atombindungen. Dies wird als **Dreifachbindung** bezeichnet.
Ethin ist der erste Vertreter der Alkine. Die Dreifachbindung ist im Namen an der **Endung -in** erkennbar. Bei längerkettigen Molekülen wird die Stellung der Dreifachbindung durch eine zusätzliche Angabe im Namen deutlich gemacht, z. B.

$CH \equiv C - CH_2 - CH_3$ But-1-in.

> Ethin gehört zu den Alkinen. Alkine (C_nH_{2n-2}) sind kettenförmige ungesättigte Kohlenwasserstoffe mit einer Dreifachbindung zwischen zwei benachbarten Kohlenstoffatomen und Einfachbindungen zwischen den übrigen Kohlenstoffatomen im Molekül.

Aufgaben

1. Baue das Ethinmolekül und das Propinmolekül mit dem Molekülbaukasten nach.
2. Wie heißen ein Alkan, ein Alken und ein Alkin mit sieben Kohlenstoffatomen? Benenne diese Kohlenwasserstoffe.
   Tipp: Du kannst die Seite 101 als Hilfe nutzen.
3. Notiere die Strukturformeln für Ethin, Propin, But-2-in und Pent-1-in. Leite die Summenformeln ab.
4. Schülerexperimente mit Ethin sind bis Klasse 10 verboten.
   Begründe diese Bestimmung.
   ↗ S. 20
5. Erkläre, warum ein einfaches Metallgitter in der Sicherheitslampe von Davy Explosionen verhinderte.

Das hast du gelernt

Vielfältige Kohlenwasserstoffe

Kohlenwasserstoffe (Elemente: C, H)

kettenförmig (unverzweigt und verzweigt)

- gesättigt (nur Einfachbindungen zwischen C-Atomen)
  - **Alkane**
  - z. B. Ethan C_2H_6

- ungesättigt (mindestens eine Mehrfachbindung zwischen C-Atomen)
  - z. B. Ethen C_2H_4

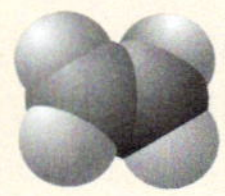

ringförmig

Die Moleküle aller Kohlenwasserstoffe bestehen aus Kohlenstoffatomen und Wasserstoffatomen.

Ungesättigte kettenförmige Kohlenwasserstoffe

Ethen

Formel: C_2H_4

Struktur

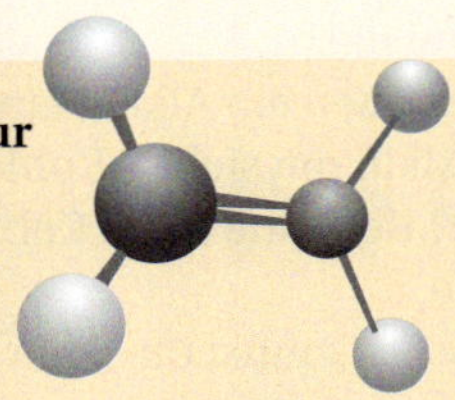

besonderes Strukturmerkmal: Doppelbindung

Verwendung

- Ausgangsstoff zur Herstellung von Kunststoffen

Ethin

Formel: C_2H_2

Struktur

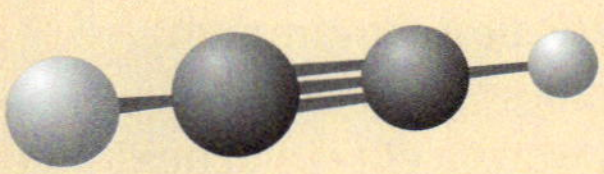

besonderes Strukturmerkmal: Dreifachbindung

Verwendung

- Brenngas
- Ausgangsstoff zur Herstellung von Kunststoffen

Löse mit Köpfchen

1. Gesättigt oder ungesättigt?
Erläutere an einem selbst gewählten Beispiel die Begriffe „ungesättigte“ und „gesättigte“ Verbindung. Nutze dazu auch Strukturformeln.

2. Kannst du es?
Stelle die Summenformeln und verkürzten Strukturformeln aller dir bekannten Kohlenwasserstoffe mit vier Kohlenstoffatomen auf. Benenne die Stoffe. Versuche, vier Verbindungen zu finden. ↗ S. 103

3. Rätsel im Chemikalienschrank
An einer Chemikalienflasche, die im Fach der Kohlenwasserstoffe steht, ist das Etikett beschädigt. Man kann nur C_7H entziffern. Notiere die Strukturformeln und die Namen von mindestens fünf möglichen Verbindungen die in der Flasche enthalten sein können. ↗ S. 103

4. Hast du es, dann passt es
Ergänze die Formeln C_4H_X, C_2H_Y, C_5H_Z, wenn es sich
- um ein Alkan bzw.
- um ein Alken

handeln soll.

5. Moleküle im Vergleich
a) Baue das Ethanmolekül, das Ethenmolekül und das Ethinmolekül mit dem Molekülbaukasten nach.

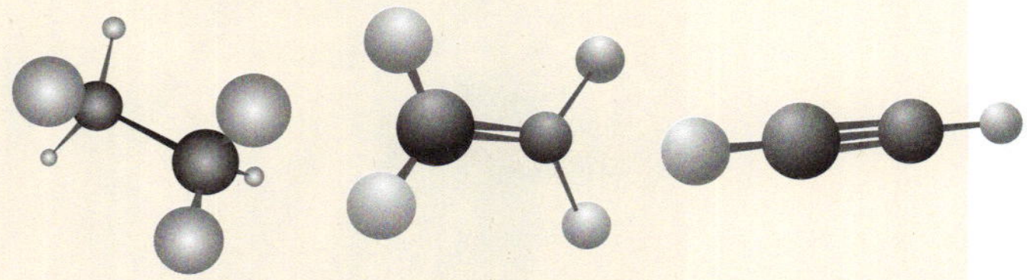

b) Vergleiche die Strukturen von Ethan, Ethen und Ethin miteinander. Finde Gemeinsamkeiten und Unterschiede. Leite eine Schlussfolgerung aus deinem Vergleich ab. ↗ S. 61

c) Beschreibe, was du verändern musst, um beispielsweise aus einem Ethenmolekül ein Ethinmolekül zu fertigen.

6. Wissen anwenden – Neues entdecken
Interpretiere die folgende Zeichnung.

a) Formuliere mögliche Wortgleichungen.

b) „Übersetze“ deine Wortgleichungen in Reaktionsgleichungen.

c) Informiere dich über die ablaufenden Reaktionen.

Erforsche es

Wahlthema: Kraftstoffe

Mobil sein ist alles

1. **Was kommt in den Tank?**
   Informiert euch an Tankstellen in eurer Region, welche Treibstoffe getankt werden können. Schätzt ab, wie hoch der Anteil an Treibstoffen ist, die auf Erdöl basieren.

2. **Mobil ohne Benzin?**
   Welche alternativen Energieträger können eingesetzt werden, um Kfz-Motoren anzutreiben? Findet es heraus.

3. **Mobil in 50 Jahren?**
   Entwickelt ein Szenario, wie der Verkehr in 50 Jahren aussehen könnte. Müssen wir alle zu Fuß gehen? Ist unsere Luft total verpestet? Gibt es Lösungen für das Mobilitätsproblem? Wie könnten diese Lösungen aussehen?

4. **Der Ottomotor**
   Wiederholt aus der Physik, wie ein Ottomotor funktioniert.

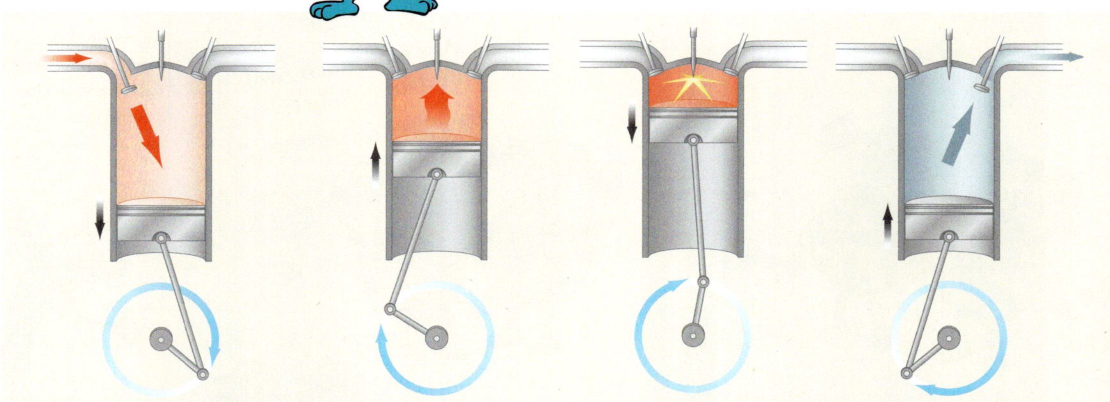

5. Schwarzes Gold?

a) Informiert euch über die aktuelle Preisentwicklung von Rohöl.

b) Recherchiert, wie lange das Erdöl schätzungsweise noch reicht.

c) Diskutiert, welche Konsequenzen sich aus einer Verknappung des Rohstoffs in der Zukunft ergeben.

6. Umweltproblem Erdöl

Im Golf von Mexiko wird Erdöl mithilfe von Plattformen gefördert. Dort kam es am 20. April 2010 zu einer Explosion der Ölplattform „Deepwater Horizon". Durch diese Explosion wurde eine Umweltkatastrophe mit ungeahnten Ausmaßen ausgelöst (Foto oben rechts).

Informiert euch über diese Umweltkatastrophe und stellt verschiedene Positionen von Betroffenen und Verantwortlichen in einem Rollenspiel dar.

7. Klimakiller Erdöl?

Interpretiert die Diagramme einzeln und im Zusammenhang. Diskutiert, welche Schlussfolgerungen daraus abzuleiten sind.

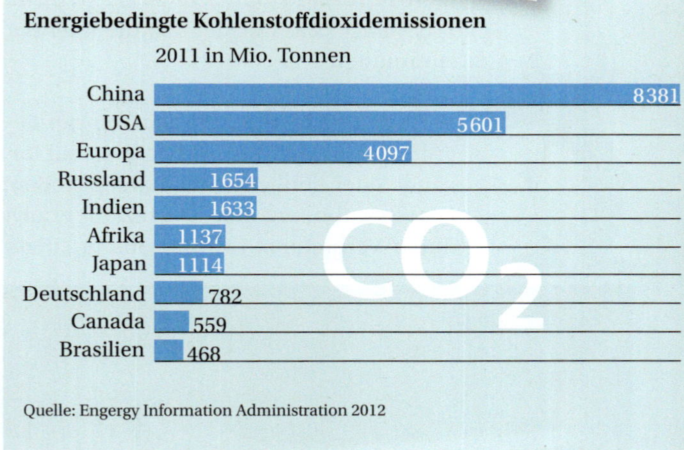

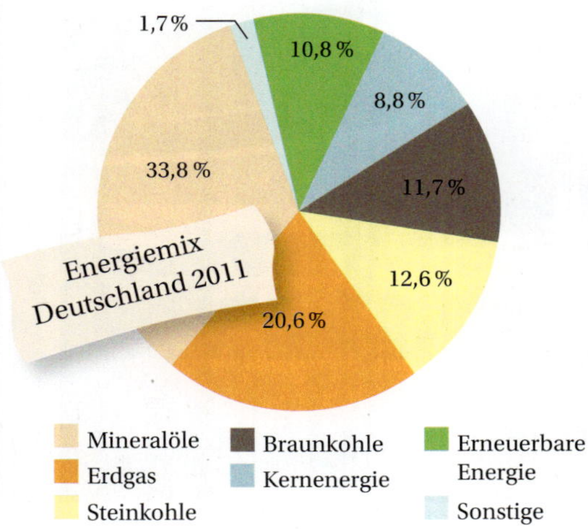

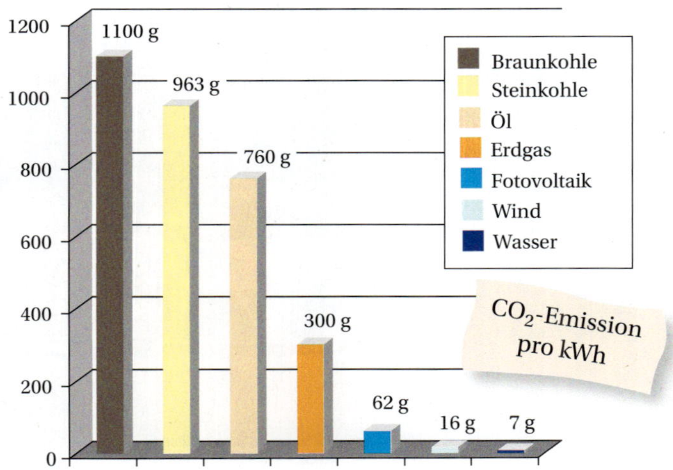

Wusstest du schon...

Klopffestigkeit und Octanzahl

Benzin ist nicht gleich Benzin
Ein Benzinmotor hat besonders dann einen hohen Wirkungsgrad, wenn das Verbrennungsgemisch erst zu dem Zeitpunkt der größten Kompression im Motor entzündet wird. Sonst „klopft" der Motor. Entscheidend ist die Qualität der Benzine.
Als Richtwert für die Qualität von Benzinen gilt die **Octanzahl (OZ).** Je höher ihr Wert ist, desto klopffester ist das Benzin. Das hängt u.a. mit der Zündtemperatur zusammen.

Versuchst du herauszufinden, was der Begriff „Octanzahl" aussagt, wirst du auf folgende oder ähnliche Erklärungen stoßen: Die Bestimmung der Octanzahl erfolgt durch Verbrennen des Benzins in einem Testmotor. Das Klopfverhalten wird mit einem Gemisch aus Isooctan (2,2,4-Trimethylpentan) und Heptan verglichen.
Für Heptan wird dabei die Octanzahl 0 und für das Isooctan die Octanzahl 100 festgelegt.

Octanzahlen (OZ) und Zündtemperaturen (ZT) der bekannten Benzine betragen:

	OZ	ZT
Normal	91	300 °C
Super	95	400 °C
Super Plus	98	420 °C

Weist beispielsweise das getestete Benzin ein Klopfverhalten wie ein Gemisch aus 95 % Isooctan und 5 % Heptan auf, erhält es die Octanzahl 95 und wird an den Tankstellen als „Super" verkauft.

Erforsche es

Benzin bringt's zum Rollen

In Abhängigkeit von der Art des Erdöls fallen bei der fraktionierten Destillation ungefähr 20 bis 25 % der eingesetzten Menge an Benzin an. Der Bedarf an Benzinen, also an relativ kurzkettigen Kohlenwasserstoffen, ist jedoch viel höher. Andererseits sind im Rohöl viele langkettige Kohlenwasserstoffe enthalten. Durch **Cracken** werden langkettige Verbindungen in kurzkettige umgewandelt.

1. Erarbeite eine mögliche Reaktionsgleichung. Du kannst dabei beispielsweise von einem Kohlenwasserstoff mit zwanzig Kohlenstoffatomen in den Molekülen ausgehen.

Rohbenzine eignen sich schlecht als Kraftstoff. Sie enthalten vor allem kettenförmige unverzweigte Kohlenwasserstoffe, die zur vorzeitigen Selbstentzündung neigen.

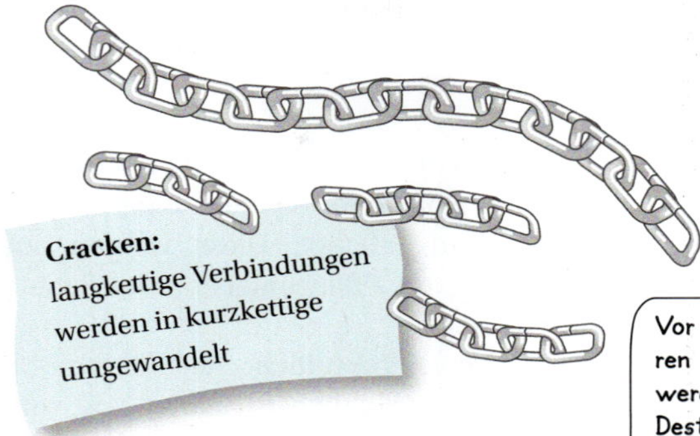

Verzweigte Alkane, Aromaten und ringförmige Alkane entzünden sich langsamer als die unverzweigten Kohlenwasserstoffe. Beim **Reformingverfahren** wird die Struktur der Kohlenwasserstoffe durch chemische Reaktion verändert. Dadurch wird die Zündtemperatur erhöht und die Benzinqualität erreicht, die für moderne Motoren erforderlich ist.

2. Übersetze die Grafik unten in Reaktionsgleichungen.

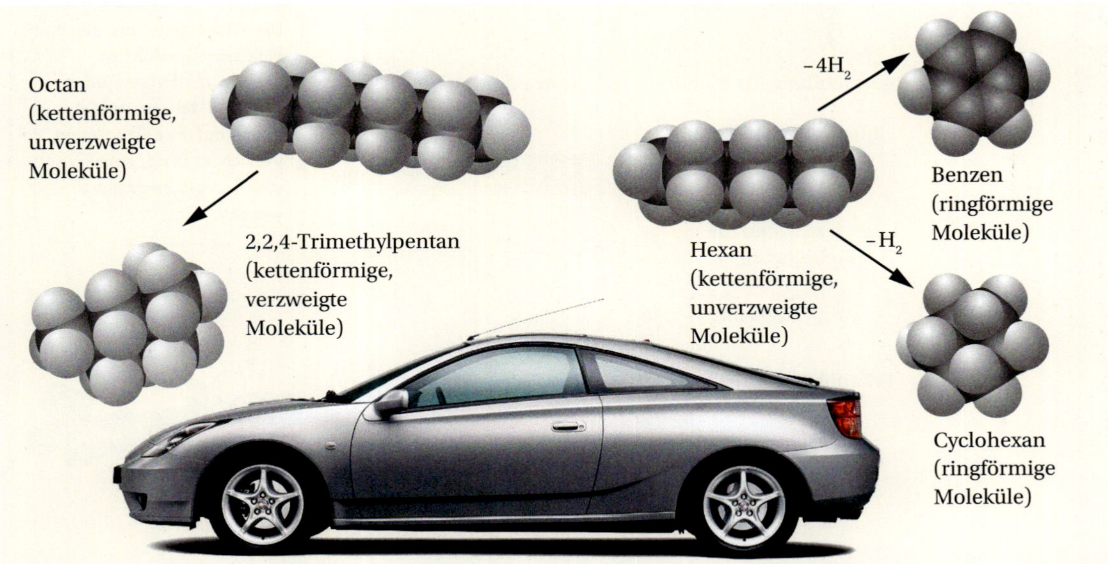

Erforsche es

Treibstoffe aus nachwachsenden Rohstoffen

Als alternative Treibstoffe aus nachwachsenden Rohstoffen gelten Biogas, Biodiesel und Ethanol. Diese werden aus Pflanzen bzw. Pflanzenteilen oder Samen gewonnen.
Wie umweltfreundlich der alternative Treibstoff tatsächlich ist, hängt u. a. vom Energieaufwand bei seiner Erzeugung ab.

1. Bewerte die Energiebilanz von Bioethanol mithilfe der Grafik (unten). Wie viel Energie (in kJ) kann wirklich aus einem Kilogramm Getreide gewonnen werden?
2. Erstelle eine Übersicht zu verschiedenen alternativen Treibstoffen. Diskutiere die Vor- und Nachteile dieser Treibstoffe.
   Tipp: Informationen findet ihr u. a. auf den Seiten 66, 84/85 und 98.

S Experiment

Aufgabe:
Schlage Experimente vor, mit deren Hilfe die Verbrennungsgase von Wasserstoff (GHS02, GHS04, E 7), Rapsöl und Ethanol (GHS02, E 1, E 10) auf Kohlenstoffdioxid und Wasser untersucht werden können.

Beobachtung und Auswertung:

a) Notiere deine Beobachtungen.

b) Gib die Reaktionsgleichungen für die Verbrennung an.

c) Erkläre, warum durch die Nutzung von pflanzlich gewonnenem Biodiesel der Treibhauseffekt nicht direkt verstärkt wird.

Energiebilanz für Bioethanol aus Getreide

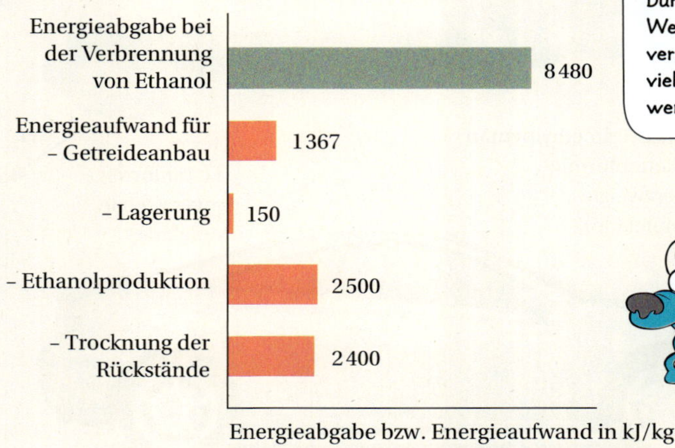

Wasserstoff – Energieträger von morgen?

Bisher wurde Wasserstoff als Energieträger hauptsächlich als Raketentreibstoff verwendet. Zunehmend kommt Wasserstoff aber auch als Energieträger der Zukunft ins Gespräch.

1. Erarbeite Vorteile und Nachteile, die der Einsatz von Wasserstoff als Energieträger bringt.

Soll ein Stoff als Energieträger genutzt werden, muss er mit vertretbarem technischem Aufwand gespeichert werden können. Bedeutsam ist die Speicherung von Wasserstoff in Druckgasbehältern oder als Flüssiggas in entsprechenden Tanks. In dieser Form kann Wasserstoff auch transportiert werden.

Die Wasserstofftechnologie umfasst vielfältigere Anwendungsgebiete für den Energieträger Wasserstoff. Dabei werden zwei Möglichkeiten der Energiefreisetzung unterschieden:
- Verbrennung von Wasserstoff, z. B. in entsprechenden Verbrennungsmotoren,
- Umwandlung von Energie in Brennstoffzellen.

2. Informiere dich über Einsatzmöglichkeiten von Verbrennungsmotoren auf Wasserstoffbasis und von Brennstoffzellen. Stelle einige Anwendungsgebiete zusammen.

3. Ob die Wasserstofftechnologie wirklich umweltschonend ist, hängt davon ab, wie der Wasserstoff gewonnen wird. Erläutere die Aussage. Interpretiere in diesem Zusammenhang das Fließschema zum Solar-Wasserstoff-Konzept.

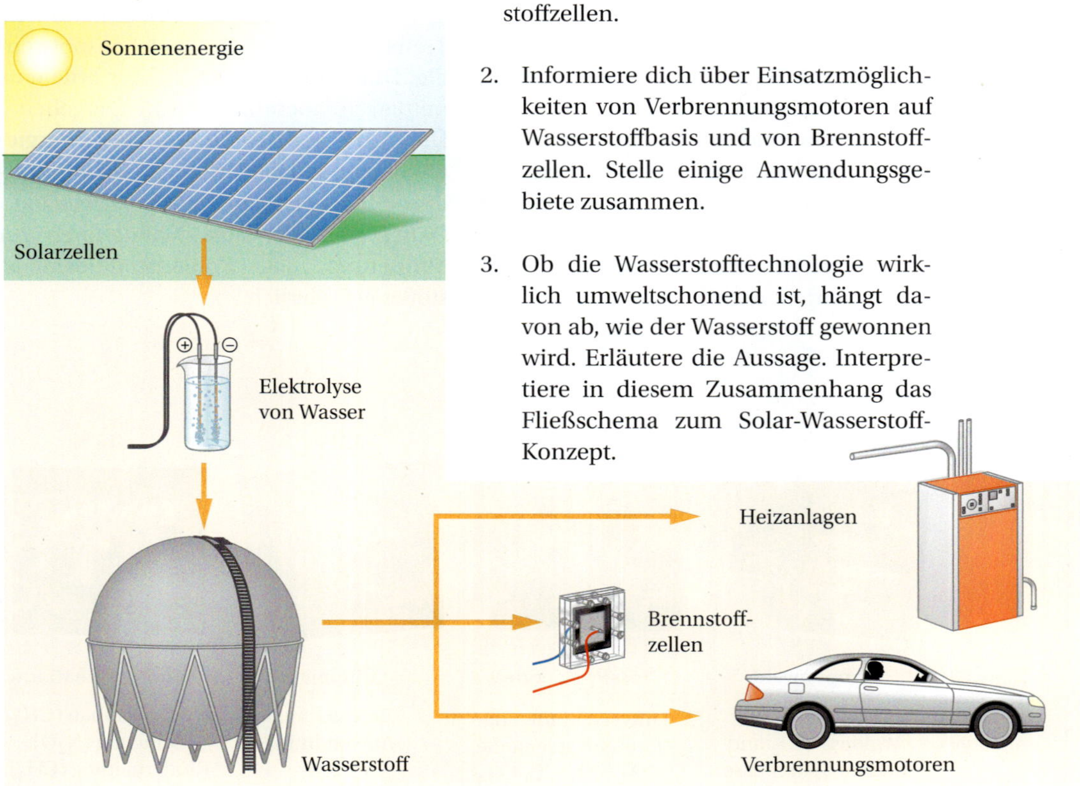

Klare Verhältnisse

Kohlenwasserstoffe – auch morgen noch Energieträger?

Im Zusammenhang mit der Verbrennung von Kohlenwasserstoffen ist immer wieder vom Treibhauseffekt die Rede. Erkläre die Funktionsweise eines Treibhauses.

Bei der vollständigen Verbrennung von Kohlenwasserstoffen entsteht Kohlenstoffdioxid, bei der unvollständigen Verbrennung auch Kohlenstoffmonooxid.

$$2\,C_8H_{18} + 25\,O_2 \longrightarrow 16\,CO_2 + 18\,H_2O$$

$$C_8H_{18} + 8\,O_2 \longrightarrow 2\,CO_2 + 3\,CO + 3\,C + 9\,H_2O$$

Kohlenstoffmonooxid ist giftig. Wird das Gas eingeatmet, erstickt der Mensch. Daher ist es unerlässlich, auf ausreichende Sauerstoffzufuhr zu achten, wenn beispielsweise die Heizung mit Gas oder Heizöl betrieben wird.

Für unser Klima ist jedoch das entstehende Kohlenstoffdioxid entscheidend. Es gilt als Treibhausgas. Treibhausgase vermindern die Wärmeabstrahlung in das Weltall. Sie wirken ähnlich wie die Glasflächen im Gewächshaus. Dadurch heizt sich unsere Atmosphäre auf. Dieser natürliche Treibhauseffekt ist für uns lebensnotwendig. Durch ihn hat sich auf der Erde eine mittlere Temperatur von + 15 °C ergeben. Durch die Verbrennung fossiler Energieträger wird jedoch zusätzlich Kohlenstoffdioxid freigesetzt und der Effekt verstärkt. Daher sind weltweite Maßnahmen zur Minderung des Kohlenstoffdioxidausstoßes erforderlich.

Quellen der zusätzlichen Belastungen unserer Atmosphäre durch Luftschadstoffe

15 %

Tropenwald

Vernichtung des Waldes – CO_2 und andere Spurengase

50 %

fossile Energie

Luftverschmutzung – Kohlenwasserstoffe, CO_2, NO_x, CO, CH_4

20 %

Chemie

Produktion, Anwendung FCKW

15 %

Landwirtschaft u. a.

z. B. Reisanbau (CH_4), Düngung (N_2O), Rinderhaltung (CH_4), Mülldeponien (CH_4)

S Die Brennerflamme im Blick

Experiment 1

Aufgabe:
Untersuche die Brennerflamme und führe Protokoll.

Vorbereitung:
Stelle *Geräte* und *Chemikalien* bereit und informiere dich über Sicherheitsregeln.

Durchführung:
a) Entzünde die Brennerflamme.
b) Öffne die Luftzufuhr. Halte eine Glasplatte über die Brennerflamme.
c) Schließe die Luftzufuhr. Halte wiederum eine Glasplatte über die Flamme.

Beobachtung und Auswertung:
Notiere deine Beobachtungen. Erkläre sie. Führe jeweils eine mögliche Reaktionsgleichung an. Erkundige dich dazu, welches Gas im Brenner verbrennt.

Experiment 2

Aufgabe:
Prüfe die elementare Zusammensetzung des Gases, das im Brenner genutzt wird. Beschreibe, welche *Geräte* und *Chemikalien* nötig sind und wie du vorgehen kannst.

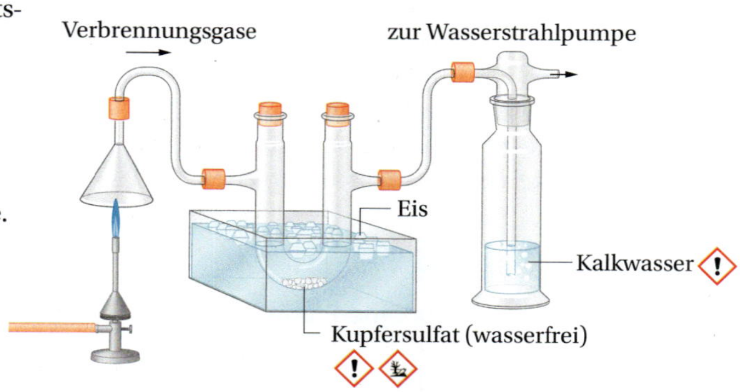

Beobachtung und Auswertung:
Notiere deine Beobachtung. Leite die elementare Zusammensetzung des Gases ab. Kannst du Sauerstoff ausschließen? Begründe deine Antwort.

Aufgaben

1 Die Folgen des anthropogenen Treibhauseffekts sind umstritten. Recherchiere mögliche Folgen der Erhöhung der mittleren Temperatur auf der Erde. Sammle Argumente, die für den anthropogenen Treibhauseffekt sprechen, und solche, die dagegen sprechen.

2 Erkläre, warum der Schornsteinfeger regelmäßig die Abgase von Öl- bzw. Gasheizungen auf Kohlenstoffmonooxid überprüfen muss.
Belege deine Aussagen mit einer Reaktionsgleichung.

3 Setze die folgende Grafik zur Grafik auf der Seite 120 in Beziehung. Fasse Treibhausgase, ihren Anteil am anthropogenen (durch den Menschen verursachten) Treibhauseffekt und ihre Quellen in einer Tabelle zusammen.

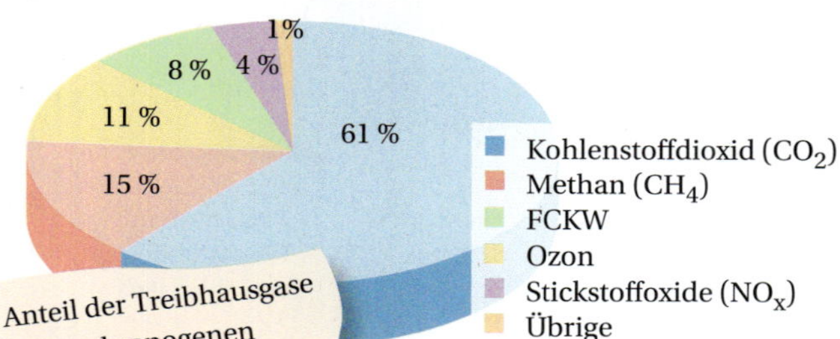

Anteil der Treibhausgase am anthropogenen Treibhauseffekt

So kannst du vorgehen

Arbeiten nach der experimentellen Methode

Bei der experimentellen Methode wird das Experiment als „Frage an die Natur" eingesetzt. So kannst du zu neuen Erkenntnissen gelangen.
Ausgangspunkt kann eine interessante Beobachtung sein, die du in der Natur, im Alltag oder bei einem Versuch registriert hast. Du wüsstest gerne, was dahintersteckt? So kannst du vorgehen:

▶ Schritt 1

Formuliere eine Frage oder ein Problem.

Welche Frage ergibt sich aus dieser Beobachtung?

In den letzten Jahren hat sich der Kohlenstoffdioxidgehalt in der Atmosphäre erhöht. Außerdem registriert man eine durchschnittliche Erhöhung der globalen Temperatur.
Könnte ein Zusammenhang bestehen?

▶ Schritt 2

Leite einen experimentell prüfbaren Gedanken (Hypothese) ab.

Was könnte die Ursache des beobachteten Phänomens sein?

Kohlenstoffdioxid wirkt als Treibhausgas in der Atmosphäre. Von der Erde abgestrahlte Wärme kann in geringerem Maße in das Weltall abgegeben werden. Dadurch heizt sich die Atmosphäre auf.

▶ Schritt 3

Finde ein geeignetes Experiment.

Wie kannst du die Hypothese experimentell überprüfen? Formuliere dazu Aussagen in folgender Form: Wenn …, dann …

Wenn Kohlenstoffdioxid als Treibhausgas wirkt, dann müsste die Temperatur in einem mit Kohlenstoffdioxid gefüllten Behältnis schneller steigen als in einem mit Luft gefüllten, wenn man es beleuchtet. Dazu müsste die Temperatur im Abstand von einer Minute gemessen werden.

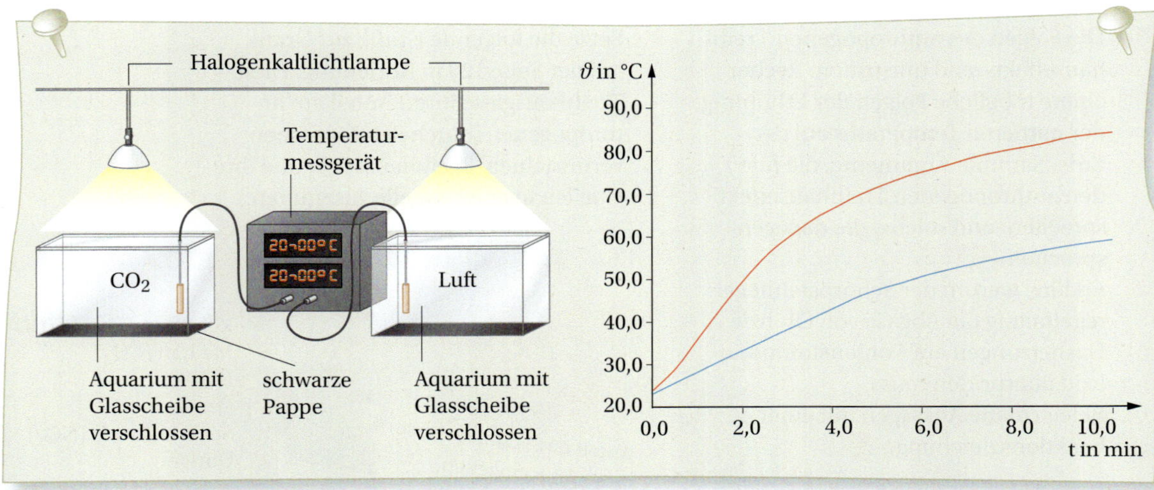

► Schritt 4

Führe das Experiment durch.

Arbeite nach deinem Plan, halte die Ergebnisse in einem Protokoll fest und werte aus.

Veränderung der Temperatur in Abhängigkeit von der Zeit

t in min	*Temperatur (Luft) ϑ in °C*	*Temperatur (CO_2) ϑ in °C*
0	*20*	*20*
5	*30*	*35*
10	*33*	*38*
15	*38*	*43*
20	*42*	*48*

Zur besseren Anschaulichkeit können die Werte gegebenenfalls in einer Grafik dargestellt werden. Dadurch wird der Zusammenhang der Temperaturveränderung und der Füllung in den Gefäßen verdeutlicht.

► Schritt 5

Vergleiche die Versuchsergebnisse mit dieser Hypothese.

Stimmen die Annahme und die Ergebnisse des Experiments überein, dann ist der Wahrheitsgehalt der Hypothese groß. Sonst weiter zu Schritt 6.

Im Beispiel wird die Hypothese durch die Versuchsergebnisse bestätigt.
Es existiert wahrscheinlich ein Zusammenhang zwischen der Erhöhung des CO_2-Gehalts in der Atmosphäre und der Erderwärmung. (Allerdings wirken in der Realität viele Faktoren zusammen.)

► Schritt 6

Leite eine Hypothese ab.

Stimmen die erwarteten Versuchsergebnisse nicht mit den realen Ergebnissen überein, hat das Experiment deine Hypothese widerlegt. Überlege erneut, was die Ursache des untersuchten Phänomens sein könnte, und wiederhole Schritt 3 bis 5.

Das Aufstellen einer neuen Hypothese ist bei unserem Beispiel nicht erforderlich.

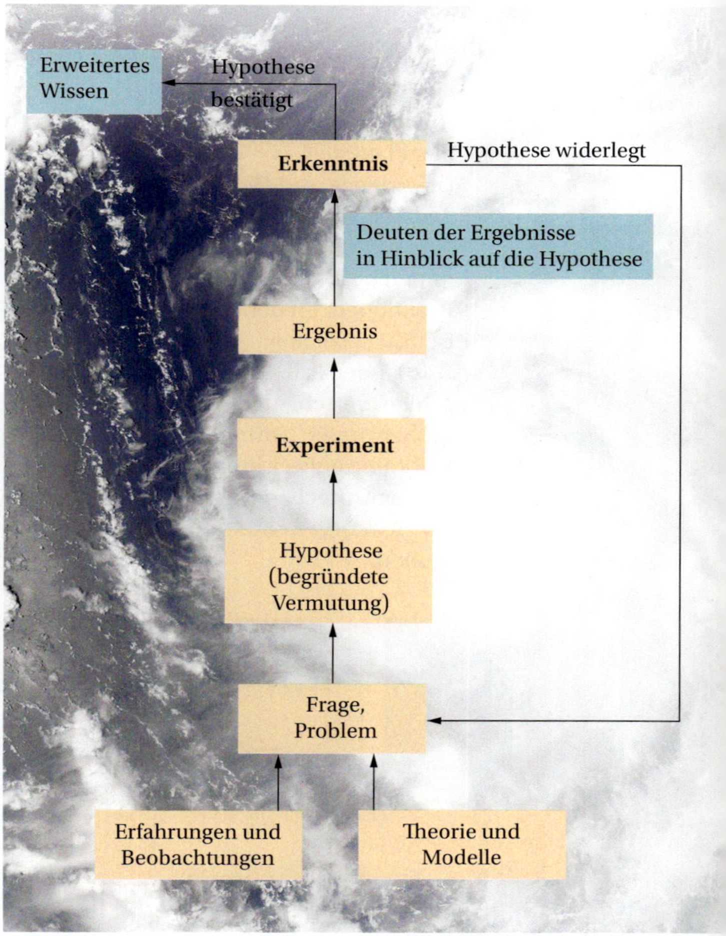

Klare Verhältnisse

Das molare Volumen

Das Bild zeigt eine Abgasuntersuchung.
Was hat die Messung mit Chemie zu tun?

Beim Fahrzeugkauf achten die meisten Kunden auf den Treibstoffverbrauch. Das ist nicht nur für das eigene Portemonnaie von Bedeutung, sondern auch für die Umwelt. Ein geringer Treibstoffverbrauch bewirkt einen relativ niedrigen Kohlenstoffdioxidausstoß.

Die Menge des Kohlenstoffdioxids und anderer Gase im Abgas kann nicht nur über die Masse, sondern auch über das Volumen bestimmt werden. Bei chemischen Reaktionen, an denen Gase beteiligt sind, ist das oft leichter.

Das ist der Fall, weil gleiche Teilchenanzahlen verschiedener gasförmiger Stoffproben unter Normbedingungen gleiche Volumina aufweisen.

Das entsprechende Gesetz wurde 1811 von Amedeo Avogadro (1776–1856) formuliert.

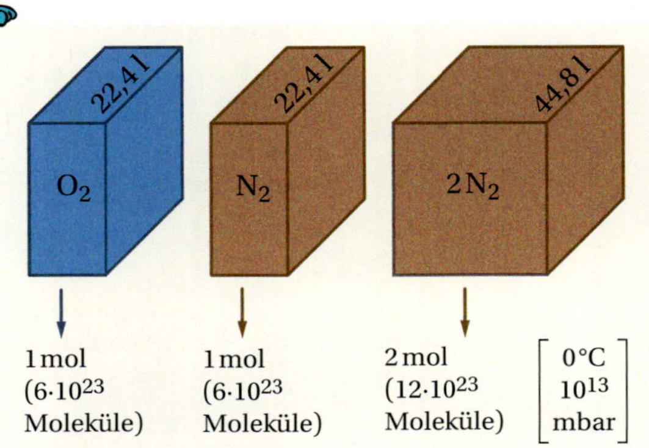

- Gleiche Volumina beliebiger Gase enthalten bei gleicher Temperatur und gleichem Druck die gleiche Anzahl von Teilchen (Gesetz von Avogadro).

Ein Mol eines Gases enthält $6{,}022 \cdot 10^{23}$ Teilchen. Sie nehmen unter Normbedingungen ($\vartheta = 0$ °C, $p = 101{,}3$ kPa) ein Volumen von 22,4 Litern ein. Man bezeichnet dieses Volumen als **molares Volumen (V_m = 22,4 l/mol).** Das molare Volumen von Gasen ist **für alle Gase gleich.**

Im Gegensatz zum molaren Volumen von Gasen ist das molare Volumen von Flüssigkeiten und Feststoffen auch bei gleichen Bedingungen von Stoff zu Stoff verschieden. Es wird u. a. von der Größe der Teilchen und ihrer Anordnung im Kristall beeinflusst. Das molare Volumen von Flüssigkeiten und Feststoffen ist eine stoffspezifische Größe.

- Das molare Volumen V_m eines Stoffes ist der Quotient aus dem Volumen und der Stoffmenge der Stoffportion.

$$V_m = \frac{V}{n}$$

V Volumen der Stoffportion
n Stoffmenge der Stoffportion

Einheit: l/mol bzw. cm^3/mol

Wusstest du schon …

Weniger Schadstoffe im Abgas

Bei der Verbrennung des Kraftstoffs im Motor kommt es auf die richtige Luft- bzw. Sauerstoffzufuhr an. Stimmt das Verhältnis nicht, enthält das Abgas besonders viele giftige Stoffe, die in der Luft als Schadstoffe wirken. Dazu gehören Stickstoffoxide, Kohlenstoffmonooxid und unverbrannte Kohlenwasserstoffe. Letztere sind nicht nur giftig, sondern wirken darüber hinaus als Treibhausgase.

Das optimale Gemisch von Kraftstoff und Luft wird durch die Lambdasonde im Dreiwegekatalysator gesteuert. Der Einbau solcher Abgaskatalysatoren ist heute bei Kraftfahrzeugen mit Ottomotoren Standard.

Durch den Katalysator werden Reaktionen ermöglicht, bei denen giftige Stoffe in ungiftige Stoffe umgewandelt werden.

Allerdings führen die Reaktionen nicht zu einer Senkung des Kohlenstoffdioxidausstoßes.

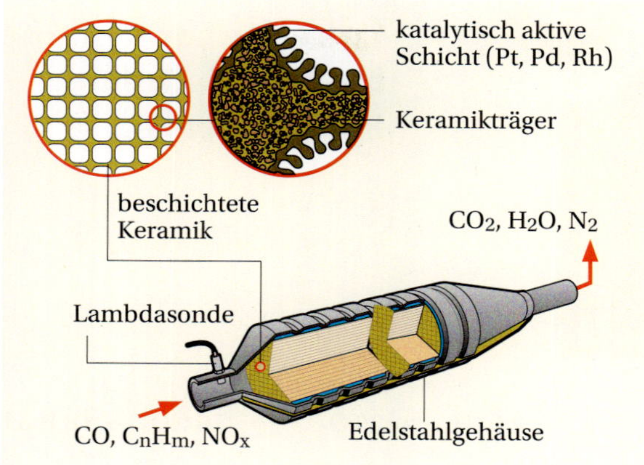

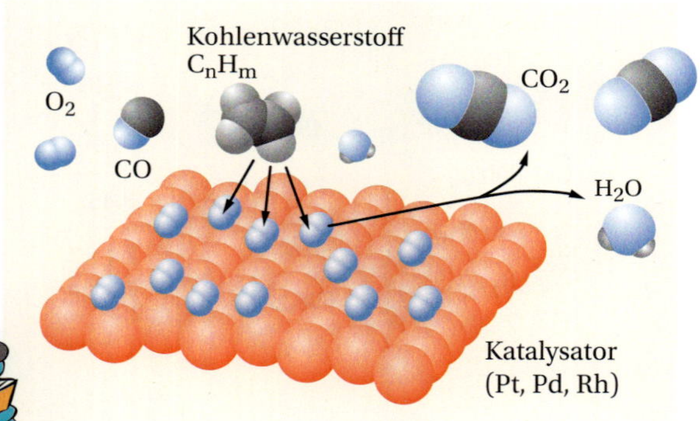

Ein Katalysator ermöglicht eine Reaktion, die ohne seine Anwesenheit kaum ablaufen würde. Er setzt die Aktivierungsenergie für die Reaktion herab.

$$2\,NO + 2\,CO \longrightarrow N_2 + 2\,CO_2$$

$$2\,CO + O_2 \longrightarrow 2\,CO_2$$

$$2\,C_8H_{18} + 25\,O_2 \longrightarrow 16\,CO_2 + 18\,H_2O$$

Aufgaben

1 Gib das molare Volumen von Methan an.

2 Berechne das Volumen, das 4 mol Ethin bei Normbedingungen einnehmen.

3 Berechne die Teilchenzahl, die 4 mol Ethin aufweisen.

4 a) Berechne unter Nutzung des Periodensystems die molare Masse von Octan.
b) Gib die molare Masse von 2,2,4-Trimethylpentan an und erläutere, wie du zu dem Wert kommst.

Klare Verhältnisse

Volumenberechnungen bei chemischen Reaktionen

Wie viel Sauerstoff braucht der Motor?

$$2\,C_8H_{18} + 25\,O_2 \longrightarrow 16\,CO_2 + 18\,H_2O$$

$m_{C_8H_{18}}$	V_{O_2}	V_1/m_2
100,00 g	245,44 l	2,45
200,00 g	490,88 l	2,45
300,00 g	736,32 l	2,45
500,00 g	1 227,20 l	2,45
691,92 g	1 698,26 l	2,45

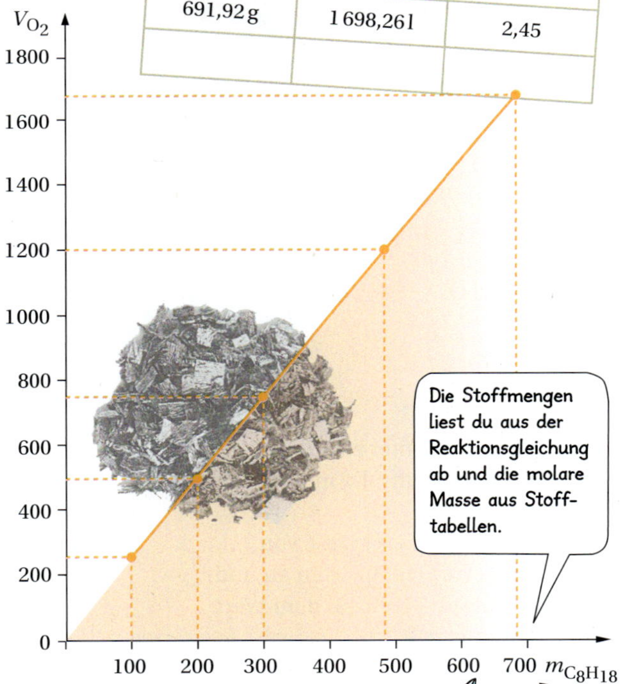

Bei chemischen Reaktionen reagieren Stoffe nicht nur in konstanten Massenverhältnissen, sondern auch die Massen- und Volumenverhältnisse verhalten sich zueinander proportional.

$m_1 \sim V_2$ bzw. $\frac{m_1}{V_2}$ = konstant; Es gilt:

$$\frac{m_1}{V_2} = \frac{M_1 \cdot n_1}{V_m \cdot n_2} \quad \text{oder} \quad \frac{V_1}{m_2} = \frac{V_m \cdot n_1}{m_2 \cdot n_2}$$

Auch die Masse des Kohlenwasserstoffs und das Volumen des Sauerstoffs stehen bei der Reaktion in einem konstanten Verhältnis zueinander. Diese Tatsache kann man für Volumenberechnungen nutzen.

> Bei chemischen Reaktionen reagieren die Stoffe in festen Massen- und Volumenverhältnissen miteinander.

Aus der entsprechenden Größengleichung ergibt sich, dass die Volumenverhältnisse der an der Reaktion beteiligten Gase ihren Stoffmengenverhältnissen entsprechen.

$$\frac{V_1}{V_2} = \frac{(V_m) \cdot n_1}{(V_m) \cdot n_2} = \frac{n_1}{n_2}$$

> Bei Reaktionen zwischen Gasen sind die Volumenverhältnisse gleich den Stoffmengenverhältnissen.

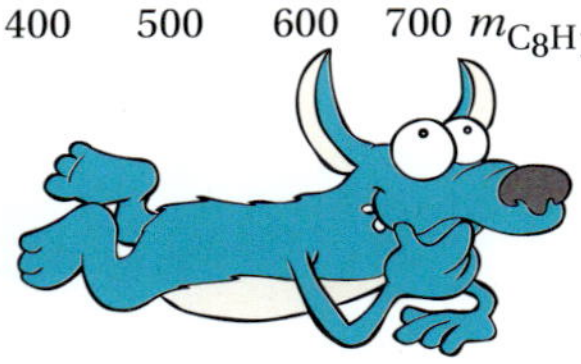

So kannst du vorgehen

Volumenberechnungen

Berechne, welches Volumen Sauerstoff bei Normbedingungen benötigt wird, wenn 1 Liter Benzin verbrannt wird. (Da sich Benzine hinsichtlich ihrer Zusammensetzung unterscheiden, nutze für die Berechnung als Modellsubstanz 2,2,4-Trimethylpentan.)

► Schritt 1

Notiere die Reaktionsgleichung.

$$2\,C_8H_{18} + 25\,O_2 \longrightarrow 16\,CO_2 + 18\,H_2O$$

► Schritt 2

Stelle die gegebenen und gesuchten Größen zusammen.

Entnimm die gegebene und gesuchte Größe der Aufgabenstellung, lies die Stoffmengen aus der Reaktionsgleichung und die molare Masse aus entsprechenden Tabellen ab bzw. berechne sie.

Gesucht: V_{O_2}

Gegeben: aus $\varrho = 0{,}69192$ g/ml

resultiert $m_{Isooctan} = 691{,}92$ g

$M_{Isooctan} = 114{,}08$ g/mol

$n_{Isooctan} = 2$ mol

$V_m = 22{,}4$ mol/l

$n_{Sauerstoff} = 25$ mol

► Schritt 3

Notiere die Größengleichung und stelle sie nach der gesuchten Größe um.

$$\frac{V_{O_2}}{m_{Isooctan}} = \frac{V_m \cdot n_{O_2}}{M_{Isooctan} \cdot n_{Isooctan}}$$

$$V_{O_2} = \frac{V_m \cdot n_{O_2} \cdot m_{Isooctan}}{M_{Isooctan} \cdot n_{Isooctan}}$$

► Schritt 4

Setze die gegebenen Werte ein und berechne die gesuchte Größe.

$$V_{O_2} = \frac{22{,}4\text{ mol/l} \cdot 25\text{ mol}}{114{,}08\text{ g/mol} \cdot 2\text{ mol}} \cdot 691{,}92\text{ g}$$

$$V_{O_2} = 1\,698{,}26\text{ l}$$

► Schritt 5

Formuliere einen Antwortsatz.

Wird ein Liter Isooctan (Modellsubstanz für Benzin) bei Normbedingungen vollständig verbrannt, werden dafür 1698,26 Liter Sauerstoff benötigt.

Das hast du gelernt

Klare Verhältnisse

Größen und Stoffportionen

Volumen V
gibt an, wie viel Raum eine Stoffportion einnimmt.

Einheit: 1 m^3, 1 l

Masse m
gibt an, wie schwer oder wie leicht bzw. wie träge die Stoffportion ist.

Einheit: 1 g, 1 kg

Stoffmenge n
gibt an, wie viele Teilchen einer Stoffportion vorliegen.

Einheit: 1 mol ≈ $6{,}022 \cdot 10^{23}$ Teilchen

Teilchenanzahl N
gibt an, wie viele Teilchen in der Stoffportion vorliegen.

molares Volumen V_m
gibt an, welches Volumen jedes Mol einer Stoffportion hat.

Einheit: 1 l/mol

$$V_m = \frac{V}{n}$$

molare Masse M
gibt an, welche Masse jedes Mol dieser Stoffportion besitzt.

Einheit: 1 g/mol

$$M = \frac{m}{n}$$

Avogadro-Konstante N_A
ist die Anzahl der Teilchen, die in einem Mol eines Stoffes enthalten sind.

$N_A = 6{,}022 \cdot 10^{23}$/mol

$$N_A = \frac{N}{n}$$

Massen- und Volumenberechnungen bei chemischen Reaktionen

Bei chemischen Reaktionen reagieren die Stoffe in festen Massen- und Volumenverhältnissen. Berechnungen sind über Größengleichungen möglich.

$$\frac{m_1}{m_2} = \frac{M_1 \cdot n_1}{M_2 \cdot n_2} \qquad \frac{V_1}{V_2} = \frac{n_1}{n_2} \qquad \frac{V_1}{m_2} = \frac{V_m \cdot n_1}{M_2 \cdot n_2}$$

m_1 bzw. V_1: gesuchte Größe laut Aufgabenstellung

m_2 bzw. V_2: gegebene Größe laut Aufgabenstellung

M_1 und M_2: molare Massen, aus Stofftabellen ablesbar

n_1 und n_2: Stoffmengen, aus der Reaktionsgleichung ablesbar

V_m bei Normbedingungen für alle Gase 22,4 l/mol

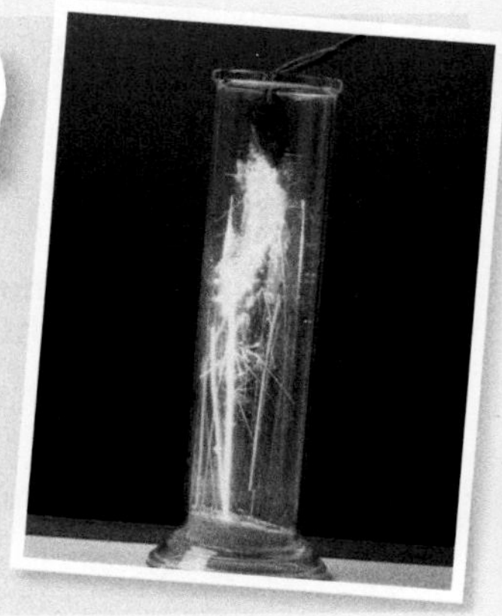

Löse mit Köpfchen

1. Sinnvolle Sicherheitsmaßnahmen?

Führen Straßen durch lange Tunnel sind in regelmäßigen Abständen Warnschilder aufgestellt. Sie weisen darauf hin, dass bei einem Stau der Motor abgestellt werden soll. Auch in Garagen soll der Motor nicht bei geschlossenen Türen laufen. Beurteile diese Sicherheitsregeln.

2. Viel oder wenig?

Um in einer Heizperiode die notwendige Wärme für eine 60m^2-Wohnung zur Verfügung zu stellen, werden in einem Heizkraftwerk 2 t Kohle (Kohlenstoffanteil 70 %) verbrannt. Berechne, mit welchem Volumen Kohlenstoffdioxid die Umwelt dadurch belastet wird.

3. Pro und Kontra Klimawandel

Über die Folgen der Erhöhung des Kohlenstoffdioxidanteils in der Atmosphäre gibt es sehr verschiedene Ansichten. Einige Wissenschaftler sagen einen Klimawandel mit globalen Folgen voraus. Andere weisen darauf hin, dass es schon immer Klimaschwankungen gab. Recherchiert unterschiedliche Ansichten zum Thema. Stellt diese verschiedenen Standpunkte in einer Pro-und-Kontra-Debatte dar. ↗ S. 84

4. Atemgas im Weltall produziert

Zur Versorgung einer Raumstation mit Sauerstoff wird u. a. Wasser durch elektrischen Strom in Wasserstoff und Sauerstoff zerlegt.
Berechne, welches Volumen an Sauerstoff aus einem Liter Wasser gewonnen werden kann (Normbedingungen). ↗ S. 127

5. Fotosynthese neu betrachtet

Die Fotosynthese schafft die Grundlage für die Ernährung der Tiere und der Menschen, denn dabei werden Kohlenstoffdioxid und Wasser in Traubenzucker umgewandelt. Welches Volumen an Kohlenstoffdioxid muss die Pflanze aufnehmen, damit sie daraus 20 g Zucker bilden kann? ↗ S. 127

$$2\,CO_2 + 6\,H_2O \longrightarrow C_6H_{12}O_6 + 6\,O_2$$

6. Genau nachgedacht

In einem geschlossenen Behältnis wird 1 g Aktivkohle verbrannt.

a) Wird in dem Behältnis nach Abschluss der Reaktion und nachdem der Behälter wieder auf normale Temperatur abgekühlt ist, ein Überdruck bzw. ein Unterdruck herrschen oder gar keine Druckänderung eintreten? Begründe deine Antwort. ↗ S. 20

b) Interpretiere mithilfe deiner Ergebnisse aus a) folgendes Experiment:

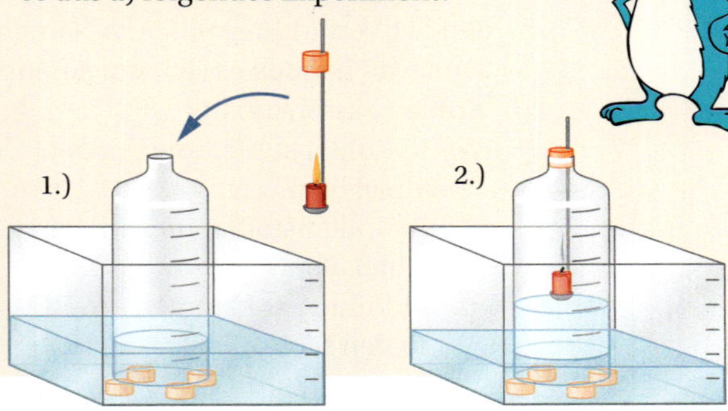

Teste dich selbst

Wähle aus.

1 Benzin ist ein technisches Produkt, welches
- A aus Erdöl gewonnen werden kann.
- B aus einem Gemisch verschiedener Kohlenwasserstoffe besteht.
- C ein reiner Stoff ist.

2 Benzin wird mit Wasser vermischt. Welche Beobachtung erwartest du?
- A Da sowohl Wasser als auch die im Benzin enthaltenen Kohlenwasserstoffe aus Molekülen bestehen, vermischen sich beide Stoffe gut.
- B Nach einer Weile entmischen sich die Stoffe wieder, denn Benzin enthält hauptsächlich Stoffe mit unpolaren Molekülen. Wasser hingegen besteht aus polaren Molekülen. Da die Dichte von Benzin geringer ist, schwimmt Benzin auf dem Wasser.
- C Nach einer Weile entmischen sich die Stoffe wieder, denn Benzin enthält hauptsächlich Stoffe mit unpolaren Molekülen. Wasser hingegen besteht aus Dipolen. Da die Dichte von Benzin geringer ist, sammelt sich das Benzin unterhalb des Wassers.

3 Bei der Verbindung mit dem Namen Dodecan handelt es sich um einen Kohlenwasserstoff mit
- A 12 Kohlenstoffatomen in den Molekülen.
- B 20 Kohlenstoffatomen in den Molekülen.
- C 14 Kohlenstoffatomen in den Molekülen.

4 Welche Strukturformel ist die korrekte „Übersetzung" für But-1-en?
- A 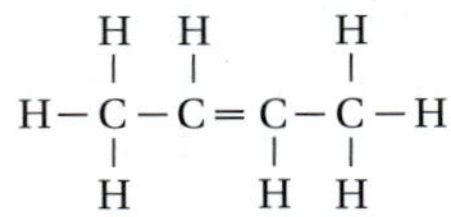
- B 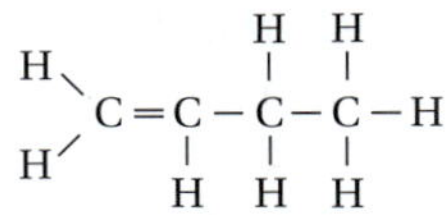
- C 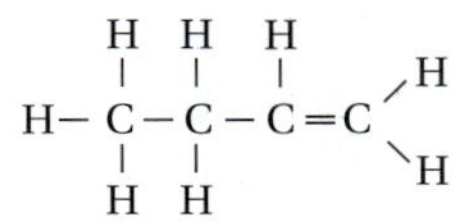

5 Sogar unsere Ernährungsgewohnheiten haben Einfluss auf unser Klima.
- A Stimmt, denn eine Milchkuh setzt im Jahr ca. 100 kg und ein Jungrind 50 kg Methan beim Wiederkäuen frei. Methan ist ein Treibhausgas. Unser Rindfleischverbrauch beeinflusst demnach das Klima.
- B Stimmt nicht. Auch wenn Rinder Methan produzieren und Methan ein Treibhausgas ist, ist doch die Wirkung von Methan viel schwächer als die von Kohlenstoffdioxid.
- C Stimmt nicht. Auch wenn Rinder Methan produzieren und Methan ein Treibhausgas ist, ist doch die produzierte Menge an Methan viel zu gering, als dass sie Einfluss auf das Klima hätte.

Beantworte ausführlich.

1 Es sollen einige Eigenschaften von Benzin ermittelt werden: Fülle ein Becherglas zu 2/3 mit Wasser. Gib auf ein Zuckerstück zehn Tropfen Benzin und lege den Würfelzucker in das Glas. Prüfe nach einer Weile, ob sich oberhalb der Wasseroberfläche brennbare Gase sammeln.

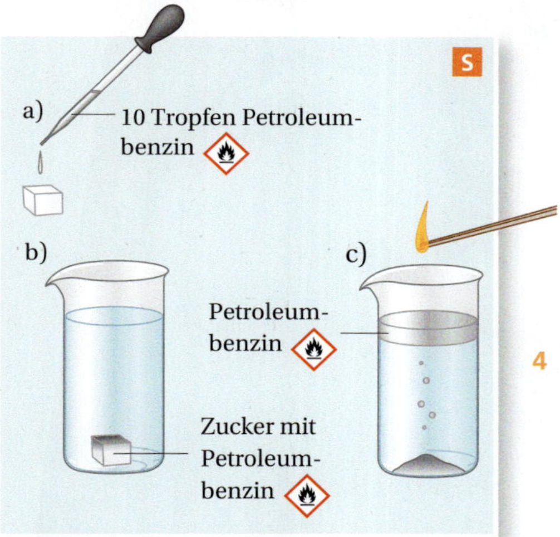

a) Notiere alle Beobachtungen bei diesem Experiment.
b) Schließe aus deinen Beobachtungen auf Eigenschaften des Benzins.
c) Stelle an einer dieser Eigenschaften den Zusammenhang zwischen Struktur und Eigenschaft dar.

2 Teste die elektrische Leitfähigkeit von Heptan (GHS02, GHS08, GHS07, GHS09, E10, E12). Erkläre das Beobachtungsergebnis unter Nutzung der Struktur des Kohlenwasserstoffmoleküls.

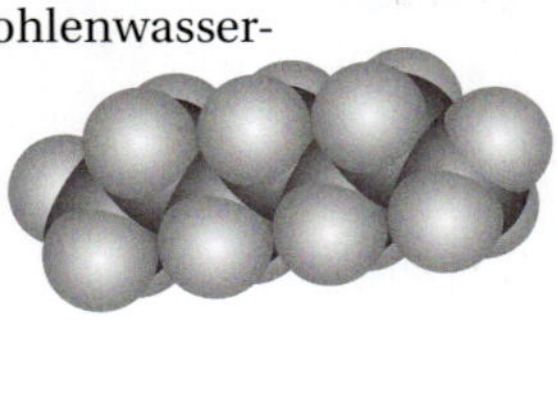

3 Flüssiggas, das auch in Feuerzeugen enthalten ist, besteht häufig aus einem Gemisch von Propan (GHS02, GHS04, E7) und Butan (GHS02, GHS04, E7).

Stoff	Propan	Butan
Siedetemperatur (p = 101,3 kPa)	– 42,1 °C	– 0,5 °C
Zündtemperatur	– 104 °C	– 60 °C

a) Erkläre, warum das Stoffgemisch beim Öffnen des Ventils ausströmt.
b) Entwickle ein Experiment, um nachzuweisen, dass Flüssiggasfeuerzeuge ein Kohlenwasserstoffgemisch enthalten.
Führe das Experiment durch und erkläre deine Beobachtungen.

4 Ergänze folgende Reaktionsgleichungen. Benenne die Ausgangsstoffe und Reaktionsprodukte.

a) $C_3H_6 + ... \longrightarrow C_3H_8$

b) $C_3H_6 + ... \longrightarrow C_3H_7Cl$

5 In den Kohle- und Erdöllagerstätten sollen 0,6 Billionen Tonnen Kohlenstoff enthalten sein.
a) Errechne, welche Masse an Sauerstoff der Atmosphäre entzogen werden würde, wenn alle diese fossilen Brennstoffe verbrannt werden. (Es wird nur der enthaltene Kohlenstoff berücksichtigt.)
b) Wie würde sich die Zusammensetzung der Atmosphäre ändern, wenn alle fossilen Brennstoffe verbraucht werden? (Masse O_2 in der Atmosphäre $23 \cdot 10^{15}$ t.)

3 Experimentelles Unterscheiden von Stoffen

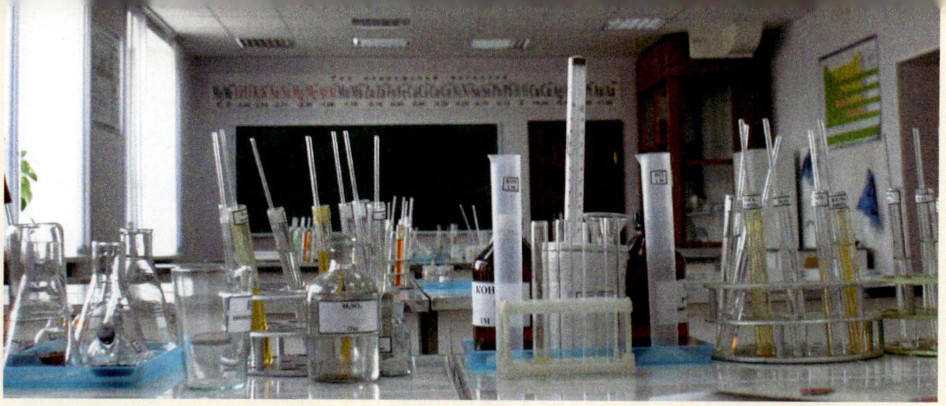

Stoffen auf der Spur

Unser Trinkwasser wird regelmäßig auf seine Inhaltsstoffe überprüft. Dazu nutzen die Chemiker und Laboranten Nachweise. Könnt ihr auch in der Schule auf „Spurensuche“ gehen?
Stellt Nachweise zusammen, die ihr nutzen könnt, um Stoffe zu erkennen.

Experimente als Fragen an die Natur

Fällt dir manchmal in deinem Alltag etwas auf, das du gerne näher untersuchen möchtest? Formuliere doch einmal eine eigene Fragestellung. Das richtige Experiment kann dir oft eine Antwort geben.

Ist destilliertes Wasser wirklich „rein“?

Warum kann Citronensäure zur Reinigung genutzt werden?

Ist Mineralwasser immer sauer?

Nachweis ausgewählter Ionen

Einige Ionen bilden mit einem Nachweismittel einen charakteristischen Niederschlag. Metall-Ionen können durch die charakteristische Flammenfärbung nachgewiesen werden.

Ion	Nachweis-mittel	Ergebnis
Chlorid-Ionen	Silbernitrat-lösung	weißer Niederschlag (löst sich in verdünnter Ammoniaklösung)
Bromid-Ionen	Silbernitrat-lösung	hellgelber Niederschlag (löst sich in konzentrierter Ammoniaklösung)
Iodid-Ionen	Silbernitrat-lösung	gelber Niederschlag (löst sich nicht in Ammo-niaklösung)
Sulfat-Ionen	Bariumchlorid-lösung	weißer Niederschlag (löst sich nicht bei Zugabe von Salzsäure)
Carbonat-Ionen	Calcium-hydroxidlösung (Kalkwasser)	weißer Niederschlag (löst sich bei Zugabe von Salzsäure auf)
H^+/OH^-	Indikator	charakteristische Färbung ↗S. 135

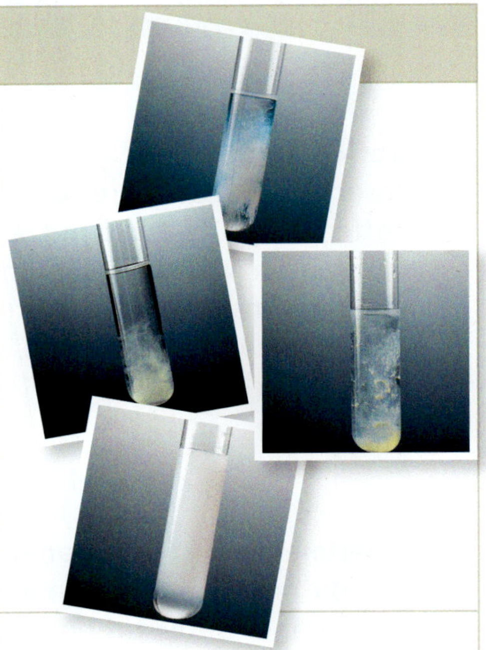

Metall-Ionen	Flammenfarbe
Barium-Ionen	Gelbgrün
Calcium-Ionen	Ziegelrot
Kalium-Ionen	Hellviolett
Kupfer-Ionen	Grün
Lithium-Ionen	Karminrot
Natrium-Ionen	Gelb
Strontium-Ionen	Rot

Flammenfärbung durch Natrium-Ionen

... durch Kalium-Ionen

... durch Lithium-Ionen

Säure-Base-Indikatoren

Säure-Base-Indikatoren zeigen durch Farbwechsel einen Überschuss an Wasserstoff-Ionen und/oder einen Überschuss an Hydroxid-Ionen an.

Universal-indikator-papier					
pH-Wert	0 1 2	3 4 5 6	7	8 9 10	11 12 13 14
Eigenschaft der Lösung	stark sauer	schwach sauer	neutral	schwach alkalisch	stark alkalisch
Indikator im Rotkohlsaft			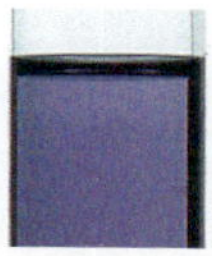		
Eigenschaft der Lösung	stark sauer	schwach sauer	neutral	schwach alkalisch	stark alkalisch
Ursache	Konzentration der Wasserstoff-Ionen H^+ ← → Konzentration der Hydroxid-Ionen OH^-				

Erforsche es

S Stoffe im Haushalt – sauer, basisch oder neutral?

Im Haushalt finden unterschiedliche Stoffe Verwendung. Bei manchen muss man spezielle Sicherheitsregeln beachten.

Aufgabe:
Ermittle den pH-Wert von Stoffen, die im Haushalt Verwendung finden.

Vorbereitung:
Geräte: Reagenzglasständer, Reagenzgläser, Pipette, Spatel, Schutzbrille;
Chemikalien: Stoffe aus dem Haushalt, Universalindikator; z.B. Zitronensaft, WC-Reiniger, Rohrreiniger, Haushaltsessig, Mineralwasser, Seifenlösung, Cola, Kochsalzlösung usw.

Durchführung:
Teste die jeweiligen Lösungen mit Universalindikator. Vergleiche mit der pH-Wert-Skala.

Beobachtung und Auswertung:
Trage die ermittelten pH-Werte in eine Tabelle ein. Werte sie mithilfe der pH-Wert-Skala aus. Leite Schlussfolgerungen für den Umgang mit den jeweiligen Stoffen ab.

Erforsche es

S Boden – sauer, basisch oder neutral?

Für das Wachstum von Pflanzen ist die Bodenreaktion entscheidend. Viele Pflanzen benötigen einen ganz bestimmten pH-Wert. Um keine Missernten zu riskieren, muss der pH-Wert des Bodens bekannt sein.

Aufgabe:

Prüfe den pH-Wert unterschiedlicher Bodenproben.

Vorbereitung:

Geräte: Spatel, Trichter, Messbecher, Filterpapier, Bechergläser, Pipette
Chemikalien: luftgetrocknete Bodenproben (je 20 g), Kaliumchloridlösung, Czensny-Indikator, Glasstab

Durchführung:

a) Verrühre 20 g der jeweiligen Bodenprobe in 50 ml Kaliumchloridlösung.
b) Filtriere die Aufschlämmung.
c) Versetze dann je 5 ml des Filtrates mit 4 Tropfen Czensny-Indikatorlösung.

Beobachtung und Auswertung:

1. Vergleiche mit der Farbskala. Notiere den pH-Wert der jeweiligen Bodenprobe.
2. Informiere dich über Faktoren, die den pH-Wert eines Bodens beeinflussen.
3. Recherchiere den Zusammenhang zwischen Kalkgehalt und pH-Wert des Bodens.
4. Welche Pflanzen können auf diesem Boden wachsen?

S Säuren und Basen im Visier

Du erhältst vier Reagenzgläser mit farblosen Lösungen. In einem Reagenzglas befindet sich verdünnte Salzsäure, in einem Natriumhydroxidlösung, in einem Natriumchloridlösung und in einem Reagenzglas destilliertes Wasser.

Aufgabe:

Ermittle, in welchem Reagenzglas sich welche Lösung befindet.
Entwickle einen Plan.

Vorbereitung und Durchführung:

Notiere Geräte und Chemikalien und fordere sie an. Informiere dich über die Sicherheitshinweise, die zu beachten sind. Führe das Experiment nach deinem Plan durch.

Beobachtung und Auswertung:

Notiere deine Beobachtungen und leite daraus ab, in welchem Reagenzglas welche Lösung enthalten war.

S Säuren und Salze im Visier

Die Salze der Salzsäure bezeichnet man als Chloride. Sie enthalten immer Chlorid-Ionen. Sulfate sind Salze der Schwefelsäure. Sie enthalten Sulfat-Ionen.

Aufgabe:

Du erhältst von der Lehrkraft vier Reagenzgläser mit farblosen Flüssigkeiten, die mit den Buchstaben A bis D beschriftet sind. Bei den Flüssigkeiten handelt es sich um verdünnte Schwefelsäure, verdünnte Salzsäure, Natriumchloridlösung und Natriumsulfatlösung.

Ermittle experimentell, in welchem Reagenzglas sich welche Lösung befindet.

Vorbereitung:

Überlege dir, welche Ionen sich in welcher Lösung befinden. Nutze die Abbildungen rechts und in der Randspalte.

Notiere, wie sich die jeweiligen Ionen nachweisen lassen.

Formuliere entsprechende Aussagen: Wenn die Lösung Chlorid-Ionen enthält, entsteht bei Zugabe von ... ein ...

Fordere dann benötigte Geräte und Chemikalien an.

Durchführung:

Arbeite nie mit den gesamten Testlösungen, die du von der Lehrkraft erhalten hast, sondern fülle jeweils eine neue Serie ab und beschrifte sie. Führe erst dann die notwendigen Nachweise durch.

Beobachtung und Auswertung:

Erfasse deine Beobachtungen in einer Tabelle. Werte die Beobachtungen entsprechend der Aufgabe aus.

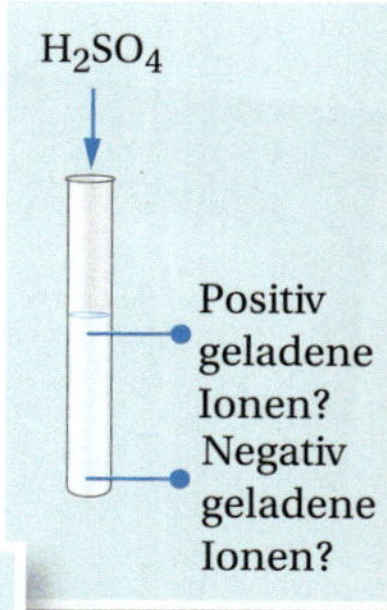

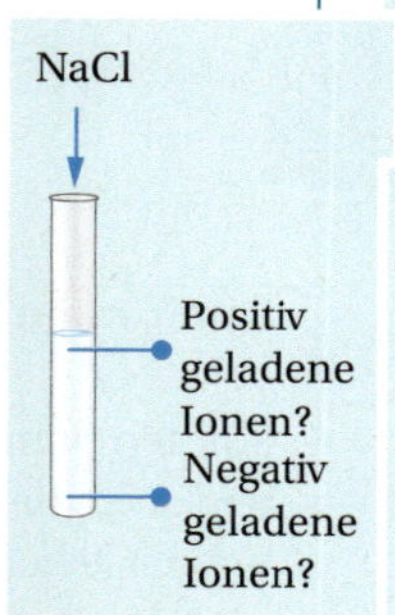

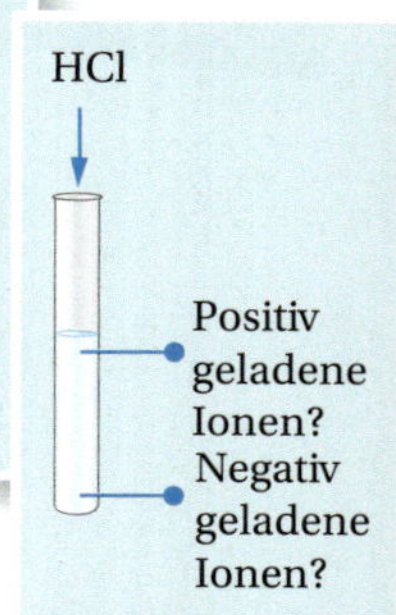

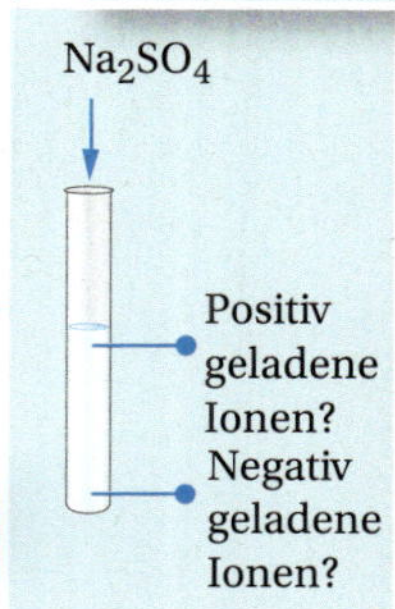

S Reines Wasser oder nicht?

Aufgabe:

Teste unterschiedliche Wasserproben (Leitungswasser, Wasser aus einem Gewässer, Mineralwasser, destilliertes Wasser) auf Chlorid-Ionen.

Vorbereitung:

Geräte und Chemikalien: Reagenzgläser, Pipette, Silbernitratlösung (GHS07; E12, 13, 14)

Durchführung:

Beschreibe, wie du vorgehst. Fertige eine Skizze an.

Beobachtung und Auswertung:

Dokumentiere die Beobachtungsergebnisse in einer Tabelle.

Leite daraus eine Schlussfolgerung ab.

Erforsche es

S Ionen auf der Spur

Experiment 1

Kochsalz könnt ihr im Handel erwerben. Es gibt unterschiedliche Sorten. Den größten Bestandteil bildet immer Natriumchlorid.
Daneben sind im Allgemeinen weitere Salze enthalten.

Aufgaben:

1. Weist die Natrium-Ionen und die Chlorid-Ionen im Kochsalz nach.
2. Ermittelt experimentell weitere Ionen, die enthalten sein könnten.
3. Entwickelt dazu einen Plan und führt beim Experimentieren Protokoll.

Tipp: Nutzt die Seite 134.

Experiment 2

Für den richtigen Einsatz von Waschmitteln sind die Inhaltsstoffe entscheidend. Viele Gewebe vertragen keine hohen pH-Werte. Eine basische Reaktion der Waschmittellösung wird beispielsweise durch den Waschmittelzusatzstoff Soda (Natriumcarbonat) hervorgerufen.
Früher wurde den Waschmitteln häufig Natriumsulfat zugesetzt, um die Streufähigkeit zu erhöhen. Heute sind die Sulfate im Allgmeinen durch andere Stoffe ersetzt, da Sulfate in großen Mengen schädlich für die Umwelt sind.

Aufgabe:

Testet verschiedene Waschmittel auf Sulfat-Ionen. Ermittelt jeweils den pH-Wert.

Vorbereitung:

Geräte und Chemikalien: Waschmittelproben, Spatel, Glasstab, Reagenzgläser, destilliertes Wasser, Universalindikator, verdünnte Salzsäure GHS07; E2, Bariumchloridlösung GHS07; E1

Durchführung:

1. Löst jeweils eine Spatelspitze des Waschmittels in destilliertem Wasser. Falls die Mischung nicht klar ist, dekantiert gegebenenfalls. (Tipp: Nicht zu stark schütteln, um Schaumbildung zu vermeiden!)
2. Testet einen Teil der Probe mit Bariumchloridlösung, beobachtet und versetzt die Mischung mit ein paar Tropfen Salzsäure.
3. Testet einen Teil der Probe mit dem Indikator.

Beobachtung und Auswertung:

Erfasst die Beobachtungen in einer Tabelle.
Wertet aus: Welche Ionen konntet ihr feststellen?

S Eine besondere Reaktionsart

Experiment 1

Aus verdünnter Salzsäure und Natriumhydroxidlösung (beide 10%ig) lässt sich eine neutrale Lösung herstellen, wenn die Lösungen im richtigen Verhältnis miteinander reagieren.

Aufgabe:
1. Überprüfe die obige Aussage experimentell.
2. Stelle weitere neutrale Lösungen her. Lasse dabei Salzsäure und Schwefelsäure mit Kaliumhydroxidlösung reagieren.

Vorbereitung:
Notiere nötige Geräte und Chemikalien. Fordere sie bei der Lehrkraft an. Beachte Sicherheitshinweise.

Durchführung:

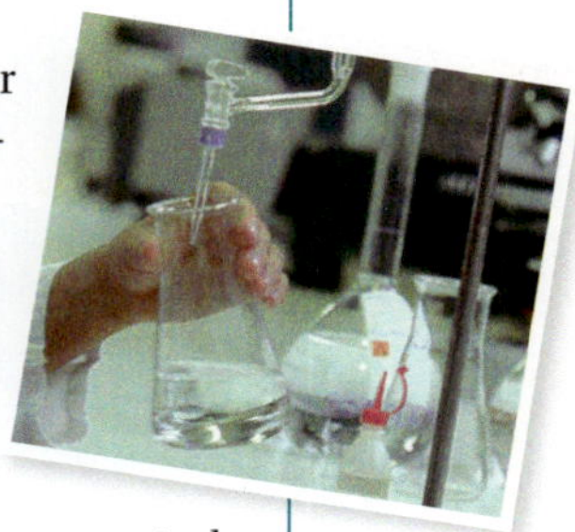

Versetze jeweils 5 ml der Lösungen mit Universalindikatorlösung.
Gib dann tropfenweise die basische Lösung zur sauren Lösung. Schätze die verbrauchte Menge an basischer Lösung ab, wenn der Indikator eine neutrale Lösung anzeigt.

Beobachtung und Auswertung:
1. Beschreibe deine Vorgehensweise und notiere deine Beobachtungen.
2. Formuliere die Reaktionsgleichungen.
3. Vergleiche die Menge an basischer Lösung, die zur Neutralisation der Säuren jeweils benötigt wurde. Finde eine Erklärung.

Experiment 2

Stellt euch vor, ihr habt ein Dressing mit Balsamico-Essig hergestellt und es ist euch nun zu sauer. Überlegt, wie ihr das Dressing mit chemischen Kenntnissen retten könntet.

Löst dazu folgende Teilaufgaben:
1. Erinnert euch, was chemisch dahintersteckt: Was ist die Ursache für den sauren Geschmack?
2. Testet den pH-Wert von verschiedenen Lebensmitteln bzw. Zusätzen (z. B. von Haushaltsessig, Öl, Zuckerwasser, Natronlösung usw.).
3. Entwickelt ein Modellexperiment, mit dem ihr den Rettungsversuch testen könntet. Lasst den Plan von der Lehrkraft bestätigen und setzt ihn um.
4. Führt Protokoll und erläutert das Prinzip der abgelaufenen Reaktion.

4 Chemische Verbindungen als Werkstoffe

Genauer hingeschaut

Auf viele Dinge in unserem Alltag achten wir gar nicht mehr. Dabei sind die Alltagsgegenstände alles andere als alltäglich und vor allem steckt eine Menge „Chemie" in ihnen. Notiere Werkstoffe, aus denen die Gegenstände in dem Zimmer gefertigt sind.

Baustoff der Natur
Die Kreidefelsen auf Rügen sind aus den Gehäusen kleiner Lebewesen (u. a. Foraminiferen) entstanden. Recherchiere, welche chemische Verbindung den Baustoff für die Gehäuse bildet.

Zerstörerischer Regen
Bauwerke verwittern ebenso wie Gestein. Die Zerstörung wird durch sauren Regen beschleunigt. Dabei werden Baustoffe wie Kalkmörtel und Marmor besonders angegriffen. Erläutere, warum der saure Regen gerade auf diese Stoffe so zerstörerisch wirkt. Belege deine Aussage mit einer Wortgleichung.

Biologisch abbaubar?
Kunststoffe sind sehr haltbar. Nicht für jeden Zweck ist das nötig. Biologisch abbaubare Kunststoffe könnten das Müllproblem lösen helfen. Ist „Kunststoff" und „abbaubar" ein Widerspruch? Starte eine Recherche.

Von Werkstoffen und Baustoffen

Vom Gebäude bis zum Kunststoffbecher

Notiere einige Werkstoffe und ihre Anwendungsgebiete. Ordne die Werkstoffe nach eigenen Kriterien.

Werkstoffe sind feste Materialien, die zur Herstellung von Gegenständen oder Bauwerken verwendet werden. Das können natürliche Materialien wie Ton, Steine, Wolle oder Holz sein. Andere Materialien werden jedoch erst produziert.

Viele **Metalle** werden aus ihren Erzen gewonnen. Heute spielen besonders Eisen bzw. Stahl als Werkstoff eine Rolle. Verschiedene Stahlsorten werden ganz gezielt für ihren Einsatz hergestellt. Stahl ermöglicht u. a. modernes Bauen.
Im Haushalt, aber auch im Bauwesen spielt **Glas** eine bedeutende Rolle: Einerseits fallen die großen Glasfronten der Gebäude auf. Andererseits dient Glas aber auch in Form von Matten bzw. Glaswolle als Schall- und Isolationsstoff von Wänden oder Rohren.
Der Rohstoff für die **Keramiken** ist Ton. Entsprechend der Zusammensetzung kann Steingut, Steinzeug oder Porzellan hergestellt werden. Keramik wird nicht nur für Geschirr genutzt, auch Ziegel, Dachziegel, Klinker, Fliesen, Ofenkacheln und Tonrohre, Toiletten und Waschbecken sind aus Keramik gefertigt.
Als **Kunststoffe** wird eine große Gruppe von synthetisch hergestellten organischen Stoffen bezeichnet, die durch sehr unterschiedliche Eigenschaften gekennzeichnet sind. Dazu gehören Plaste, Elaste wie Gummi, Chemiefaserstoffe, aber auch bestimmte Lacke.
So vielfältig wie ihre Eigenschaften sind auch ihre Anwendungsmöglichkeiten. Diese reichen von der Herstellung moderner Kleidung bis zum Bauschaum und zur wärmeisolierenden Schicht an Gebäuden.

Die Stoffe, die im Bauwesen zum Einsatz kommen, bezeichnet man als Baustoffe. Dazu gehören beispielsweise auch Gips, Kalk, Zement und Beton.
Kalk, Zement und **Gips** bezeichnet der Fachmann als Bindemittel. Sie dienen dazu, Baumaterialien zu verbinden.
Beton ist ein wichtiger Baustoff. Es handelt sich dabei um eine Mischung aus Bindemittel (meist Zement), Kies und Sand.

Aufgaben

1 Stelle verschiedene Verwendungsmöglichkeiten für die Werkstoffe und Baustoffe zusammen, die auf den Seiten 142 und 143 aufgeführt werden.
2 Stelle an mindestens zwei Beispielen den Zusammenhang zwischen Eigenschaften und Verwendung eines Stoffes dar.

Werkstoffe als Baustoffe

Kommen Werkstoffe im Baugewerbe zum Einsatz, bezeichnet man sie als Baustoffe.

Keramik ist gebrannter Ton,
z. B. für Dachsteine,
z. B. für Sanitärkeramik.

Glas entsteht durch Zusammenschmelzen von Quarzsand, Soda und Kalk,
z. B. Glas für Fenster.

Metalle bzw. ihre Legierungen finden vielfältig Verwendung,
z. B. Stahl für Träger
oder Aluminium für Türen und Fensterrahmen.

Kunststoffe sind synthetisch hergestellte makromolekulare Stoffe,
z. B. Kunststoffe für Fensterrahmen,
Gummi für Dichtungen,
Styropor (Plaste) als Dämmstoff.

Beton ist ein Gemisch aus Zement, Sand, Kies und Wasser,
z. B. für Betonsteine.

Mörtel dient zum Verbinden verschiedener Baumaterialien.

- Kalkmörtel besteht aus Löschkalk, Sand, Wasser.
  Beim Abbinden entsteht Kalkstein (Calciumcarbonat).
- Zementmörtel besteht aus Zement, Sand, Wasser.
  Beim Abbinden entstehen Silicate, die die Härte bewirken.

Von Werkstoffen und Baustoffen

Calciumcarbonat – ein Salz der Kohlensäure

Bei hartem Wasser bilden sich Kalkflecken auf den Armaturen im Bad. Gib an, wie du sie beseitigen kannst.

S Erforsche es

Aufgabe:
Zersetze Calciumcarbonat durch verdünnte Salzsäure und weise Kohlenstoffdioxid nach.

Vorbereitung:
Chemikalien: verdünnte Salzsäure (GHS07, E2), Marmor, Calciumhydroxidlösung (GHS07, E2)
Geräte: entsprechend der Versuchsskizze

Durchführung:

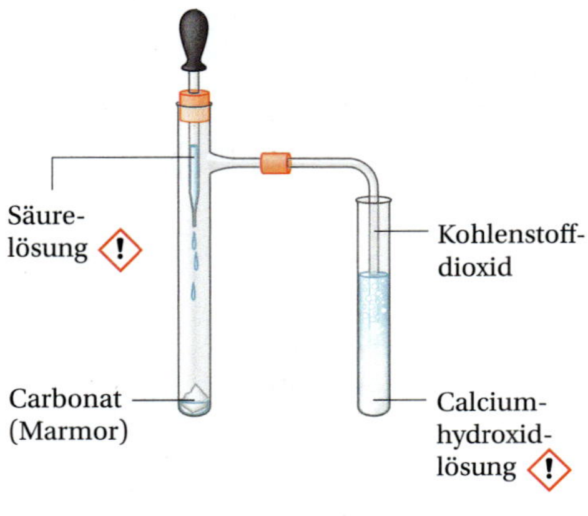

Beobachtung und Auswertung:
Beschreibe deine Beobachtungen. Stelle eine Wortgleichung für die Zersetzung von Calciumcarbonat auf. Konntest du Kohlenstoffdioxid nachweisen? Begründe.

Hartes Wasser enthält viele gelöste Salze. Verdunsten Wassertropfen auf den Armaturen, bleiben die Salze zurück.

Die Flecken auf den Armaturen bestehen hauptsächlich aus **Calciumcarbonat $CaCO_3$** – einem Salz der Kohlensäure. Calciumcarbonat ist wie alle Carbonate durch Säuren zersetzlich. Du kannst daher die Armaturen beispielsweise mit einer Zitronenhälfte abreiben und die Kalkflecken verschwinden.

$$CaCO_3 + 2\,H^+ \longrightarrow Ca^{2+} + CO_2\uparrow + H_2O$$

Gegenüber Hitze sind die meisten Salze der Kohlensäure ebenfalls **unbeständig.**

$$CaCO_3 \longrightarrow CaO + CO_2\uparrow$$

Die Zersetzung kann zum indirekten Nachweis von Carbonaten eingesetzt werden. Das freigesetzte Kohlenstoffdioxid bildet mit Kalkwasser einen weißen Niederschlag.

$$CO_2 + Ca^{2+} + 2\,OH^- \longrightarrow CaCO_3\downarrow + H_2O$$

Carbonate reagieren mit sauren Lösungen und werden durch Hitze zersetzt. Diese Reaktionen können für den indirekten Nachweis von Carbonaten genutzt werden.

Calciumcarbonat $CaCO_3$ (Kalk) kommt in der Natur sehr häufig vor. Es handelt sich um einen wichtigen Baustoff in Natur und Technik.
Natriumcarbonat Na_2CO_3 (Soda) – ein weiteres Carbonat – ist für der Herstellung von Werk- bzw. Baustoffen wichtig: Es wird als Flussmittel in der Glasherstellung eingesetzt. Dieser Zusatz verringert die Schmelztemperatur der Ausgangsstoffe.

Neben den Carbonaten gibt es eine weitere Gruppe von Salzen der Kohlensäure – die Hydrogencarbonate. Insbesondere **Calciumhydrogencarbonat $Ca(HCO_3)_2$** spielt bei der Entstehung von Tropfsteinhöhlen eine Rolle und ist für den pH-Wert des Bodens von Bedeutung. Auch die Hydrogencarbonate reagieren mit Säuren und sind durch Hitze zersetzlich.

Carbonate und Hydrogencarbonate sind Salze der Kohlensäure. Einige haben in Natur und Technik große Bedeutung.

S Erforsche es

Carbonatnachweis in verschiedenen Materialien

Aufgabe:
Teste, ob folgende Materialien Carbonate enthalten: Marmorstückchen, leeres Schneckenhaus, Wandtafelkreide, ein Stück Putz, Pottasche, Eierschale.

Vorbereitung:
Notiere benötigte *Geräte* und *Chemikalien.*
Fordere sie bei der Lehrkraft an.

Durchführung:
Versetze jede Stoffprobe mit einigen Tropfen verdünnter Säure und halte gleichzeitig einen Glasstab mit etwas Calciumhydroxidlösung über die Stoffprobe. Führe Protokoll.

Aufgaben

1 Natriumhydrogencarbonat und Natriumcarbonat sind gut in Wasser löslich. Stelle die Prozesse mithilfe der chemischen Zeichensprache dar. Benenne die entstandenen Ionen. (Tipp: Du kannst zur Lösung der Aufgabe noch einmal auf der Seite 45 nachsehen.)
2 Backpulver dient als Triebmittel und lässt den Kuchen aufgehen. Untersuche dieses Phänomen. Wende dabei die experimentelle Methode an. ↗ S. 122
3 Deine Eltern klagen über ein schlechtes Pflanzenwachstum im Garten. Es könnte sich um Kalkmangel handeln. Plane ein Experiment, mit dem du die Vermutung überprüfen kannst.

Kalkgehalt im Boden	Reaktion der Salzsäure mit dem Boden	Beurteilung des Bodens
unter 1 %	kein Aufbrausen	kalkfrei bis kalkarm
1 bis 2 %	schwaches Aufbrausen	schwacher Kalkgehalt
3 bis 4 %	starkes, kurzes Aufbrausen	mäßiger Kalkgehalt
5 % und mehr	starkes, anhaltendes Brausen	starker Kalkgehalt

Wusstest du schon …

Ein Baustoff aus der Natur

In reiner Form kommt Calciumcarbonat in der Natur als **Calcit (Kalkspat)** oder **Aragonit** vor. Beide sind kristallin, unterscheiden sich aber durch die Form der Kristalle.

Kalkstein besteht zum großen Teil aus Calciumcarbonat. Weitere Bestandteile sind u. a. Ton, Sand und Eisenoxide.

Eine besondere Form des Kalksteins ist **Kreide.** Kreide hat sich in der Kreidezeit aus den Schalen kleiner Meerestiere gebildet. Sie schließt daher oft zahlreiche Reste von Lebewesen ein. Die Kreidefelsen auf Rügen bestehen aus diesem Baustoff der Natur.

Marmor enthält ebenfalls einen hohen Anteil an Calciumcarbonat. Er ist u. a. aus Kalkstein entstanden, der unter sehr hohem Druck stand. Marmor kann weiß oder gefärbt sein, wobei die Färbung einheitlich oder streifig ist.

Tropfsteinhöhlen und Kalklagerstätten
Betrittst du die Drachenhöhle in Syrau, befindest du dich in einem faszinierenden Reich. Bizarre Gebilde hängen von der Decke herab (Stalaktiten) oder scheinen aus dem Boden emporzuwachsen (Stalagmiten). Treffen Stalagmiten und Stalaktiten aufeinander, bilden sie Stalagnate. Es dauert viele Jahrhunderte, bis sich solche durchgehenden Säulen bilden.

Die Tropfsteine bestehen zum großen Teil aus Calciumcarbonat. Sie bilden sich, wenn Regen- bzw. Grundwasser mit Kohlenstoffdioxid reagiert und das kohlensaure Wasser auf kalkhaltige Schichten trifft.

Reaktion von Kohlenstoffdioxid mit Wasser:
$CO_2 + H_2O \longrightarrow H_2CO_3$

Lösen von Kalk:
$H_2CO_3 + CaCO_3 \longrightarrow Ca^{2+} + 2\,HCO_3^-$

Abscheiden von Kalk:
$Ca^{2+} + 2\,HCO_3^- \longrightarrow CaCO_3 + CO_2 + H_2O$

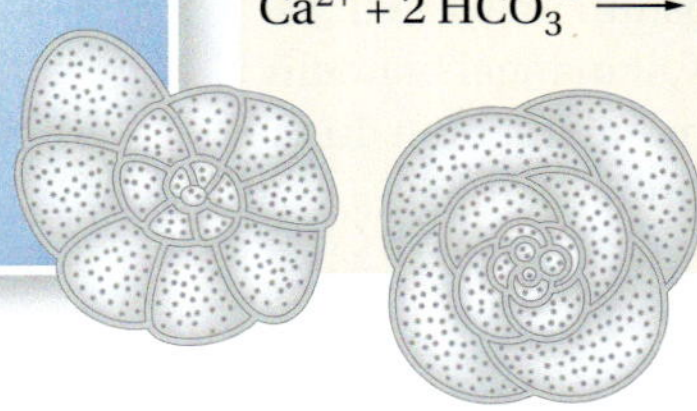

Kalkstein und ähnliche Mineralien nutzt der Mensch schon sehr lange als Baustoffe. In Sachsen findet man abbauwürdige Vorkommen an Dolomit, den sogenannten Ostrauer Dolomit. Dabei handelt es sich um ein Mineral, welches aus Calciumcarbonat und Magnesiumcarbonat besteht. Das Gestein ist feinkörnig und weist einen Härtegrad von ca. 3,5 bis 4,0 auf. Das Mineral wird im Dolomittagebau der Ostrauer Kalkwerke GmbH abgebaut.

Die Förderung hat eine lange Tradition. Das Gestein zählt zu den wichtigsten Rohstoffen Sachsens und wird seit rund 800 Jahren gewonnen.

Schneckengehäuse und Muschelschalen

Sie bestehen hauptsächlich aus Kalk. Die Kalkgehäuse schützen die Schnecken. Ebenso bilden die Schalen der Muscheln einen Schutz vor Fressfeinden.

Die Formenvielfalt der Schnecken und Muscheln ist gewaltig. Manche sind sehr filigran oder bizarr gestaltet. Einige Muscheln können sehr groß werden.

Korallen

Korallenriffe sind ganz besonders vielfältige und sensible Ökosysteme. Sie wurden von bestimmten Korallen errichtet. Das sind Organismen aus der Gruppe der Hohltiere.

Diese Korallen leben in klarem, warmem und flachem Wasser. Daher können solche Riffe auch nicht in kalten Meeren entstehen, sondern kommen nur in tropischen Gewässern vor.

Die riffbildenden Korallen scheiden ein Außenskelett aus Kalk ab. Die zum Aufbau dieser Kalkskelette nötigen Ionen entnehmen die Korallen dem Meerwasser. Sterben die Tiere ab, bleiben die Kalkskelette erhalten.

Viele Generationen von Korallen bilden mit der Zeit große Riffe. Diese stellen einen Lebensraum für unterschiedliche Organismen dar.

Von Werkstoffen und Baustoffen

Ein technischer Kreislauf

Was ist eigentlich Mörtel? Teste ausgehärteten Mörtel mit verdünnter Säure und äußere eine Vermutung.

Achtung! Halte die Sicherheitsregeln ein.

Wenn du vermutet hast, dass Mörtel zumindest zum Teil aus Calciumcarbonat besteht, hast du recht.
Der Ausgangsstoff für diesen Binder ist ebenfalls Calciumcarbonat – in Form von Kalkstein. Bevor aus dem Ausgangsstoff am Ende chemisch wieder dasselbe wird, passiert jedoch viel.

Herstellung von Branntkalk: Beim Kalkbrennen nutzt man aus, dass Calciumcarbonat thermisch zersetzt werden kann. Der zerkleinerte Kalkstein wird bei einer Temperatur von 1 000 °C gebrannt. Dabei bilden sich Branntkalk (CaO) und Kohlenstoffdioxid.

$$CaCO_3 \longrightarrow CaO + CO_2\uparrow \quad Q = +178{,}4\ kJ/mol$$

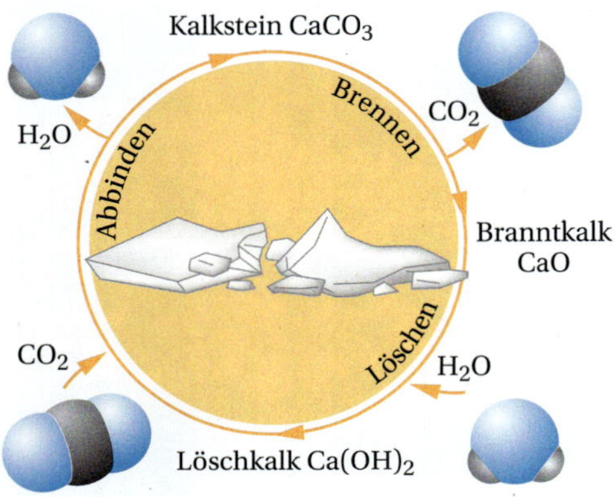

Beschreibe den technischen Kalkkreislauf. Notiere die Wortgleichungen für die einzelnen Teilprozesse.

Herstellung von Löschkalk: Branntkalk muss „gelöscht" werden. Dabei reagiert er mit Wasser zu Löschkalk – $Ca(OH)_2$.
Der Löschkalk wird getrocknet und gemahlen. Entweder kommt er in dieser Form in den Handel oder er wird schon mit Sand gemischt und als Fertigmörtel angeboten.

$$CaO + H_2O \longrightarrow Ca(OH)_2 \quad Q = -62{,}8\ kJ/mol$$

Herstellung des Mörtels und Abbinden: Aus Löschkalk, Sand und Wasser wird Kalkmörtel gemischt.
Er muss abbinden, damit das Gemisch fest und haltbar wird. Hauptsächlich reagiert der im Mörtel enthaltene Löschkalk mit dem Kohlenstoffdioxid der Luft zu Calciumcarbonat.
Kalkmörtel wird auch als Luftmörtel bezeichnet, da er zum Abbinden das Kohlenstoffdioxid der Luft benötigt.

$$Ca(OH)_2 + CO_2 \longrightarrow CaCO_3 + H_2O; \quad Q = -113\ kJ/mol$$

Den Prozess vom Kalkstein bis zum abgebundenen Mörtel bezeichnet man als technischen Kalkkreislauf. Ausgangsstoff und Endprodukt bestehen aus dem gleichen Stoff.

Erforsche es

S Kalk- und Zementmörtel

Aufgaben:
1. Stelle Kalk- und Zementmörtel her.
2. Vergleiche die beiden Binder miteinander.

Vorüberlegung:
- Du musst beim Experiment Teil 1 unbedingt eine Schutzbrille tragen. Begründe.
- Erkunde und erkläre, weshalb Kalkmörtel als Luftmörtel und Zementmörtel als Wassermörtel bezeichnet wird.

Geräte und Chemikalien:
Becherglas, Messzylinder, Rührstab, 6 leere Streichholzschachteln, Wasser, Branntkalk gepulvert (Calciumoxid), Zement, Sand

Durchführung:

1. Teil
- Gib unter ständigem Rühren in das Becherglas mit Branntkalk das Wasser bis ein glatter „Kalkteig" entsteht.
- Vermische den „Kalkteig" mit der ca. dreifachen Menge Sand.
- Fülle drei Streichholzschachteln mit Kalkmörtel.
- Mische dann ca. 30 g Zement mit der dreifachen Menge Sand und verrühre mit ca. 20 ml Wasser.
- Fülle drei weitere Streichholzschachteln mit Zementmörtel.

2. Teil
- Trockne jeweils eine der Streichholzschachteln, die mit Kalk- und mit Zementmörtel gefüllt wurden, an der Luft.
- Gib jeweils die zweite Schachtel in ein abgeschlossenes Gefäß.
- Stelle jeweils die dritte Streichholzschachtel der beiden Mörtelarten in ein Gefäß mit Wasser.

Beobachtungen:
Beschreibe, was du jeweils beobachtet hast.

Auswertung:
Ergänze folgende Tabelle:

Mörtelart	Zusammensetzung	Verhalten beim Aushärten

Aufgaben

1 Gib an, welche Eigenschaft des Calciumcarbonats beim Kalkbrennen ausgenutzt wird. Belege deine Aussage mit einer Wort- und Reaktionsgleichung.

2 Erkläre, warum der saure Regen die Verwitterung von Bauwerken und Skulpturen beschleunigt.

Das hast du gelernt

Von Werkstoffen und Baustoffen

Baustoffe sind Werkstoffe, die im Bauwesen zum Einsatz kommen, z. B.

Ein wichtiger Binder ist Kalkmörtel. Dieser Baustoff wird in einem chemisch-technischem Verfahren hergestellt.

Technischer Kreislauf

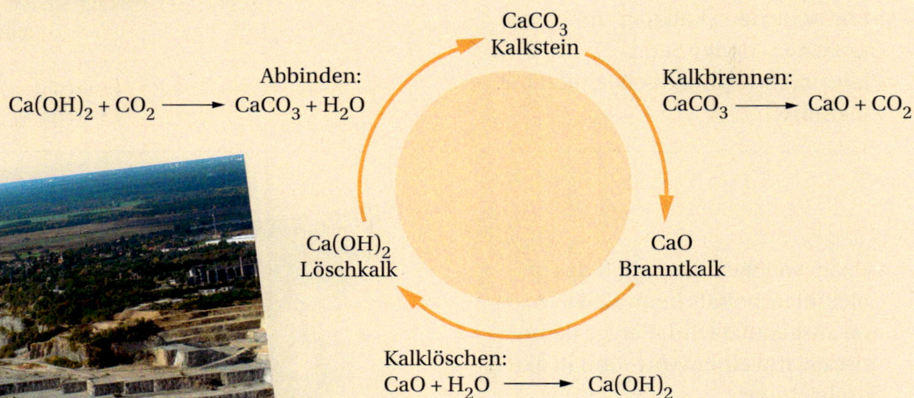

Löse mit Köpfchen

1. Ungeeignete Keramik?

Warum müssen Blumenvasen aus Keramik glasiert werden, wenn in sie Schnittblumen eingestellt werden sollen, solche für Trockensträuße jedoch nicht? Recherchiere zur Beantwortung der Frage Eigenschaften von Keramik.

2. Moderne Baustoffe

Glas und Aluminium sind Stoffe, die bei modernen Bauwerken zum Einsatz kommen. Erläutere, warum sie geeignet sind.

3. „Weiches" und „hartes" Wasser

a) „Benutzt man Regenwasser zum Waschen der Wäsche, benötigt man weniger Waschmittel." Entspricht diese Aussage der Wahrheit? Begründe deine Antwort. ↗ S. 20

b) Informiere dich beim zuständigen Wasserwerk deines Heimatortes über die Härte des örtlichen Trinkwassers. Leite Schlussfolgerungen für die Dosierung von Waschmitteln ab.

c) Ermittle mithilfe von Teststäbchen die Wasserhärte von Leitungswasser. Erhitze das Wasser bis zum Sieden. Bestimme nach dem Abkühlen erneut die Wasserhärte. Erkläre deine Beobachtungen. S

4. Faszinierende Tropfsteinhöhlen

In Sachsen gibt es Tropfsteinhöhlen.

a) Recherchiere mithilfe von Karten und mithilfe des Internets, wo diese märchenhaften Welten zu finden sind.

b) Erarbeite dir Kenntnisse über die Entstehung von Tropfsteinhöhlen. Wähle eine geeignete Präsentationsmethode und stelle deine Rechercheergebnisse den Mitschülerinnen und Mitschülern vor.

5. Zweimal Kreide

Die Kreidefelsen auf Rügen bestehen aus einem besonderen Kalkstein. In der Schule verwendet man Kreide, um an der Tafel zu schreiben. Untersuche, ob es sich bei der Tafelkreide wirklich um Calciumcarbonat handelt.

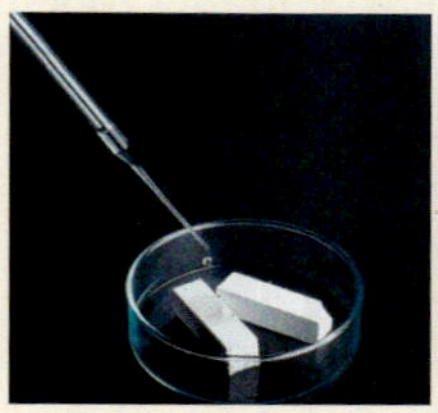

Beschreibe deiner Lerngruppe, wie du vorgehst, und werte deine Ergebnisse aus. S

6. Angewandte Chemie

Brausetabletten enthalten neben anderen Bestandteilen Natriumhydrogencarbonat und Citronensäure. Erkläre, warum es bei Zugabe von Wasser zur Gasentwicklung kommt.

Kunststoffe – Moleküle ohne Ende

Vom Monomer zum Polymer

Kunststoffe sind wichtige Werkstoffe. Für ihre Herstellung werden oft Rohstoffe verwendet, die aus Erdöl und Erdgas gewonnen werden, wie beispielsweise Ethen.

Ethen ist ein idealer Ausgangsstoff für die **Polymerisation,** weil die Moleküle eine **Doppelbindung** enthalten. Die Doppelbindung der **Monomere** (der Ethenmoleküle) wird mithilfe eines Katalysators aufgespalten. Ähnlich wie in der oben stehenden Zeichnung angedeutet, können sich Tausende Ethenmoleküle zu endlos langen Ketten addieren. Als Reaktionsprodukt entsteht das **Polymer** Polyethen (Polyethylen).

Bei der Reaktion entstehen keine Nebenprodukte.

Ein Makromolekül kann bis zu eine Million monomere Grundbausteine enthalten. Da die Zahl schwankt, kann für Polymere keine exakte molare Masse angegeben werden.

> Die Polymerisation ist eine Reaktion, bei der viele gleichartige Moleküle (Monomere) unter Aufspaltung ihrer reaktiven Doppelbindungen zu Makromolekülen (Polymeren) reagieren.

$$CH_2 = CH_2 + CH_2 = CH_2 + \ldots + CH_2 = CH_2 \xrightarrow{\text{Katalysator}} \ldots - CH_2 - CH_2 - CH_2 - CH_2 - CH_2 - CH_2 - \ldots$$

$$n\,CH_2 = CH_2 \xrightarrow{\text{Katalysator}} \left[CH_2 - CH_2 \right]_n$$

Ethen (Ethylen) → Polyethen (Polyethylen)

Monomer → Polymer

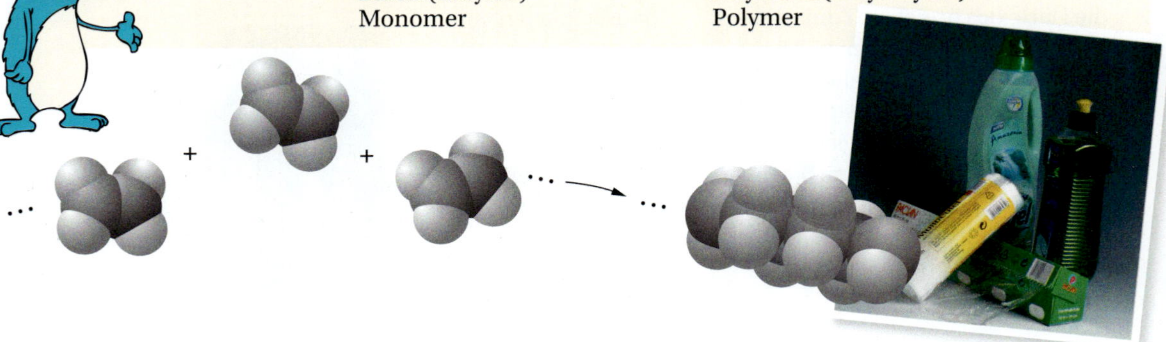

Monomer		Polymer	
Name	Formel	Name	Verwendung
Ethen	$CH_2 = CH_2$	Polyethen, PE	Wannen, Eimer, Folien, Mülltonnen, Rohre
Propen	$CH_2 = CH - CH_3$	Polypropylen, PP	Rohre, Dichtungen, Batteriekästen, Fahrzeugteile
Styrol	$CH_2 = CH-$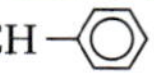	Polystyrol, PS	Dämmmaterial, Verpackungen, Haushaltsartikel
Monochlorethen, Vinylchlorid, VC	$CH_2 = CH - Cl$	Polyvinylchlorid, PVC	Rohre, Bodenbeläge, Schläuche, Schallplatten, Kunstleder
Buta-1,3-dien	$CH_2 = CH - CH = CH_2$	Polybutadien, BUNA	Synthesekautschuk, Bereifung

Neben Polyethen werden auch Polyvinylchlorid (PVC), Polystyrol (PS), Polybutadien (Synthesekautschuk) und andere wichtige Kunststoffe durch Polymerisation hergestellt.
Ihre Eigenschaften hängen von der Art der Monomere und den Reaktionsbedingungen der Polymerisation ab. Sie werden zudem durch Zusatzstoffe wie Weichmacher, Farbstoffe oder Füllstoffe gezielt beeinflusst.

Aufgaben

1 Vergleiche die Strukturformeln der Monomere in der Tabelle. Leite daraus ab, durch welche Reaktionsart Polymere gebildet werden. ↗ S. 61

2 Erkläre, warum für polymere Verbindungen keine konkrete molare Masse angegeben werden kann.

3 Erläutere den Ablauf der Polymerisation mithilfe der Abbildungen auf Seite 152.

Polymere begegnen uns im Alltag auf Schritt und Tritt.

Wusstest du schon…

Kunststoffe – die Struktur bestimmt die Eigenschaften

Das Fitnessband auf dem Foto besteht aus einem Elastomer. Dabei handelt es sich häufig um Gummi (ein Produkt aus Naturkautschuk). Das Band ist ein effektives Trainingsgerät. Durch deine Muskelkraft kannst du es dehnen. Lässt du das Band wieder los, nimmt es sofort wieder seine ursprüngliche Form an.
Eine Folie aus Polyethen - das ist ein Thermoplast - lässt sich zwar auch etwas dehnen, sie nimmt jedoch nach Beendigung der Krafteinwirkung nicht wieder ihre ursprüngliche Form an.

Die unterschiedlichen Eigenschaften lassen sich durch den verschiedenartigen Bau erklären. Entscheidend ist die räumliche Vernetzung der Molekülketten.
In **Elastomeren,** wie Gummi, sind die Molekülketten nur sehr weitmaschig miteinander verbunden. Übst du eine Zugkraft auf die Makromoleküle aus, so werden die Molekülknäule gestreckt. Hebst du die Krafteinwirkung auf, nehmen die Molekülketten wieder ihre ursprüngliche Anordnung ein.

Thermoplaste (z.B. Polyethen) bestehen aus linearen und nur leicht verzweigten Molekülsträngen.
Zwischen ihnen wirken schwache Kräfte. So können sie im kalten Zustand etwas verformt werden.
Wird ein Thermoplast erwärmt, werden diese schwachen Bindungskräfte überwunden und der Kunststoff wird plastisch verformbar. Nach dem Erkalten behält er die neue Form bei.

Kunststoffe, die bei Erwärmung nicht erweichen, gehören zu den **Duroplasten.**
Ihre Makromoleküle sind in alle Richtungen des Raums durch chemische Bindungen eng verknüpft. Werden diese Stoffe erhitzt, so werden die Bindungen zerstört. Das hat auch die Zersetzung des Stoffs zur Folge.
Die chemische Struktur der Duroplaste bewirkt darüber hinaus ihre Härte und Sprödigkeit.

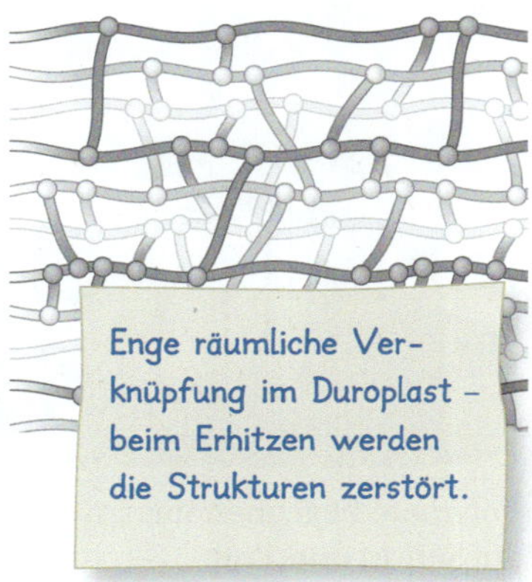

Erforsche es

S Folien im Vergleich

Aufgabe:
Vergleiche experimentell die elastischen Eigenschaften von Gummi und Polyethen.

Vorbereitung:
Materialien: Stück eines Fitnessbands, Folie aus Polyethen (Frischhaltefolie)

Durchführung:
Schneide jeweils etwa gleich große Stücke des Fitnessbands und der Haushaltsfolie zu.
Dehne die Bänder so wie auf den Fotos dargestellt. Übe möglichst die gleiche Zugkraft aus. Wiederhole den Versuch mehrmals.

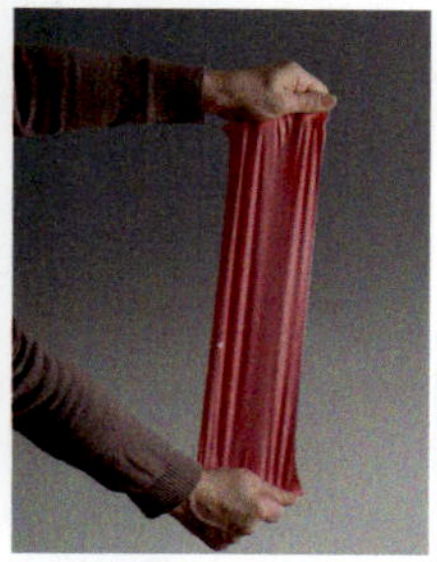

Beobachtung und Auswertung:
Notiere deine Beobachtungen.
Erkläre, deine Beobachtungsergebnisse. Vergleiche dazu die Struktur der Kunststoffe.

S Thermo- und Duroplaste

Aufgabe:
Prüfe die Hitzebeständigkeit verschiedener Duro- und Thermoplaste experimentell (Achtung: Abzug!). Notiere *Geräte* und *Chemikalien.*

Durchführung:

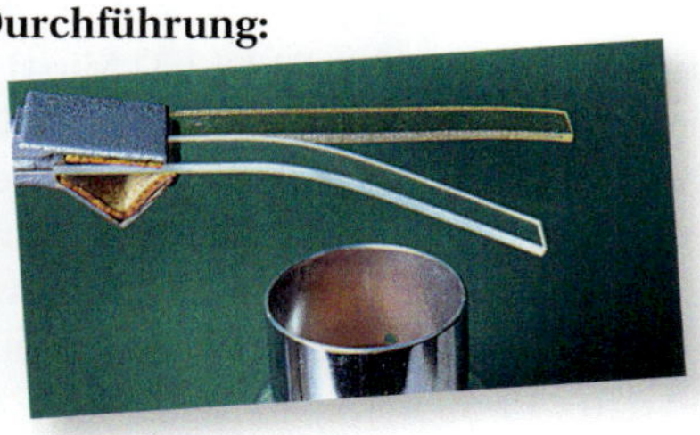

Beobachtung und Auswertung:
Trage deine Ergebnisse in eine Tabelle ein. Notiere jeweils das Beispiel und die beobachteten Veränderungen.

Stelle eine begründete Vermutung zu den Ursachen der unterschiedlichen Eigenschaften auf.

	Plaste	
	Thermoplast	Duroplast
Eigenschaften	– erweicht beim Erwärmen – ist plastisch verformbar	– zersetzt sich beim Erwärmen – ist nicht plastisch verformbar
Beispiele	– Polystyrol (PS) – Polypropen (Polypropylen = PP) – Polyvinylchlorid (PVC) – Polyethen (Polyethylen = PE)	– Phenoplaste – bestimmte Polyester – Aminoplaste

Kunststoffe – Moleküle ohne Ende

Recycling – aus Alt mach Neu

2010 fielen 36,8 Mio. t Abfall in deutschen Haushalten an. Davon waren ca. 4,6 Mio. t Kunststoffabfälle. Das sind ca. 12,5 %. Schätze ab, welche Menge eures Hausmülls Kunststoffabfälle sind.

Kunststoffe bilden einen großen Anteil unseres Mülls. Dabei erweisen sich einige vorteilhafte Eigenschaften der Kunststoffe (Haltbarkeit, Widerstandsfähigkeit gegen Umwelteinflüsse) als Nachteil.
Wenn sie nicht getrennt vom Hausmüll gesammelt werden, gelangen Kunststoffe auf Deponien, wo sie sehr schlecht abgebaut werden.

Kunststoffe sind jedoch auch als Abfall nicht wertlos. Sie enthalten Energie und können wieder als Rohstoffe dienen. Darum wird heute ein großer Teil der Kunststoffabfälle verwertet.
Bei der **energetischen Verwertung** werden die Kunststoffe verbrannt. Die Wärme wird z. B. als Heizenergie genutzt.

Heizwerte verschiedener Materialien
- Polystyrol 46 000 kJ/kg
- Polyethen 46 000 kJ/kg
- Polypropen 44 000 kJ/kg
- Heizöl 42 000 kJ/kg
- Erdgas 32 000 kJ/kg
- Polyvinylchlorid 18 900 kJ/kg

▪ Vergleiche die Heizwerte. Beurteile, ob die energetische Verwertung der Kunststoffe sinnvoll ist.

Das Verfahren ist aus ökologischer Sicht kritisch zu beurteilen.
Zwar haben viele Kunststoffe einen höheren Heizwert als fossile Brennstoffe, allerdings wurde bei ihrer Herstellung auch zusätzliche Energie aufgewendet.
Außerdem enthalten z. B. Werkstoffe aus Polyethen und Polypropen Zusatzstoffe. Dadurch können sich bei der Verbrennung giftige Nebenprodukte bilden. Bei der Verbrennung von Kunststoffen wie Polyvinylchlorid (PVC) entstehen ebenfalls giftige Stoffe, die aus den Abgasen entfernt werden müssen.

▪ Stelle Vorteile und Nachteile der energetischen Verwertung von Kunststoffabfällen zusammen.

Die **stoffliche Verwertung** schont Ressourcen. 2011 wurden 43 % (2,34 Mio t) der Kunststoffabfälle entsprechend recycelt.
Ein großer Teil der Abfälle wurde **werkstofflich** verwertet. Dabei bleibt die Struktur der Makromoleküle erhalten. Sie werden gereinigt, sortenrein eingeschmolzen und neu verarbeitet.
Mit der Zeit kann es dabei aber zum Qualitätsverlust kommen.
Die **rohstoffliche** Verwertung dient vor allem der Verwertung von verschmutzten und vermischten Kunststoffen.

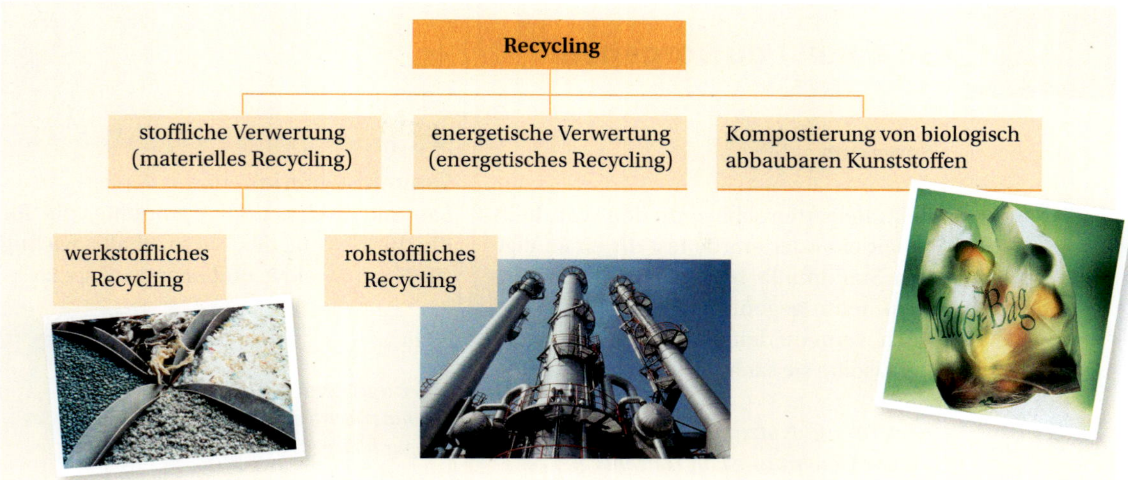

Beim rohstofflichen Recycling werden die Makromoleküle in ihre Monomere oder andere niedermolekulare Verbindungen zerlegt.

Zunehmend werden Kunststoffe entwickelt, die biologisch abbaubar sind. Die **Kompostierung** solcher Kunststoffe erscheint bereits seit Längerem als eine alternative Möglichkeit zur Entsorgung von Kunststoffabfällen.

Kunststoffabfälle sind Wertstoffe. Sie können durch unterschiedliche Verfahren verwertet werden.

Aus Altkunststoffen wird ein Synthesegas erzeugt. Es kann im Hochofen als Reduktionsmittel für Eisenoxide dienen und liefert außerdem die nötige Energie.

Aufgaben

1. Interpretiere die Grafik oben. Erläutere dazu jeweils, was die Begriffe bedeuten.
2. Kunststoffe bilden einen großen Anteil des Haushaltmülls. Die Aufbereitung bzw. Nutzung ist aufwendig. Günstiger wäre es, wenn die Abfälle gar nicht erst entstehen. Diskutiert in der Gruppe, wie ihr dazu beitragen könnt, die Menge der Kunststoffabfälle zu reduzieren.
3. Lies den Text noch einmal aufmerksam durch. Wie kannst du dazu beitragen, dass Kunststoffabfälle einer Verwertung zugeführt werden können?
4. Solche Klappboxen werden im Ergebnis werkstofflicher Verwertung hergestellt. Ermittle mithilfe des Internets weitere Beispiele.

So kannst du vorgehen

Bewerten

Beim Bewerten schätzt du den Wahrheitsgehalt ein oder erarbeitest dir einen eigenen Standpunkt bzw. stellst gegenteilige Argumente gegenüber und wägst sie ab. Auch wenn du deine eigene Meinung darlegst, sollte sie sachlich begründet sein.

Bewerte die Nutzung von Kunststoffabfällen zur Gewinnung von Heizenergie.

► Schritt 1

Präzisiere die Anforderung.

Überlege dir, welcher Sachverhalt bewertet werden soll und welche fachlichen Inhalte davon berührt werden.

- *Argumente für und gegen die energetische Verwertung*

► Schritt 2

Stelle Fachwissen bereit.

- *Heizwert von 1 kg Steinkohle beträgt ca. 32 000 kJ, von 1 kg PE 46 000 kJ und von 1 kg Heizöl 42 000 kJ.*
- *Erdöl als Ausgangsstoff für die Herstellung der Monomere; Herstellung von Kunststoffen aus Monomeren u. a. durch Polymerisation oder Polykondensation unter Beimischung von Zusätzen*
- *Moderne Müllverbrennungsanlagen sind mit leistungsfähigen Abgasfilteranlagen ausgestattet.*

► Schritt 3

Sammle Material.

Sammle Fakten und Argumente, die für die Bewertung des Sachverhalts wichtig sind (z. B. positive und negative Aspekte).

Pro	Kontra
Heizwert kann genutzt werden – ist sogar höher als der von Heizöl.	*Während des Fertigungsprozesses wurde erst Energie aufgewendet – Verschwendung.*
Herkömmliche Kunststoffe sind nicht biologisch abbaubar.	*Der Rohstoff Erdöl ist nur begrenzt vorhanden.*
Entlastung der Deponien	*Bei der Verbrennung entstehen schädliche Nebenprodukte.*
Nicht alle Kunststoffe können kostengünstig recycelt werden.	*Würde in Forschung investiert, könnten Lösungen gefunden werden.*
Moderne Anlagen geben kaum Schadstoffe an die Luft ab.	*Die Reinigung der Abluft kostet Material und Energie.*

► Schritt 4

Finde geeignete Bewertungskriterien.

- Ökologische und ökonomische Gesichtspunkte

► Schritt 5

Leite dein Werturteil ab.

Müllverbrennungsanlagen sind noch ökonomisch, unter ökologischen Aspekten ist langfristig eine stoffliche Verwertung der begrenzten Ressourcen notwendig.

Wusstest du schon …

Abbaubare Kunststoffe

Die Verwertung bzw. Entsorgung von Kunststoffabfällen ist nicht unproblematisch. Daher werden kompostierbare Kunststoffe als eine interessante Alternative entwickelt. Zudem gelten solche Kunststoffe als besonders umweltfreundlich.

Biologisch abbaubare Werkstoffe (Biokunststoffe) können vollständig durch Mikroorganismen, wie Pilze oder Bakterien, zu Wasser und Kohlenstoffdioxid abgebaut werden. Sie werden oft auf der Basis nachwachsender Rohstoffe (Stärke, Milchsäure usw.) produziert.

Biokunststoffe sind im Allgemeinen nicht so hitzebeständig und auch nicht so langlebig wie herkömmliche Kunststoffe. Allerdings müssen Verpackungsmaterialien, Einweggeschirr und Mulchfolien für den Garten auch nicht besonders langlebig sein. Abbaubare Kunststoffe sind demnach für diese Anwendungen gut geeignet.

Zurzeit weisen Biokunststoffe jedoch höhere Entwicklungs- und Produktionskosten auf als herkömmliche Kunststoffe. Das liegt u. a. daran, dass noch keine Massenproduktion stattfindet. So wurden in Deutschland 2006 nur 20 000 t biologisch abbaubare Kunststoffe produziert.

Ob Gegenstände aus diesen Kunststoffen wirklich eine bessere Umweltbilanz aufweisen als Gegenstände aus herkömmlichen Kunststoffen, muss noch untersucht werden. Wahrscheinlich haben die Produkte dann eine bessere CO_2-Bilanz und schonen die Umwelt, wenn
- die Rohstoffe aus nachhaltiger, an ökologischen Kriterien orientierter, landwirtschaftlicher Produktion stammen bzw.
- Reststoffe aus der landwirtschaftlichen und Nahrungsmittelproduktion eingesetzt werden.

Kunststoff	Packmittel	Anwendungen
auf Stärkebasis	Folien, Beutel, Netze, Flaschen, Partyteller und -besteck, Becher	Obst, Gemüse, Süßwaren, Getränke
Polymilchsäure (PLA, Polylactid)	Folien, Beutel, Becher, Flaschen	Obst, Blumen, Milchprodukte, Speiseöl, Getränke, Milch

Das hast du gelernt

Kunststoffe – Moleküle ohne Ende

Kunststoffe sind synthetische **makromolekulare Stoffe.** Ihre Zusammensetzung und ihre Eigenschaften können durch die Wahl der Monomere und der Synthesebedingungen gezielt beeinflusst werden.

	Thermoplaste	Duroplaste	Elastomere
Bau	Die Makromoleküle sind linear angeordnet oder gering verzweigt. 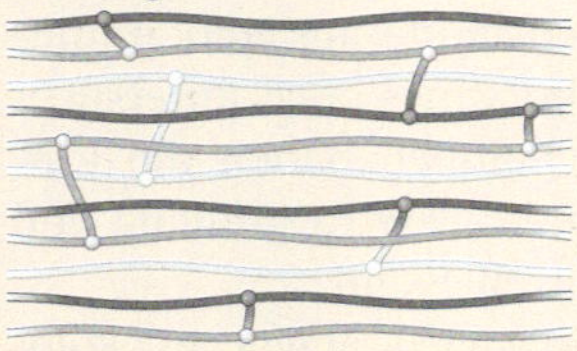	Die Makromoleküle sind engmaschig vernetzt. 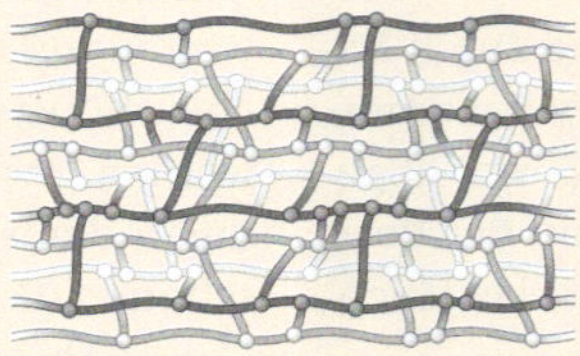	Die Makromoleküle sind weitmaschig vernetzt. 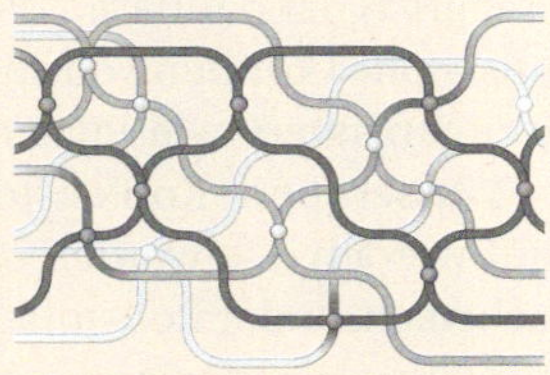
Eigenschaften	– erweichen bei Erwärmung – plastische Verformung möglich	– zersetzen sich bei Erwärmung – plastische Verformung nicht möglich	– elastische Verformung bei Krafteinwirkung – plastische Verformung nicht möglich
Beispiele	Polyvinylchlorid (PVC), Polyethen (PE) 	Phenoplaste, einige Polyester 	Natur-, Synthesekautschuk 

Kunststoffabfälle verschmutzen die Umwelt. Sie können als wertvolle Rohstoffe auf verschiedene Weise wiederverwertet werden.

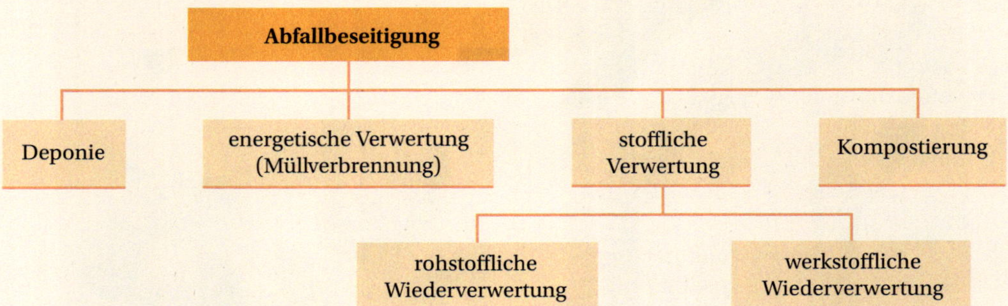

Löse mit Köpfchen

1. Struktur und Eigenschaft

a) Erläutere, warum Elastomere nach Beenden einer Krafteinwirkung ihren ursprünglichen Zustand wieder einnehmen, also elastisch verformbar sind.

b) Thermoplaste sind mehrfach plastisch verformbar, Duroplaste dagegen nicht. Erläutere, wie diese unterschiedlichen Eigenschaften zustande kommen.

2. Ein erstaunliches Experiment

Ein Joghurtbecher aus Polystyrol wird im Herd erhitzt. Dazu wird er mit der Öffnung nach unten auf eine Aluminiumfolie gestellt und gleichmäßig mit Ober- und Unterhitze auf 160 °C erwärmt. Welche Ursache für das Beobachtungsergebnis vermutest du?

3. Polymerisation

Nach dem Prinzip der Polymerisation wird eine Vielzahl von Kunststoffen hergestellt, die du aus dem Alltag kennst.

a) Nenne mindestens drei Beispiele solcher Polymere.

b) Gib die Voraussetzungen an, die geeignete Monomere für die Polymerisation aufweisen müssen.

c) Erläutere den Ablauf einer Polymerisation an einem selbst gewählten Beispiel.

4. Polyethen im Test

Untersucht experimentell die elementare Zusammensetzung von Polyethen.

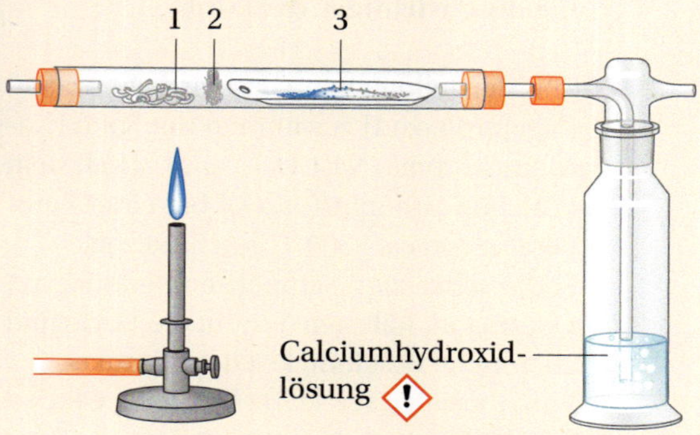

Hinweis: Vorsichtig erwärmen!

1 Polyethen
2 Glaswolle
3 entwässertes Kupfer(II)-sulfat

Erläutert die Versuchsanordnung. Leitet aus euren Beobachtungsergebnissen eine Schlussfolgerung ab. S

5. Energie aus Müll

Stellt euch vor, in einer Wohngegend soll eine Müllverbrennungsanlage errichtet werden. Erarbeitet unterschiedliche Positionen der Betroffenen und führt eine Pro- und-Kontra-Debatte durch. ↗ S. 84

6. Chemiker von morgen

Stellt euch vor, ihr hättet die Aufgabe, einen neuen Kunststoff zu entwickeln, der als Verpackung dienen könnte. Welche Eigenschaften würdet ihr anstreben? Erarbeitet im Team einen Anforderungskatalog.

7. Nur ein Wortspiel?

Die Produktion von Kunststoffen schafft Werkstoffe nach Maß, aber auch eine Masse Probleme. Bewerte diese Aussage. ↗ S. 158

Erforsche es

Wahlthema: Glas und keramische Werkstoffe

Ein durchsichtiger Werkstoff

Zur Herstellung von Glas wird Quarzsand (Siliciumdioxid) zusammen mit Soda (Natriumcarbonat/Na_2CO_3) und Kalkstein (Calciumcarbonat/$CaCO_3$) bei einer Temperatur von ca. 1 500 °C geschmolzen.
Soda senkt die Schmelztemperatur von Quarzsand. Kalkstein erhöht die Härte und chemische Beständigkeit des Produkts.
Für Spezialgläser (z. B. Bleiglas) werden weitere Zusatzstoffe hinzugefügt.
Die Zugabe verschiedener Metalloxide bzw. fein verteilter Metalle bewirkt die gewünschte Farbe von Glas.

Beim Abkühlen wird die Schmelze zähflüssig und kann gepresst, geblasen, gesponnen oder gewalzt werden.
Glas bleibt durchsichtig, weil beim Abkühlen keine Kristalle ausgebildet werden.

Eine Geschichte über die Schildbürger zeigt die Bedeutung von Glas.

1. Erzähle die Geschichte.
2. Sieh dich bei dir im Haushalt um. Notiere, wo Glas Verwendung findet.
3. Informiere dich über unterschiedliche Glassorten. Notiere jeweils die besonderen Eigenschaften und Einsatzmöglichkeiten.

L Farbige Glasperlen

Aufgabe:
Führe bei der Herstellung farbiger Glasperlen Protokoll.

Vorbereitung:
Notiere Geräte und Chemikalien und Gefahrstoffhinweise.

Durchführung:
Ein Magnesiastäbchen wird ausgeglüht und in das Phosphorsalz getaucht. Dann wird es bis zur Schmelze erhitzt, die Perle in eine farbgebende Metallverbindung gestippt und erneut erhitzt.

Beobachtung und Auswertung:
Notiere deine Beobachtungen. Erstelle eine Tabelle dazu, welche Glasfärbung von welchem Farbgeber erzeugt wird.

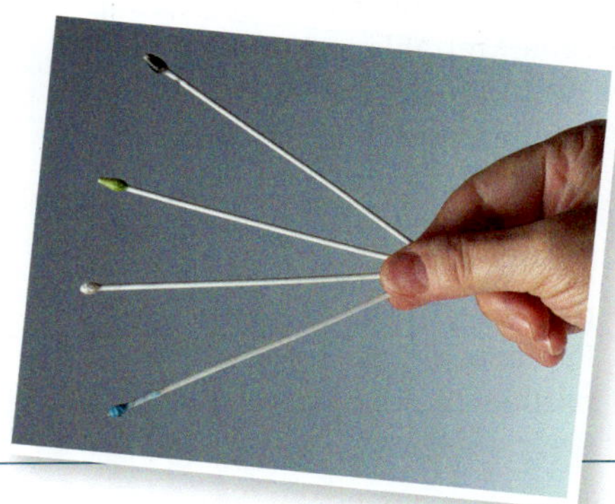

Verwendung von Glas

Glasfasern als Lichtleiter

Optisches Glas als Sehhilfe

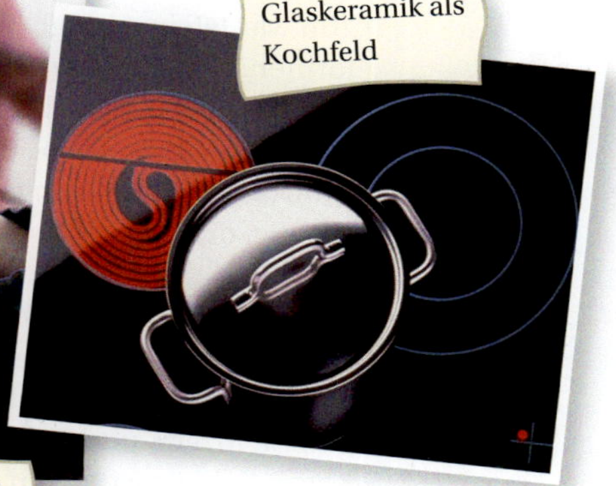

Glaskeramik als Kochfeld

- Dokumentiere mit Fotos weitere interessante Anwendungen von Glas.

S Glas – ein Produkt aus Siliciumdioxid

Aufgabe:
Untersuche die Eigenschaften von Glas. Lerne einfache Schritte zur Glasbearbeitung kennen.

Vorbereitung:
Geräte: Glasrohre, Bunsenbrenner, Schutzbrille

Durchführung:
1. Stelle im Bunsenbrenner die heiße Flamme ein.
2. Nimm ein Glasrohr an beiden Enden in die Hand und halte es unter ständigem Drehen in die heiße Flamme. Wenn das Glas erweicht ist, ziehe außerhalb des Brenners das Glasrohr an den Enden auseinander.
3. Verschließe ein Ende eines Glasrohrs mit einem Gummistopfen. Halte es wieder in die heiße Flamme des Bunsenbrenners, bis das Glas erweicht. Biege anschließend außerhalb des Brenners einen rechten Winkel. Blase dabei in das unverschlossene Ende des Glasrohrs.

Beobachtung und Auswertung:
1. Notiere deine Beobachtungen.
2. Leite Eigenschaften von Glas aus diesen Beobachtungen ab.
3. Ermittle verschiedene Glassorten und notiere jeweils ihre Einsatzmöglichkeiten. Recherchiere dazu im Internet.

Erforsche es

Keramische Werkstoffe

Keramik ist der älteste künstliche Werkstoff der Menschheit. Der Ausgangsstoff Ton war leicht verfügbar und ließ sich gut formen. Durch Brennen erreichte man eine größere Haltbarkeit. So konnten Gefäße gefertigt werden, die für die Aufbewahrung von Nahrungsmitteln und zum Kochen dienten.

Auch heute spielen Keramiken in unseren Haushalten eine große Rolle. Wir unterscheiden Töpferware (Irdenware), Steingut, Steinzeug und Porzellan. Die Art der Keramik hängt u. a. von der Brenntemperatur ab.
Je höher die Temperatur ist, desto fester wird die Keramik. Wird der Prozess bei geringeren Temperaturen durchgeführt, verbleiben Poren im Material, durch die beispielsweise Wasser und Gase dringen können. Mit zunehmender Temperatur verkleinern sich die Poren. Die unterschiedlichen Eigenschaften der Keramiken bestimmen ihren Einsatz.

Frühbronzezeitliche Tongefäße aus Thüringen

Für die Qualität der Keramik ist auch der Ausgangsstoff entscheidend. So handelt es sich bei Kaolin um eine besonders reine Tonerde, die zur Herstellung von Porzellan genutzt wird.

Porzellan wurde wahrscheinlich im 7. Jahrhundert v. Chr. in China erfunden. Geschirr aus chinesischem Porzellan war in Europa sehr begehrt. Lange Zeit gelang es nicht, das Geheimnis seiner Herstellung zu lüften.

Ziegel, Töpferware

Steingut

Steinzeug

Porzellan

Brenntemperatur

900 – 1 000 °C | 1 050 – 1 000 °C | 1 180 – 1 280 °C | 1 340 – 1 450 °C

1. Stelle in einer Tabelle die Arten der Keramik, Brenntemperaturen, Eigenschaften und Verwendungen zusammen.

2. Finde heraus, welche Funktion die Glasur auf keramischen Werkstoffen hat.

3. Besucht eine Töpferwerkstatt und informiert euch über die Arbeit des Töpfers. Bereitet für den Besuch einen Fragenkatalog vor.

4. Die Geschichte Sachsens ist mit der Geschichte der Porzellanherstellung in Europa verbunden. Erarbeite eine Präsentation zur Geschichte des Porzellans in Sachsen.

S Werkstoff Ton

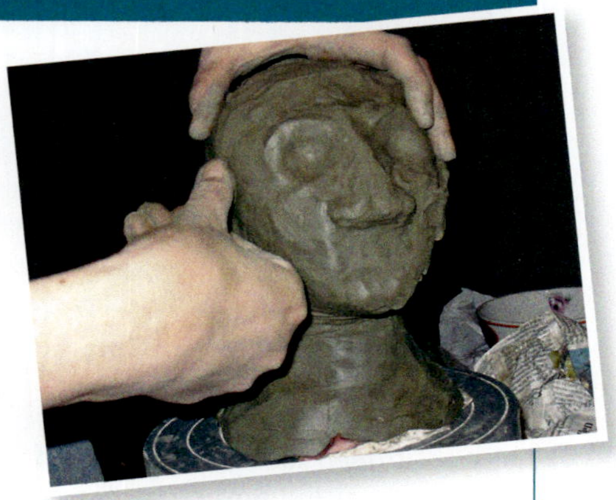

Aufgabe:
Untersuche die Veränderungen von Ton beim Brennen. Nutze Töpferton aus dem Handel als Ausgangsmaterial.

Durchführung:
1. Forme eine kleine Plastik aus Töpferton. Lasse sie trocknen. Danach wird die Figur im Brennofen bei ca. 900 °C gebrannt.
2. Forme ein Tonplättchen mit einer Länge von 10 cm und einer Breite von 5 cm. Das Plättchen wird mit den Figuren gemeinsam gebrannt.

Beobachtung und Auswertung:
1. Beschreibe deine Figur nach dem Formen, dem Trocknen und dem Brennen.
2. Miss die Länge des gebrannten Plättchens. Vergleiche die Werte vor und nach dem Brennen.
3. Recherchiere, wie du erreichen könntest, dass deine Keramik wasserdicht wird.

Teste dich selbst

Wähle aus.

1 Entscheide, welche Aussagen nicht stimmen.
- A Weiches Wasser enthält viel Kalkstein.
- B Durch hartes Wasser vergraut weiße Wäsche schneller.
- C Korallenriffs werden durch sauren Regen zersetzt.
- D Der Panzer von Krebsen ist im kalkfreien Wasser besonders fest.
- E Muscheln können sich besonders in destilliertem Wasser entwickeln.

2 Was wird passieren?

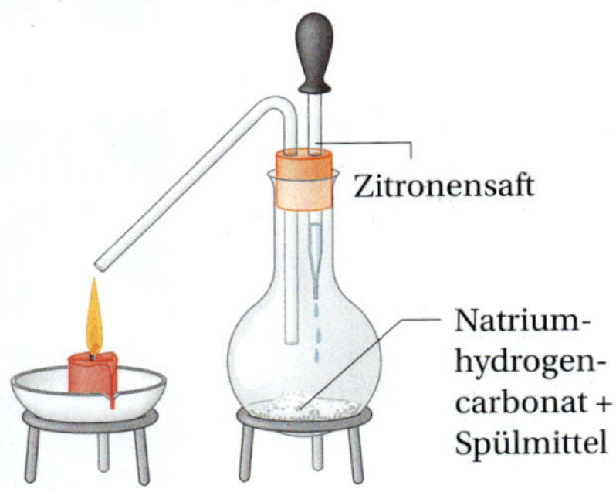

- A Gar nichts. Die Stoffe reagieren nicht miteinander.
- B Kaum etwas. Natriumhydrogencarbonat reagiert zwar mit Zitronensaft. Dabei bildet sich Kohlenstoffdioxid. Das löst sich aber sofort in der Flüssigkeit, sodass das Spülmittel nicht aufgeschäumt wird.
- C Natriumhydrogencarbonat reagiert mit Zitronensaft. Dabei bildet sich Kohlenstoffdioxid. Das Spülmittel wird aufgeschäumt. Der Schaum löscht die Flamme.

3 Duroplaste sind Kunststoffe, die
- A aus räumlich engmaschig vernetzten Makromolekülen bestehen.
- B hart und chemisch relativ beständig sind. Bei starkem Erwärmen zersetzen sie sich.
- C aus räumlich lose vernetzten Makromolekülen bestehen.

4 Ein gewisser Anteil der Kunststoffabfälle wird heute noch energetisch verwertet, weil
- A die energetische Verwertung das umweltfreundlichste Verfahren ist.
- B die energetische Verwertung für viele Abfälle das wirtschaftlichste Verfahren ist.
- C die werkstoffliche Verwertung bei Duroplasten gar nicht möglich ist.

5 Kunststoffmüll darf nicht achtlos weggeworfen werden, sondern muss so weit möglich unbedingt wiederverwertet werden, weil
- A weltweit so viel Plastikmüll anfällt, dass dieser nicht auf Deponien entsorgt werden kann.
- B Kunststoffabfälle auf Erdölbasis oft nicht biologisch abbaubar sind und die Umwelt langfristig belasten.
- C durch das Recycling von Plastikabfällen wertvolle Rohstoffe (Erdöl, Erdgas usw.) eingespart werden können.

Beantworte ausführlich.

1 a) Untersuche experimentell das Verhalten von Natron (Natriumhydrogencarbonat) beim Erhitzen und bei Zugabe von verdünnter Säure.
b) Natron wird manchmal als Hausmittel bei Sodbrennen empfohlen. Bewerte diesen Rat unter Nutzung deiner Ergebnisse aus den Experimenten.
c) Zum Kuchenbacken verwendet man als Triebmittel Backpulver (enthält Natron). Beim Backprozess „geht" der Teig. Worauf ist die Volumenvergrößerung zurückzuführen? Stelle eine Vermutung auf.

2 Kohlenstoffdioxid ist ein wichtiges Gas in der Natur. Es spielt im Kohlenstoffkreislauf eine bedeutsame Rolle. Der Kohlenstoffkreislauf umfasst mehrere Teilkreisläufe.
Beschreibe mindestens zwei dieser Teilkreisläufe.
(Tipp: Denke auch daran, dass es nicht nur natürliche Teilkreisläufe gibt.)

3 Überprüfe, wo in eurem Haushalt Kunststoffe eingesetzt werden. Versuche, anhand der Kennzeichnung festzustellen, um welche Kunststoffe es sich jeweils handelt.

4 Prüfe die Hitzebeständigkeit verschiedener Duro- und Thermoplaste experimentell. Erhitze sie dazu unter dem Abzug, jedoch nicht mit einer offenen Flamme.
Stelle die Ergebnisse in einer Tabelle zusammen. Begründe, weshalb sich die Kunststoffe beim Erhitzen unterschiedlich verhalten.

5 a) Begründe, warum Kunststoffmüll so weit wie möglich wiederverwertet werden sollte.
b) Erstelle aus den Tabellendaten ein Balkendiagramm.
Interpretiere die Grafik.

Entsorgung von Kunststoffabfällen 2009	Anteil in %
Deponierung	3
energetische Verwertung	54
rohstoffliche Verwertung	3
werkstoffliche Verwertung	40

Z

Ziel erreicht

Roter Faden gesucht

Zu viel Neues? Zu viele einzelne Fakten? Dir fällt es schwer, Zusammenhänge zu erkennen? Versuche, den Blickwinkel zu wechseln und den Überblick zu behalten.

Nutze die grundlegenden Erkenntnisse zu „Stoffen und Teilchen", „Struktur und Eigenschaften", „Chemischen Reaktionen" und „Energie" als Orientierung und strukturiere mit ihrer Hilfe deine Kenntnisse neu.

Beispiel: Ethanol

Stoffe und Teilchen	Struktur und Eigenschaften	Chemische Reaktion	Energie
Erläutere die Struktur des Ethanolmoleküls.	Nenne Eigenschaften von Ethanol. Stelle einen Zusammenhang zum Bau der Moleküle her.	Erläutere die Merkmale einer chemischen Reaktion an der Bildung von Essigsäure aus Ethanol.	Kennzeichne Ethanol als Energieträger. Nutze auch die chemische Zeichensprache.

Struktur und Eigenschaften

Interpretiere die Fotos und erkenne die dargestellten Fakten.

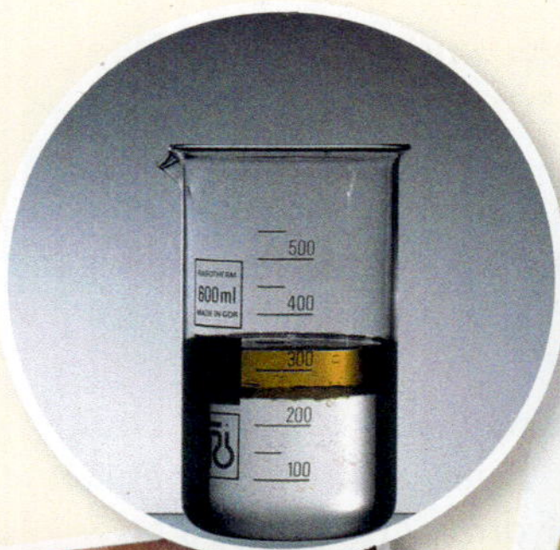

Hast du den Überblick?

Chemische Verbindungen im Alltag: Salze und Metallhydroxide

- Salze sind Ionensubstanzen. Zwischen den Ionen wirken starke Anziehungskräfte. Im Kristall sind die Ionen regelmäßig angeordnet. Die Art der Ionen und die Kräfte zwischen ihnen bedingen die Eigenschaften der Salze und ihrer Lösungen.
- Metallhydroxide sind Ionensubstanzen. Sie bestehen aus Metall-Ionen und Hydroxid-Ionen. Die Hydroxid-Ionen bewirken die alkalischen Eigenschaften der wässrigen Lösungen.

Chemische Verbindungen im Alltag: Säuren und Alkohol

- Wässrige Lösungen von Säuren enthalten Wasserstoff-Ionen. Diese bedingen die sauren Eigenschaften der Lösungen.
- Alkohole sind organische Verbindungen, deren Eigenschaften maßgeblich von den Hydroxylgruppen in den Molekülen beeinflusst werden.

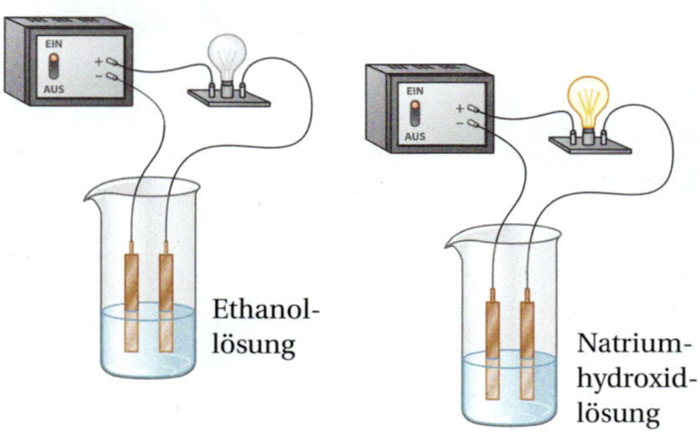

Stoffe und Teilchen

Stoffproben haben ein Volumen und eine Masse und bestehen aus einer bestimmten Anzahl von Teilchen.

Struktur und Eigenschaften

Die Art der Teilchen und die Kräfte, die wirken, bestimmen die Eigenschaften der Stoffe.

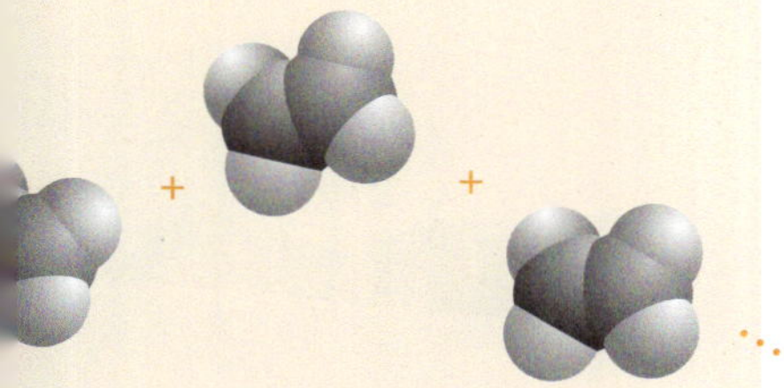

Chemische Verbindungen als Energieträger und Rohstoffe

- Kohlenstoffatome bilden das Grundgerüst organischer Verbindungen. Durch ihre Vierbindigkeit wird die Vielfalt der Kohlenstoffverbindungen möglich.
- In organischen Verbindungen sind Kohlenstoffatome untereinander und mit anderen Atomen (H, O, N u. a. m.) über Atombindungen verknüpft.
- Alkane sind Kohlenwasserstoffe. Unverzweigte Alkane bilden eine homologe Reihe. Gleiche bzw. abgestufte Eigenschaften ergeben sich jeweils aus der Struktur.

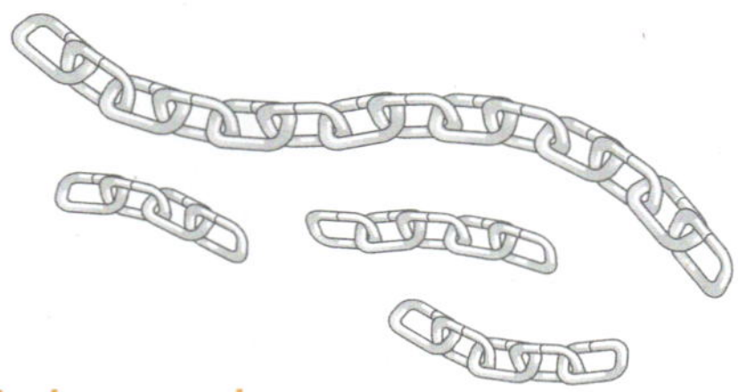

Chemische Verbindungen als Werkstoffe

- Werkstoffe sind feste Materialien, die zur Herstellung von Gegenständen oder Bauwerken verwendet werden. Die Verwendung resultiert aus ihren jeweiligen Eigenschaften.
- Calciumcarbonat ist ein Salz der Kohlensäure. Es ist Ausgangsstoff für die Herstellung wichtiger Baustoffe.
- Kunststoffe bestehen aus Makromolekülen. Die Eigenschaften hängen von der Art der Monomeren und ihrer räumlichen Vernetzung ab.

Hast du den Überblick?

Chemische Verbindungen im Alltag: Salze und Metallhydroxide

- Bei chemischen Reaktionen streben die Teilchen immer einen energetisch stabilen Zustand an. Sie erreichen ihn u. a. durch Elektronenabgabe bzw. Elektronenaufnahme.
- Reagieren Elementsubstanzen zu Salzen, sind diese Reaktionen exotherm.

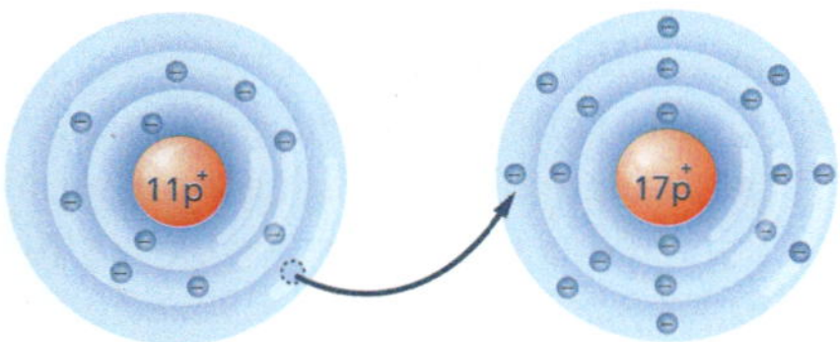

Chemische Verbindungen im Alltag: Säuren und Alkohol

- Neutralisationsreaktionen sind Reaktionen von Säuren mit Basen. Sie verlaufen immer exotherm.
- Die alkoholische Gärung ist eine exotherme Reaktion. Sie liefert die Energie für die Lebensprozesse verschiedener Mikroorganismen.
- Alkohole wie Methanol und Ethanol sind alternative Energieträger, die als Treibstoffe genutzt werden.

Energie

Energie ist die Fähigkeit eines Körpers, mechanische Arbeit zu verrichten bzw. Wärme oder Licht abzugeben.

Chemische Verbindungen als Energieträger und Rohstoffe

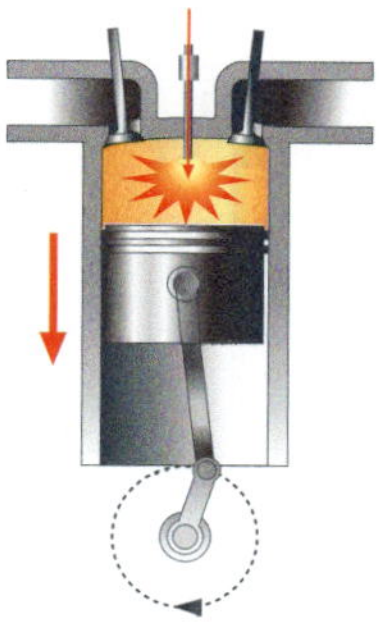

- Einen großen Teil unserer Nutzenergie gewinnen wir durch die Verbrennung von kohlenstoffhaltigen fossilen Brennstoffen.
- Organische Stoffe enthalten chemische Energie. Beim Verbrennen wird ein Teil in Wärme umgewandelt und abgegeben.
- Beim Verbrennen wird das Treibhausgas Kohlenstoffdioxid freigesetzt. Durch den Einsatz alternativer Energieträger soll der Ausstoß an Kohlenstoffdioxid gemindert werden.

Chemische Verbindungen als Werkstoffe

- Kunststoffe enthalten Energie und können zur Energiegewinnung verbrannt werden.
- Langfristig ist es sinnvoller, die enthaltenen organischen Verbindungen stofflich zu verwerten.
- Das Kalkbrennen ist ein sehr energieaufwendiger Prozess. Das Kalklöschen und das Abbinden sind exotherme Reaktionen.

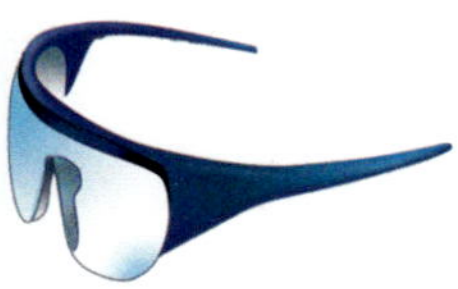

Hast du den Überblick?

Chemische Verbindungen im Alltag: Salze und Metallhydroxide

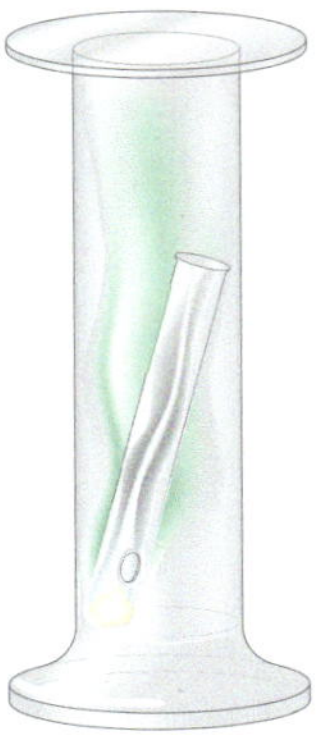

- Bei der Reaktion der Elementsubstanzen zu Salzen werden durch Elektronenabgabe bzw. –aufnahmen aus Atomen Ionen gebildet.
- Viele Ionen können durch charakteristische Reaktionen nachgewiesen werden.
- Aufgrund der enthaltenen frei beweglichen Hydroxid-Ionen färben alkalische Lösungen Indikatoren charakteristisch, beispielsweise wird der Universalindikator blau.

Chemische Verbindungen im Alltag: Säuren und Alkohol

- Aufgrund der enthaltenen frei beweglichen Wasserstoff-Ionen färben saure Lösungen Indikatoren charakteristisch (Universalindikator rot), zersetzen Carbonate, reagieren mit unedlen Metallen und alkalischen Lösungen.
- Bei Neutralisationsreaktionen reagieren die Wasserstoff-Ionen mit Hydroxid-Ionen zu Wassermolekülen.

Chemische Reaktion

Chemische Reaktionen sind gekennzeichnet durch Stoff- und Energieumwandlungen. Die Ursache besteht in Veränderungen der Teilchen und chemischen Bindungen.

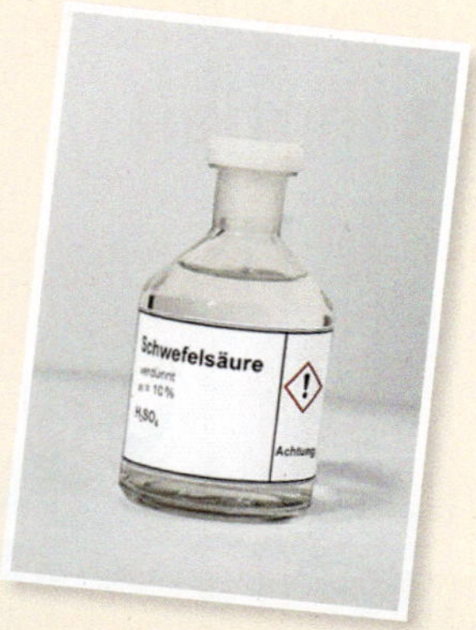

Chemische Verbindungen als Energieträger und Rohstoffe

- Kohlenstoff reagiert mit Sauerstoff. Bei der unvollständigen Oxidation entsteht dadurch Kohlenstoffmonooxid, bei der vollständigen Oxidation Kohlenstoffdioxid.
- Kohlenwasserstoffe bestehen aus den Elementen Kohlenstoff und Wasserstoff. Bei der vollständigen Verbrennung reagieren sie mit dem Sauerstoff daher zu Kohlenstoffdioxid und Wasser.

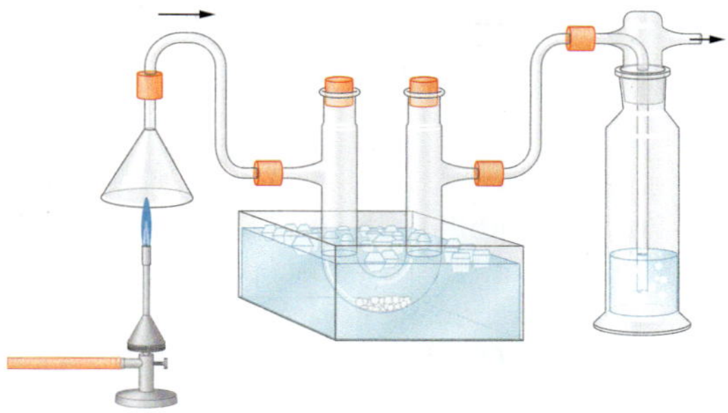

Chemische Verbindungen als Werkstoffe

- Makromoleküle können u. a. durch Polymerisation entstehen. Die Reaktion der Monomere erfolgt jeweils aufgrund von charakteristischen Strukturmerkmalen.

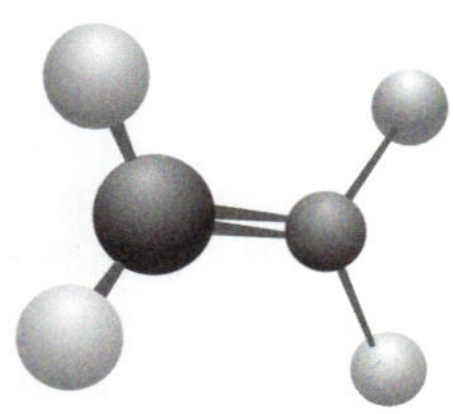

Hast du den Überblick?

Sage voraus
Formuliere auf der Grundlage von Fakten, Erkenntnissen, Gesetzen und Modellen eine Aussage über ein wahrscheinlich auftretendes Ereignis, einen Zustand oder eine Entwicklung. Berücksichtige dabei die konkreten Bedingungen.

Begründe
Führe einen Nachweis, dass eine Aussage richtig oder falsch ist. Lege deine Argumente (Beobachtungen, bekannte Lehrsätze, Gesetze und Beziehungen und gegebenenfalls Beispiele oder Gegenbeispiele) in logischer Reihenfolge dar.

Beobachte
Ermittle mithilfe von Sinnesorganen oder Hilfsmitteln (z. B. Mikroskop) Eigenschaften und Merkmale, Beziehungen und Abfolgen von Objekten oder Prozessen.

Experimentiere
Untersuche ein Phänomen der Natur unter ausgewählten, kontrollierten und veränderbaren Bedingungen und werte die Beobachtungsergebnisse aus. Dabei müssen sich die Bedingungen wiederholen lassen.

Interpretiere
Finde grundlegende Zusammenhänge, um Aussagen, Beobachtungsergebnissen, Messwerten oder grafischen Darstellungen eine auf die Natur oder Gesellschaft bezogene inhaltliche Bedeutung zu geben. Lege diese Zusammenhänge sprachlich geordnet dar.

Ausgewählte Methoden

Was bedeutet eigentlich …

Definiere
Bestimme einen Begriff eindeutig, z. B. indem du einen Oberbegriff suchst und artbildende Merkmale angibst.

Leite ab
Formuliere auf der Grundlage eines allgemeinen Sachverhalts, Gesetzes oder Modells konkrete Aussagen zu einem Beispiel.

Diskutiere
Stelle zu bestimmten Sachverhalten, Aussagen oder Thesen unterschiedliche Positionen bzw. Pro- und Kontra-Argumente einander gegenüber und wäge sie ab.

Erläutere
Stelle einen Sachverhalt anhand eines Beispiels verständlich dar. Veranschauliche ihn durch Zusatzinformationen (z. B. beschriftete Skizze).

Erkläre
Stelle eine Problemlösung, einen Sachverhalt bzw. ein Phänomen zusammenhängend und logisch dar, indem du zugrunde liegende Gesetze, Regeln und Beziehungen heranziehst. Du kannst dazu Modelle und grafische Darstellungen nutzen.

Vergleiche
Stelle gemeinsame und unterschiedliche Merkmale von zwei oder mehreren Vergleichsobjekten dar. Wähle die Merkmale nach dem beabsichtigten Zweck des Vergleichs aus und leite eine entsprechende Schlussfolgerung aus den Ergebnissen ab.

Trainiere mit Methode

1. Viele Stoffe sind im festen Zustand kristallin. Das trifft u. a. auf Salze und Wasser zu.

a) Testet, wie sich die Kristalle beim Einwirken einer Kraft verändern. Bearbeitet dazu die jeweiligen Stoffproben vorsichtig mit einem Hammer. Erklärt eure Beobachtungen.

b) Ermittelt die Schmelz- und Siedetemperaturen von Kochsalz, Wasser und Methan aus Stofftabellen.

c) Erarbeitet Steckbriefe für die drei Stoffe.
Notiert ihre Stoffeigenschaften.
Beschreibt den Bau der Teilchen bzw. der Kristalle. Geht dabei auf die Art der Teilchen und die wirkenden Kräfte ein.
Tipp: Achtet darauf, dass bei einigen Stoffen unterschiedliche Kräfte zwischen den Teilchen wirken.

d) Erklärt die unterschiedlichen Eigenschaften der drei Stoffe anhand ihrer Struktur.

e) Präsentiert eure Ergebnisse in einer Übersicht, z. B. als Lernplakat.

2. Als Antazida bezeichnet man Wirkstoffe in Medikamenten, die überschüssige Magensäure (Salzsäure) durch Neutralisationsreaktionen beseitigen.

a) Erläutert die wesentlichen Merkmale der Neutralisationsreaktion an einem selbst gewählten Beispiel.

b) Bullrich-Salz® enthält als Wirkstoff Natriumhydrogencarbonat.
Beschreibt die Wirkungsweise des Medikaments unter Einbeziehung der folgenden Gleichung.

$$NaHCO_3 + HCl \longrightarrow NaCl + CO_2 + H_2O$$

c) Diskutiert, welche Nebenwirkungen bei der Einnahme von Bullrich-Salz auftreten können.

3. Mit Haushaltschemikalien könnt ihr durch einfache Experimente Zusammenhänge verdeutlichen. Vermutet, was passieren wird.
Belegt eure Vermutung mit einer Reaktionsgleichung.

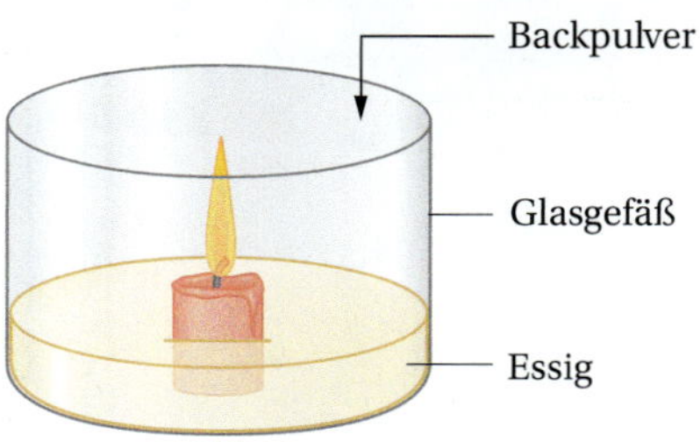

Gebt weitere Reaktionen an, die essigsaure Lösungen aufgrund ihres sauren pH-Werts eingehen.

4. Salze kommen in großen Lagerstätten vor oder werden durch Salzbildungsreaktionen hergestellt.
a) Beschreibt die Entstehung von Salzlagerstätten.
b) Notiert Reaktionsgleichungen zur Bildung von Salzen.

5. Salze weisen eine Reihe gemeinsamer Strukturmerkmale und daraus resultierende typische Eigenschaften auf.
a) Beschreibt den Bau des Natriumchloridkristalls. Erläutert den Zusammenhalt der Teilchen im Kristall.
b) Begründet, warum eine Kochsalzlösung den elektrischen Strom leitet, ein Salzkristall jedoch nicht.
c) Erläutert die Vorgänge beim Lösen eines Salzes im Wasser. Entwickelt eine chemische Gleichung für den Lösungsprozess.

6. In der Landwirtschaft werden viele Salze als Düngemittel eingesetzt.
a) Nennt vier Salze, die als Mineraldünger genutzt werden. Notiert Eigenschaften, die Voraussetzungen für die Verwendung als Düngemittel sind.
b) Diskutiert die Vor- und Nachteile des massenhaften Einsatzes von Mineraldüngern.

7. Im Winter wird Natriumchlorid als Streusalz genutzt. Zum Auftauen von Eis werden in Deutschland jährlich bis zu 2 Mio. Tonnen auf die Straße gebracht. Leider entstehen dadurch Korrosionsschäden an Brücken und Kraftfahrzeugen.
a) Entwickelt ein Experiment, um die Korrosionswirkung von Kochsalzlösung an Eisen und Kupfer zu untersuchen.
b) Nennt Maßnahmen der Autohersteller, die die Fahrzeuge vor Korrosion durch Streusalz und sauren Regen schützen sollen.

8. Viele Hausfrauen und Bierbrauer klagen über „hartes Wasser".
a) Erläutert die Ursachen für hartes Wasser.
b) Erklärt, warum sich in einem Wasserkocher im Laufe der Zeit Kalkablagerungen bilden.
c) Erklärt, warum sich Kalkablagerungen im Bad durch Säuren entfernen lassen.
d) Beschreibt, wie ihr das bei der Entkalkung entstehende Gas nachweisen würdet.

Trainiere mit Methode

9. Kohlensäure und ihre Salze spielen eine wichtige Rolle im natürlichen Kalkkreislauf.
a) Beschreibt, wie ihr experimentell vorgehen würdet, um nachzuweisen, dass eine weiße Gesteinsprobe aus Calciumcarbonat besteht.
b) Erläutert anhand der unten stehenden Abbildung die Prozesse im natürlichen Kalkkreislauf.
c) Diskutiert, durch welche stofflichen und energetischen Merkmale alle Stoffkreisläufe gekennzeichnet sind.

10. Die fossilen Bodenschätze Erdöl, Erdgas und Kohle sind wichtige Energieträger und Rohstoffe für die chemische Industrie.
a) Erklärt die Bezeichnung „fossile Energieträger".
b) Entwickelt eine allgemeine Reaktionsgleichung für die Verbrennung von Alkanen.
c) Bewertet die Nutzung der fossilen Rohstoffe zur Energiegewinnung angesichts der begrenzten Vorräte und der Folgen für die Umwelt.

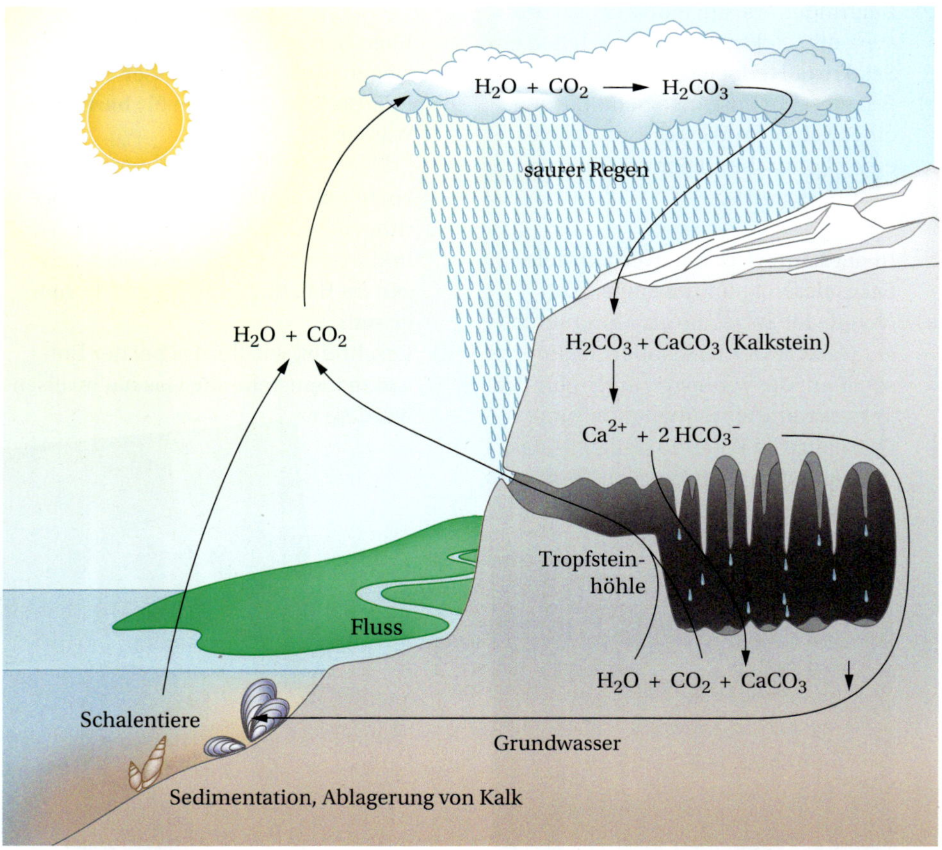

11. In Motoren wird Treibstoff mithilfe des Luftsauerstoffs verbrannt. Dabei wird die in den Kraftstoffen vorhandene chemische Energie in Wärmeenergie und mechanische Energie umgewandelt. Motorenkonstrukteure wollen dabei einen möglichst hohen Wirkungsgrad erreichen.

a) Wertet das Energiediagramm eines Benzinmotors aus. Schätzt den Wirkungsgrad eines Benzinmotors ein.

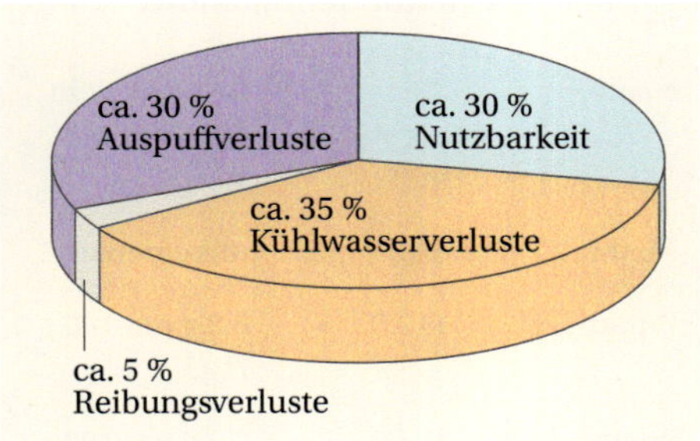

b) Recherchiert, welcher Wirkungsgrad bei anderen Motoren erreicht wird. Welche Motorisierung würdet ihr empfehlen?

12. Traubenzucker wird unter Sauerstoffausschluss in Gegenwart von Hefen zu Ethanol vergoren.

a) Beschreibt den Verlauf der alkoholischen Gärung. Geht dabei speziell auf die Rolle der Hefen ein.

b) Begründet, weshalb der Einsatz von Katalysatoren in der chemischen Industrie Energie und Kosten einspart.

c) Erläutert anhand von Reaktionsgleichungen, warum in Gegenwart von Sauerstoff bei der Gärung kein Alkohol, sondern eine Alkansäure gebildet wird.

13. Kunststoffabfälle können zur Energiegewinnung verbrannt werden.

a) Vergleicht die Heizwerte von Steinkohle, Polyethen (PE) und Heizöl.

b) Bewertet die Verbrennung von Kunststoffabfällen. Notiert Alternativen zur energetischen Verwertung.

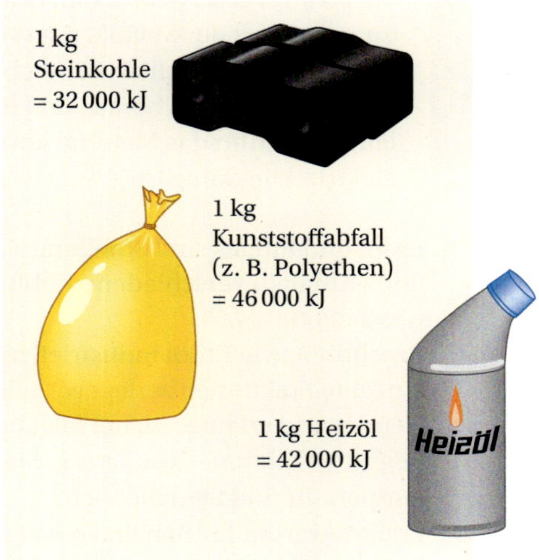

14. Das Abbinden von Kalkmörtel kann durch folgende Reaktionsgleichung beschrieben werden:

$$Ca(OH)_2 + CO_2 \longrightarrow CaCO_3 + H_2O$$

Erklärt, warum der Prozess durch das Abbrennen eines offenen Kohlefeuers beschleunigt wird.

Trainiere mit Methode

15. Metalle sind durch gemeinsame Eigenschaften gekennzeichnet. Eine wesentliche Eigenschaft ist ihre elektrische Leitfähigkeit. Grafit – eine Modifikation eines Nichtmetalls – ist jedoch ebenfalls elektrisch leitfähig.

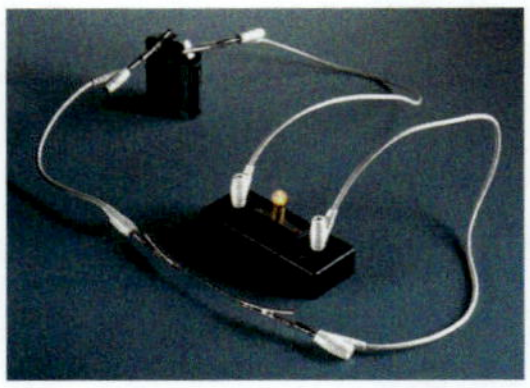

Klärt diesen scheinbaren Widerspruch. Vergleicht dazu den prinzipiellen Bau der Metalle mit dem Bau von Grafit. Stellt wesentliche Gemeinsamkeiten heraus und erläutert, warum das Material jeweils elektrisch leitfähig ist.

16. Erdöl und Erdgas sind Stoffgemische und enthalten verschiedene Kohlenwasserstoffe.

a) Beschreibt, wie Erdöl industriell in einzelne Fraktionen zerlegt wird. Verwendet und erläutert dabei folgende Begriffe: Fraktion, Destillation, Siedetemperatur und Siedebereich.

b) Erklärt, warum für Benzin keine einheitliche Formel angegeben werden kann.

17. Kohlenwasserstoffe sind organische Verbindungen, die aus den Elementen Kohlenstoff und Wasserstoff bestehen. Vervollständigt die folgende tabellarische Übersicht:

Name	Strukturformel	Strukturmerkmal	Stoffklasse
Ethan			
Ethen			
Propan			
	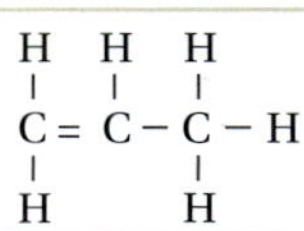		

18. Ethanol wird umgangssprachlich als Alkohol bezeichnet.

a) Ordnet die Begriffe Alkanole, Ethanol, Alkohole, Methanol in einem Schema und definiert sie.

b) Die Alkanole bilden eine homologe Reihe. Erläutert die charakteristischen Merkmale einer solchen Reihe.

c) Interpretiert die nachfolgende Tabelle. Begründet die jeweilige Veränderung der Eigenschaften anhand der Molekülstruktur der Alkanole.

Name	Siedetemperatur in °C	Löslichkeit in H_2O bei 20 °C
Methanol	64,5	unbegrenzt
Butan-1-ol	117,5	8,3 g pro 100 g H_2O
Pentan-1-ol	137,8	2,7 g pro 100 g H_2O

d) Vergleicht die Lösungsmitteleigenschaften von Ethanol und Wasser. Erläutert die Ursachen.

19. Wendet eure Kenntnisse über Struktur und Eigenschaften an.

a) Bei einem Tankerunglück ist von einem sogenannten Ölteppich die Rede. Wie kommt es zu diesem Phänomen? Klärt dazu, welche Bindungen im Wasser und im Öl vorliegen müssen, damit ein solcher Teppich entsteht.

b) Bei alkoholischen Getränken handelt es sich immer um Gemische, die hauptsächlich aus Wasser und Alkohol (Ethanol) bestehen. Vermutet, warum keine Entmischung der beiden Stoffe erfolgt.

20. Ethanol kann den Organismus auf vielfältige Weise schädigen.

a) Beschreibt die Wirkungen von Ethanol.

b) Setzt euch mit dem Zitat „Die Dosis macht das Gift" am Beispiel des Alkoholgenusses auseinander.

c) Beurteilt anhand des folgenden Diagramms, ob ein Mann nach einer Feier am nächsten Morgen mit dem Auto zur Arbeit fahren kann.

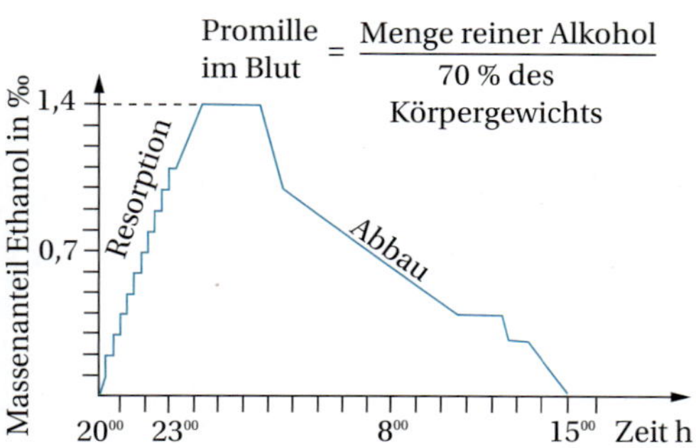

21. Ameisensäure und Essigsäure sind die beiden ersten Vertreter der homologen Reihe der Alkansäuren.

a) Vervollständigt die Tabelle. Erläutert die Herkunft der Trivialnamen der Alkansäuren.

b) Erläutert am Beispiel der Alkansäuren die charakteristischen Merkmale einer homologen Reihe.

Alkansäure	Trivialname	Formel
Methansäure	Ameisensäure	
Ethansäure		CH_3COOH
	Buttersäure	C_3H_7COOH
Hexadecan-säure	Palmitinsäure	

22. Entwickelt ein Experiment um nachzuweisen, dass Natriumhydroxid NaOH und Ethanol C_2H_5OH zu unterschiedlichen Stoffklassen gehören. Erklärt eure Beobachtungen mithilfe eurer Kenntnisse über die Struktur der beiden Verbindungen.

23. Alles klar?

a) Erklärt, warum es nicht möglich ist, für einen konkreten polymeren Stoff die molare Masse anzugeben.

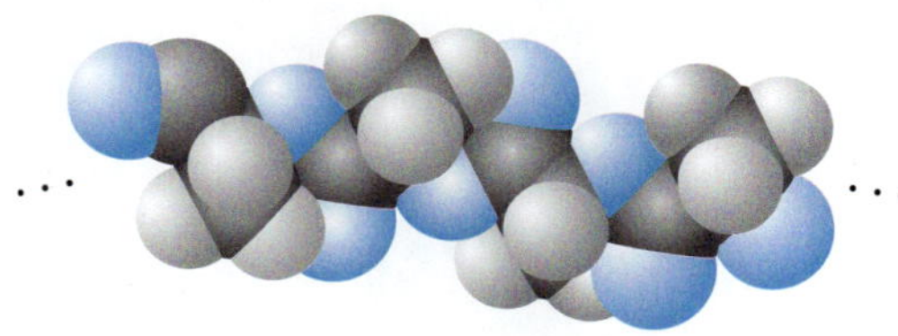

b) Erläutert die Polymerisation an einem selbst gewählten Beispiel.

c) Erläutert anhand eines selbst gewählten Beispiels den Zusammenhang zwischen Struktur und Eigenschaften bei makromolekularen Stoffen.

24. Kunststoffe bestehen aus Makromolekülen, die künstlich synthetisiert werden. Es existieren aber auch in der Natur viele Makromoleküle. Informiert euch über natürliche makromolekulare Stoffe.

A Anhang

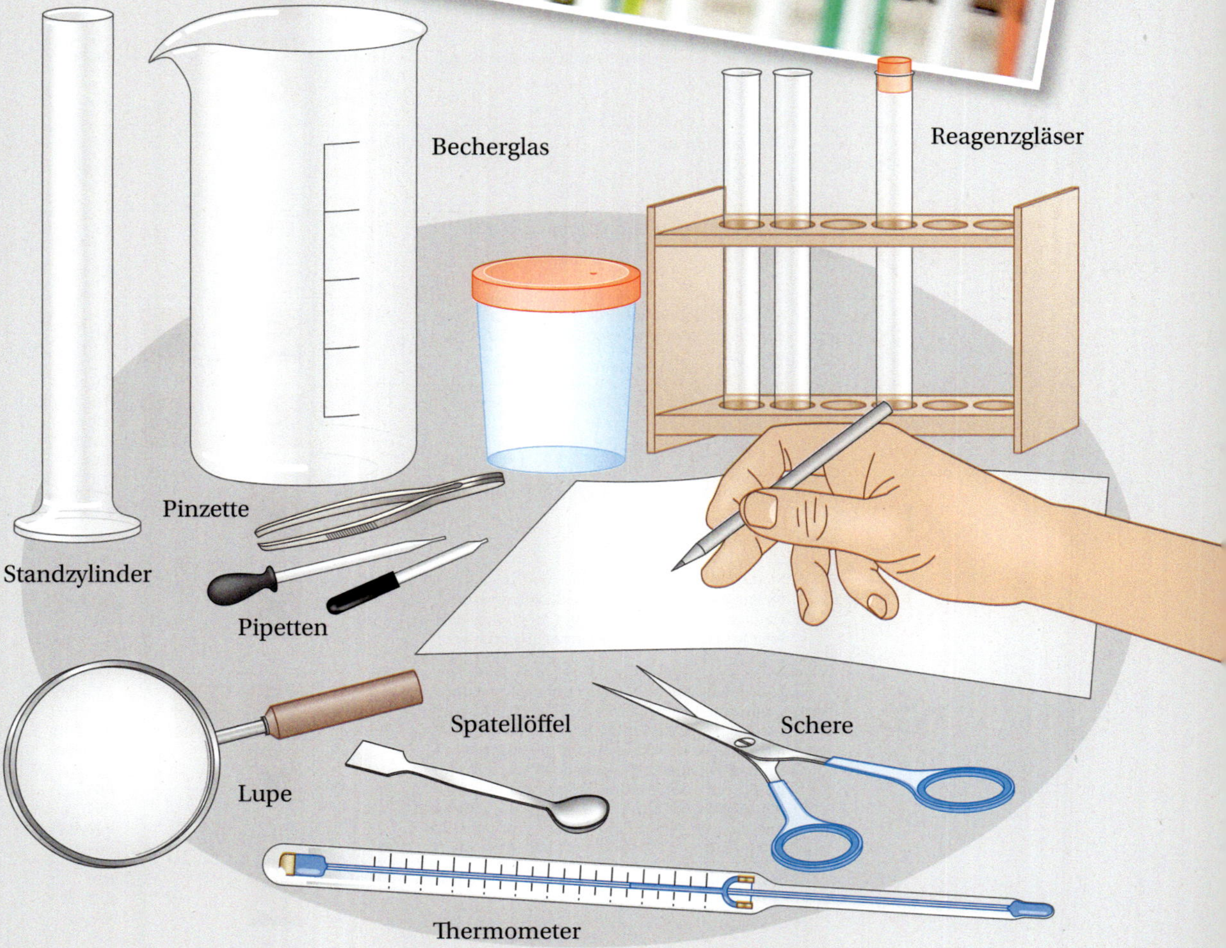
Becherglas
Reagenzgläser
Pinzette
Standzylinder
Pipetten
Spatellöffel
Schere
Lupe
Thermometer

Hinweise zur Arbeit mit Gefahrstoffen

Mit dem neuen GHS *(Globally Harmonised System of Classification and Labelling of Chemicals)* werden die Kriterien für die Einstufung der Gefahrstoffe neu festgelegt und mit international einheitlichen Piktogrammen versehen. Neu ist auch die Verwendung der Signalworte „Gefahr" und „Achtung" für das Ausmaß der Gefahr: „Gefahr" bei hoher Gefährdung oder „Achtung" bei geringerer Gefährdung.

Gefahren-piktogramm und -Code	Mit dem Gefahrenpiktogramm gekennzeichnete Stoffe und Gemische	Signal-wort	Kennzeichnung nach bisheriger Gefahrstoffverordnung	
			Gefahren-symbol	Gefahren-hinweise
 GHS01	explosive und sehr gefährliche selbstzersetzliche Stoffe und Gemische sowie sehr gefährliche organische Peroxide	Gefahr oder Achtung		R2, R3
 GHS02	entzündbare, selbsterhitzungsfähige und gefährliche selbstzersetzliche Stoffe und Gemische, pyrophore Stoffe sowie Stoffe und Gemische, die bei Berührung mit Wasser entzündbare Gase entwickeln	Gefahr oder Achtung	 oder 	R12, R11 oder R10; R17; R15
 GHS02	gefährliche organische Peroxide	Gefahr oder Achtung		R7
 GHS03	Stoffe und Gemische mit oxidierender Wirkung	Gefahr oder Achtung		R8, R9
 GHS04	Gase unter Druck	Achtung	–	
 GHS05	Stoffe und Gemische, die korrosiv auf Metalle wirken	Achtung	–	
 GHS05	Stoffe und Gemische, die schwere Verätzungen der Haut und/oder schwere Augenschäden verursachen	Gefahr	 oder 	R34, R35, R41
 GHS06	lebensgefährliche und giftige Stoffe und Gemische	Gefahr	 oder 	R26, R27, R28 oder R23, R24, R25
 GHS07	gesundheitsschädliche Stoffe und Gemische	Achtung		R20, R21, R22
 GHS07	Stoffe und Gemische, die Haut- und/oder Augenreizungen verursachen und/oder allergische Hautreaktionen, Reizungen der Atemwege und/oder Schläfrigkeit und Benommenheit verursachen können	Achtung		R36, R37, R38; R43; R67
 GHS08	Stoffe und Gemische, die bei Verschlucken und Eindringen in die Atemwege tödlich sein können und/oder eine Gefahr für die Gesundheit darstellen. Diese Stoffe und Gemische schädigen bestimmte Organe und/oder können Krebs erzeugen, die Fruchtbarkeit beeinträchtigen, das Kind im Mutterleib schädigen und/oder genetische Defekte und/oder beim Einatmen Allergien, asthmaartige Symptome oder Atembeschwerden verursachen.	Gefahr oder Achtung	 ,  oder 	R45, R49, R40; R60, R62; R61, R63; R46; R39/...; R68/...; R48/...; R42; R33; R65
 GHS09	Stoffe und Gemische, die sehr giftig oder giftig für Wasserorganismen sind	Achtung oder –		R50, R50/53 R51/53

Gefahrenhinweise, Gefahrenmerkmale und Kennzeichnungselemente

1 Gefahrenhinweise

Gefahrenhinweise für physikalische Gefahren

H200 Instabil, explosiv
H201 Explosiv, Gefahr der Massenexplosion.
H202 Explosiv; große Gefahr durch Splitter, Spreng- und Wurfstücke.
H203 Explosiv; Gefahr durch Feuer, Luftdruck oder Splitter, Spreng- und Wurfstücke.
H204 Gefahr durch Feuer oder Splitter, Spreng- und Wurfstücke.
H205 Gefahr der Massenexplosion bei Feuer.
H220 Extrem entzündbares Gas.
H221 Entzündbares Gas.
H222 Extrem entzündbares Aerosol.
H223 Entzündbares Aerosol.
H224 Flüssigkeit und Dampf extrem entzündbar.
H225 Flüssigkeit und Dampf leicht entzündbar.
H226 Flüssigkeit und Dampf entzündbar.
H228 Entzündbarer Feststoff.
H240 Erwärmung kann Explosion verursachen.
H241 Erwärmung kann Brand oder Explosion verursachen.
H242 Erwärmung kann Brand verursachen.
H250 Entzündet sich in Berührung mit Luft von selbst.
H251 Selbsterhitzungsfähig; kann in Brand geraten.
H252 In großen Mengen selbsterhitzungsfähig; kann in Brand geraten.
H260 In Berührung mit Wasser entstehen entzündbare Gase, die sich spontan entzünden können.
H261 In Berührung mit Wasser entstehen entzündbare Gase.
H270 Kann Brand verursachen oder verstärken; Oxidationsmittel.
H271 Kann Brand oder Explosion verursachen; starkes Oxidationsmittel.
H272 Kann Brand verstärken; Oxidationsmittel.
H280 Enthält Gas unter Druck; kann bei Erwärmung explodieren.
H281 Enthält tiefkaltes Gas; kann Kälteverbrennungen oder -verletzungen verursachen.
H290 Kann gegenüber Metallen korrosiv sein.

Gefahrenhinweise für Gesundheitsgefahren

H300 Lebensgefahr bei Verschlucken.
H301 Giftig bei Verschlucken.
H302 Gesundheitsschädlich bei Verschlucken.
H304 Kann bei Verschlucken und Eindringen in die Atemwege tödlich sein.
H310 Lebensgefahr bei Hautkontakt.
H311 Giftig bei Hautkontakt.
H312 Gesundheitsschädlich bei Hautkontakt.
H314 Verursacht schwere Verätzungen der Haut und schwere Augenschäden.
H315 Verursacht Hautreizungen.
H317 Kann allergische Hautreaktionen verursachen.
H318 Verursacht schwere Augenschäden.
H319 Verursacht schwere Augenreizung.
H330 Lebensgefahr bei Einatmen.
H331 Giftig bei Einatmen.
H332 Gesundheitsschädlich bei Einatmen.
H334 Kann bei Einatmen Allergie, asthmaartige Symptome oder Atembeschwerden verursachen.
H335 Kann die Atemwege reizen.
H336 Kann Schläfrigkeit und Benommenheit verursachen.
H340 Kann genetische Defekte verursachen <Expositionsweg angeben, sofern schlüssig belegt ist, dass diese Gefahr bei keinem anderen Expositionsweg besteht>.
H341 Kann vermutlich genetische Defekte verursachen <Expositionsweg angeben, sofern schlüssig belegt ist, dass diese Gefahr bei keinem anderen Expositionsweg besteht>.
H350 Kann Krebs erzeugen <Expositionsweg angeben, sofern schlüssig belegt ist, dass diese Gefahr bei keinem anderen Expositionsweg besteht>.
H350i Kann beim Einatmen Krebs erzeugen.
H351 Kann vermutlich Krebs erzeugen <Expositionsweg angeben, sofern schlüssig belegt ist, dass diese Gefahr bei keinem anderen Expositionsweg besteht>.
H360 Kann die Fruchtbarkeit beeinträchtigen oder das Kind im Mutterleib schädigen <konkrete Wirkung angeben, sofern bekannt> <Expositionsweg angeben, sofern schlüssig belegt ist, dass die Gefahr bei keinem anderen Expositionsweg besteht>.
H360F Kann die Fruchtbarkeit beeinträchtigen.
H360D Kann das Kind im Mutterleib schädigen.
H360FD Kann die Fruchtbarkeit beeinträchtigen. Kann das Kind im Mutterleib schädigen.
H360Fd Kann die Fruchtbarkeit beeinträchtigen. Kann vermutlich das Kind im Mutterleib schädigen.
H360Df Kann das Kind im Mutterleib schädigen. Kann vermutlich die Fruchtbarkeit beeinträchtigen.
H361 Kann vermutlich die Fruchtbarkeit beeinträchtigen oder das Kind im Mutterleib schädigen <konkrete Wirkung angeben, sofern bekannt> <Expositionsweg angeben, sofern schlüssig belegt ist, dass die Gefahr bei keinem anderen Expositionsweg besteht>.
H361f Kann vermutlich die Fruchtbarkeit beeinträchtigen.
H361d Kann vermutlich das Kind im Mutterleib schädigen.
H361fd Kann vermutlich die Fruchtbarkeit beeinträchtigen. Kann vermutlich das Kind im Mutterleib schädigen.
H362 Kann Säuglinge über die Muttermilch schädigen.
H370 Schädigt die Organe <oder alle betroffenen Organe nennen, sofern bekannt> <Expositionsweg angeben, sofern schlüssig belegt ist, dass diese Gefahr bei keinem anderen Expositionsweg besteht>.
H371 Kann die Organe schädigen <oder alle betroffenen Organe nennen, sofern bekannt> <Expositionsweg angeben, sofern schlüssig belegt ist, dass diese Gefahr bei keinem anderen Expositionsweg besteht>.
H372 Schädigt die Organe <alle betroffenen Organe nennen> bei längerer oder wiederholter Exposition <Expositionsweg angeben, wenn schlüssig belegt ist, dass diese Gefahr bei keinem anderen Expositionsweg besteht>.
H373 Kann die Organe schädigen <alle betroffenen Organe nennen, sofern bekannt> bei längerer oder wiederholter Exposition <Expositionsweg angeben, wenn schlüssig belegt ist, dass diese Gefahr bei keinem anderen Expositionsweg besteht>.

Gefahrenhinweise für Umweltgefahren

H400 Sehr giftig für Wasserorganismen.
H410 Sehr giftig für Wasserorganismen mit langfristiger Wirkung.
H411 Giftig für Wasserorganismen, mit langfristiger Wirkung.
H412 Schädlich für Wasserorganismen, mit langfristiger Wirkung.
H413 Kann für Wasserorganismen schädlich sein, mit langfristiger Wirkung.

2 Ergänzende Gefahrenmerkmale

Physikalische Eigenschaften

EUH001 In trockenem Zustand explosionsgefährlich.
EUH006 Mit und ohne Luft explosionsfähig.
EUH014 Reagiert heftig mit Wasser.
EUH018 Kann bei Verwendung explosionsfähige/entzündbare Dampf/Luft-Gemische bilden.
EUH019 Kann explosionsfähige Peroxide bilden.
EUH044 Explosionsgefahr bei Erhitzen unter Einschluss.

Gesundheitsgefährliche Eigenschaften

EUH029 Entwickelt bei Berührung mit Wasser giftige Gase.
EUH031 Entwickelt bei Berührung mit Säure giftige Gase.
EUH032 Entwickelt bei Berührung mit Säure sehr giftige Gase.
EUH066 Wiederholter Kontakt kann zu spröder oder rissiger Haut führen.
EUH070 Giftig bei Berührung mit den Augen.
EUH071 Wirkt ätzend auf die Atemwege.

Umweltgefährliche Eigenschaften

EUH059 Die Ozonschicht schädigend.

3 Ergänzende Kennzeichnungselemente/Informationen über bestimmte Stoffe und Gemische

EUH201 Enthält Blei. Nicht für den Anstrich von Gegenständen verwenden, die von Kindern gekaut oder gelutscht werden könnten.
EUH201A Achtung! Enthält Blei.
EUH202 Cyanacrylat. Gefahr. Klebt innerhalb von Sekunden Haut und Augenlider zusammen. Darf nicht in die Hände von Kindern gelangen.
EUH203 Enthält Chrom (VI). Kann allergische Reaktionen hervorrufen.
EUH204 Enthält Isocyanate. Kann allergische Reaktionen hervorrufen.
EUH205 Enthält epoxidhaltige Verbindungen. Kann allergische Reaktionen hervorrufen.
EUH206 Achtung! Nicht zusammen mit anderen Produkten verwenden, da gefährliche Gase (Chlor) freigesetzt werden können.
EUH207 Achtung! Enthält Cadmium. Bei der Verwendung entstehen gefährliche Dämpfe. Hinweise des Herstellers beachten. Sicherheitsanweisungen einhalten.
EUH208 Enthält <Name des sensibilisierenden Stoffes>. Kann allergische Reaktionen hervorrufen.
EUH209 Kann bei Verwendung leicht entzündbar werden.
EUH209A Kann bei Verwendung entzündbar werden.
EUH210 Sicherheitsdatenblatt auf Anfrage erhältlich.
EUH401 Zur Vermeidung von Risiken für Mensch und Umwelt die Gebrauchsanleitung einhalten.

Sicherheitshinweise

Sicherheitshinweise – Allgemeines
P101 Ist ärztlicher Rat erforderlich, Verpackung oder Kennzeichnungsetikett bereithalten.
P102 Darf nicht in die Hände von Kindern gelangen.
P103 Vor Gebrauch Kennzeichnungsetikett lesen.

Sicherheitshinweise – Prävention
P201 Vor Gebrauch besondere Anweisungen einholen.
P202 Vor Gebrauch alle Sicherheitshinweise lesen und verstehen.
P210 Von Hitze/Funken/offener Flamme/heißen Oberflächen fernhalten. Nicht rauchen.
P211 Nicht gegen offene Flamme oder andere Zündquelle sprühen.
P220 Von Kleidung/.../brennbaren Materialien fernhalten/entfernt aufbewahren.
P221 Mischen mit brennbaren Stoffen/... unbedingt verhindern.
P222 Kontakt mit Luft nicht zulassen.
P223 Kontakt mit Wasser wegen heftiger Reaktion und möglichem Aufflammen unbedingt verhindern.
P230 Feucht halten mit ...
P231 Unter inertem Gas handhaben.
P232 Vor Feuchtigkeit schützen.
P233 Behälter dicht verschlossen halten.
P234 Nur im Originalbehälter aufbewahren.
P235 Kühl halten.
P240 Behälter und zu befüllende Anlage erden.
P241 Explosionsgeschützte elektrische Betriebsmittel/Lüftungsanlagen/Beleuchtung/... verwenden.
P242 Nur funkenfreies Werkzeug verwenden.
P243 Maßnahmen gegen elektrostatische Aufladungen treffen.
P244 Druckminderer frei von Fett und Öl halten.
P250 Nicht schleifen/stoßen/.../reiben.
P251 Behälter steht unter Druck: Nicht durchstechen oder verbrennen, auch nicht nach der Verwendung.
P260 Staub/Rauch/Gas/Nebel/Dampf/Aerosol nicht einatmen.
P261 Einatmen von Staub/Rauch/Gas/Nebel/Dampf/Aerosol vermeiden.
P262 Nicht in die Augen, auf die Haut oder auf die Kleidung gelangen lassen.
P263 Kontakt während der Schwangerschaft und der Stillzeit vermeiden.
P264 Nach Gebrauch ... gründlich waschen.
P270 Bei Gebrauch nicht essen, trinken oder rauchen.
P271 Nur im Freien oder in gut belüfteten Räumen verwenden.
P272 Kontaminierte Arbeitskleidung nicht außerhalb des Arbeitsplatzes tragen.
P273 Freisetzung in die Umwelt vermeiden.
P280 Schutzhandschuhe/Schutzkleidung/Augenschutz/Gesichtsschutz tragen.
P281 Vorgeschriebene persönliche Schutzausrüstung verwenden.
P282 Schutzhandschuhe/Gesichtsschild/Augenschutz mit Kälteisolierung tragen.
P283 Schwer entflammbare/flammhemmende Kleidung tragen.
P284 Atemschutz tragen.
P285 Bei unzureichender Belüftung Atemschutz tragen.
P231 + P232 Unter inertem Gas handhaben. Vor Feuchtigkeit schützen.
P235 + P410 Kühl halten. Vor Sonnenbestrahlung schützen.

Sicherheitshinweise – Reaktion
P301 BEI VERSCHLUCKEN:
P302 BEI BERÜHRUNG MIT DER HAUT:
P303 BEI BERÜHRUNG MIT DER HAUT (oder dem Haar):
P304 BEI EINATMEN:
P305 BEI KONTAKT MIT DEN AUGEN:
P306 BEI KONTAMINIERTER KLEIDUNG:
P307 BEI Exposition:
P308 BEI Exposition oder falls betroffen:
P309 BEI Exposition oder Unwohlsein:
P310 Sofort GIFTINFORMATIONSZENTRUM oder Arzt anrufen.
P311 GIFTINFORMATIONSZENTRUM oder Arzt anrufen.
P312 Bei Unwohlsein GIFTINFORMATIONSZENTRUM oder Arzt anrufen.
P313 Ärztlichen Rat einholen/ärztliche Hilfe hinzuziehen.
P314 Bei Unwohlsein ärztlichen Rat einholen/ärztliche Hilfe hinzuziehen.
P315 Sofort ärztlichen Rat einholen/ärztliche Hilfe hinzuziehen.
P320 Besondere Behandlung dringend erforderlich (siehe ... auf diesem Kennzeichnungsetikett).
P321 Besondere Behandlung (siehe ... auf diesem Kennzeichnungsetikett).
P322 Gezielte Maßnahmen (siehe ... auf diesem Kennzeichnungsetikett).
P330 Mund ausspülen.
P331 KEIN Erbrechen herbeiführen.
P332 Bei Hautreizung:
P333 Bei Hautreizung oder -ausschlag:
P334 In kaltes Wasser tauchen/nassen Verband anlegen.
P335 Lose Partikel von der Haut abbürsten.
P336 Vereiste Bereiche mit lauwarmem Wasser auftauen. Betroffenen Bereich nicht reiben.
P337 Bei anhaltender Augenreizung:
P338 Eventuell vorhandene Kontaktlinsen nach Möglichkeit entfernen. Weiter ausspülen.
P340 Die betroffene Person an die frische Luft bringen und in einer Position ruhig stellen, die das Atmen erleichtert.
P341 Bei Atembeschwerden an die frische Luft bringen und in einer Position ruhig stellen, die das Atmen erleichtert.
P342 Bei Symptomen der Atemwege:
P350 Behutsam mit viel Wasser und Seife waschen.
P351 Einige Minuten lang behutsam mit Wasser ausspülen.
P352 Mit viel Wasser und Seife waschen.
P353 Haut mit Wasser abwaschen/duschen.
P360 Kontaminierte Kleidung und Haut sofort mit viel Wasser abwaschen und danach Kleidung ausziehen.

P361 Alle kontaminierten Kleidungsstücke sofort ausziehen.
P362 Kontaminierte Kleidung ausziehen und vor erneutem Tragen waschen.
P363 Kontaminierte Kleidung vor erneutem Tragen waschen.
P370 Bei Brand:
P371 Bei Großbrand und großen Mengen:
P372 Explosionsgefahr bei Brand.
P373 KEINE Brandbekämpfung, wenn das Feuer explosive Stoffe/Gemische/Erzeugnisse erreicht.
P374 Brandbekämpfung mit üblichen Vorsichtsmaßnahmen aus angemessener Entfernung.
P375 Wegen Explosionsgefahr Brand aus der Entfernung bekämpfen.
P376 Undichtigkeit beseitigen, wenn gefahrlos möglich.
P377 Brand von ausströmendem Gas: Nicht löschen, bis Undichtigkeit gefahrlos beseitigt werden kann.
P378 ... zum Löschen verwenden.
P380 Umgebung räumen.
P381 Alle Zündquellen entfernen, wenn gefahrlos möglich.
P390 Verschüttete Mengen aufnehmen, um Materialschäden zu vermeiden.
P391 Verschüttete Mengen aufnehmen.
P301 + P310 BEI VERSCHLUCKEN: Sofort GIFTINFORMATIONSZENTRUM oder Arzt anrufen.
P301 + P312 BEI VERSCHLUCKEN: Bei Unwohlsein GIFTINFORMATIONSZENTRUM oder Arzt anrufen.
P301 + P330 + P331 BEI VERSCHLUCKEN: Mund ausspülen. KEIN Erbrechen herbeiführen.
P302 + P334 BEI KONTAKT MIT DER HAUT: In kaltes Wasser tauchen/nassen Verband anlegen.
P302 + P350 BEI KONTAKT MIT DER HAUT: Behutsam mit viel Wasser und Seife waschen.
P302 + P352 BEI KONTAKT MIT DER HAUT: Mit viel Wasser und Seife waschen.
P303 + P361 + P353 BEI KONTAKT MIT DER HAUT (oder dem Haar): Alle kontaminierten Kleidungsstücke sofort ausziehen. Haut mit Wasser abwaschen/duschen.
P304 + P340 BEI EINATMEN: An die frische Luft bringen und in einer Position ruhig stellen, die das Atmen erleichtert.
P304 + P341 BEI EINATMEN: Bei Atembeschwerden an die frische Luft bringen und in einer Position ruhig stellen, die das Atmen erleichtert.
P305 + P351 + P338 BEI KONTAKT MIT DEN AUGEN: Einige Minuten lang behutsam mit Wasser spülen. Vorhandene Kontaktlinsen nach Möglichkeit entfernen. Weiter spülen.
P306 + P360 BEI KONTAKT MIT DER KLEIDUNG: Kontaminierte Kleidung und Haut sofort mit viel Wasser abwaschen und danach Kleidung ausziehen.
P307 + P311 BEI Exposition: GIFTINFORMATIONSZENTRUM oder Arzt anrufen.
P308 + P313 BEI Exposition oder falls betroffen: Ärztlichen Rat einholen/ärztliche Hilfe hinzuziehen.
P309 + P311 BEI Exposition oder Unwohlsein: GIFTINFORMATIONSZENTRUM oder Arzt anrufen.
P332 + P313 Bei Hautreizung: Ärztlichen Rat einholen/ärztliche Hilfe hinzuziehen.
P333 + P313 Bei Hautreizung oder -ausschlag: Ärztlichen Rat einholen/ärztliche Hilfe hinzuziehen.
P335 + P334 Lose Partikel von der Haut abbürsten. In kaltes Wasser tauchen/nassen Verband anlegen.
P337 + P313 Bei anhaltender Augenreizung: Ärztlichen Rat einholen/ärztliche Hilfe hinzuziehen.
P342 + P311 Bei Symptomen der Atemwege: GIFTINFORMATIONSZENTRUM oder Arzt anrufen.
P370 + P376 Bei Brand: Undichtigkeit beseitigen, wenn gefahrlos möglich.
P370 + P378 Bei Brand: ... zum Löschen verwenden.
P370 + P380 Bei Brand: Umgebung räumen.
P370 + P380 + P375 Bei Brand: Umgebung räumen. Wegen Explosionsgefahr Brand aus der Entfernung bekämpfen.
P371 + P380 + P375 Bei Großbrand und großen Mengen: Umgebung räumen. Wegen Explosionsgefahr Brand aus der Entfernung bekämpfen.

Sicherheitshinweise – Aufbewahrung
P401 ... aufbewahren.
P402 An einem trockenen Ort aufbewahren.
P403 An einem gut belüfteten Ort aufbewahren.
P404 In einem geschlossenen Behälter aufbewahren.
P405 Unter Verschluss aufbewahren.
P406 In korrosionsbeständigem/... Behälter mit korrosionsbeständiger Auskleidung aufbewahren.
P407 Luftspalt zwischen Stapeln/Paletten lassen.
P410 Vor Sonnenbestrahlung schützen.
P411 Bei Temperaturen von nicht mehr als ... °C aufbewahren.
P412 Nicht Temperaturen von mehr als 50 °C aussetzen.
P413 Schüttgut in Mengen von mehr als ... kg bei Temperaturen von nicht mehr als ... °C aufbewahren.
P420 Von anderen Materialien entfernt aufbewahren.
P422 Inhalt in/unter ... aufbewahren.
P402 + P404 In einem geschlossenen Behälter an einem trockenen Ort aufbewahren.
P403 + P233 Behälter dicht verschlossen an einem gut belüfteten Ort aufbewahren.
P410 + P403 Vor Sonnenbestrahlung geschützt an einem gut belüfteten Ort aufbewahren.
P410 + P412 Vor Sonnenbestrahlung schützen und nicht Temperaturen von mehr als 50 °C aussetzen.
P411 + P235 Kühl und bei Temperaturen von nicht mehr als ... °C aufbewahren.

Sicherheitshinweise – Entsorgung
P501 Inhalt/Behälter ... zuführen.

Entsorgungsratschläge (E-Sätze)

E1 Verdünnen, in den Ausguss geben (WGK 0 bzw. 1)
E2 Neutralisieren, in den Ausguss geben
E3 In den Hausmüll geben, gegebenenfalls im Polyethylenbeutel (Stäube)
E4 Als Sulfid fällen
E5 Mit Calcium-Ionen fällen, dann E1 oder E3
E6 Nicht in den Hausmüll geben
E7 Im Abzug entsorgen
E8 Der Sondermüllbeseitigung zuführen (Adresse zu erfragen bei der Kreis- oder Stadtverwaltung), Abfallschlüssel beachten
E9 Unter größter Vorsicht in kleinsten Portionen reagieren lassen (z. B. offen im Freien verbrennen)
E10 In gekennzeichneten Behältern sammeln:
1. „Organische Abfälle – halogenhaltig"
2. „Organische Abfälle – halogenfrei" dann E 8
E11 Als Hydroxid fällen (pH = 8), den Niederschlag zu E8
E12 Nicht in die Kanalisation gelangen lassen
E13 Aus der Lösung mit unedlem Metall (z. B. Eisen) als Metall abscheiden (E14, E3)
E14 Recycling-geeignet (Redestillation oder einem Recyclingunternehmen zuführen)
E15 Mit Wasser vorsichtig umsetzen, frei werdende Gase absorbieren oder ins Freie ableiten
E16 Entsprechend den speziellen Ratschlägen für die Beseitigungsgruppen beseitigen

Entsorgung von Gefahrstoffen

E1	Verdünnen		Ausguss
E2	Neutralisieren		Ausguss
E3			Hausmüll
E4	als Sulfid fällen	Niederschlag	Sammelbehälter B1
		Flüssigkeit	Ausguss
E5	mit Calciumchlorid fällen	Niederschlag	Hausmüll
		Flüssigkeit	Ausguss
E6	Nicht in den Hausmüll!	Weitere Entsorgungssätze beachten.	
E7	wenn möglich absorbieren oder verbrennen		Abzug
E8	nach gesondertem Abfallschlüssel beseitigen	Informiere dich bei der Lehrkraft.	
E9	in kleinsten Portionen verbrennen oder im Freien verdunsten lassen		Abzug
E10	halogenfreie organische Gefahrstoffe		Sammelbehälter B2
	halogenhaltige organische Gefahrstoffe		Sammelbehälter B3
E11	als Hydroxid fällen	Niederschlag nach gesondertem Abfallschlüssel beseitigen.	
		Flüssigkeit	Ausguss

E 12 – Nicht in das Abwasser! → Weitere Entsorgungssätze beachten.

E 13 – mit unedlen Metallen (z. B. Fe) abscheiden
- → Niederschlag zu einem Recyclingunternehmen
- Flüssigkeit → Ausguss

E 14 – recyclinggeeignet → Recyclingunternehmen

E 15 – vorsichtig mit Wasser umsetzen, Rückstände verdünnen
- Gase verbrennen → Abzug
- Flüssigkeit → Ausguss

E 16
- Alkalimetalle – mit Ethanol oder Butanol umsetzen und neutralisieren → Ausguss
- Br_2, I_2, Bromwasser, Chlorwasser – mit Natriumthiosulfat umsetzen → Ausguss

Sammelbehälter B1 bis B4

B1
- **Kunststoffbehälter** für saure und alkalische Abfälle

B2
- **Kunststoffbehälter** für giftige anorganische Abfälle

B3
- **Glasbehälter** für halogenfreie organische Abfälle

B4
- **Glasbehälter** für halogenhaltige organische Abfälle

↓

Sammelstelle für Sonderabfälle

Liste der Gefahrstoffe nach der GHS-Verordnung

Gefahrstoff	Signal-wort	Piktogrammcode	H-Sätze und EUH-Sätze	E-Sätze
Aceton (Propanon)	Gefahr	GHS02, GHS07	H225, H319, H336, EUH066	1-10-14
Aluminium, Grieß	Gefahr	GHS02	H261	6-9
Aluminium, Pulver (stabilisiert)	Gefahr	GHS02	H261, H228	6-9
Aluminiumchlorid, wasserfrei	Gefahr	GHS05	H314	2
Ameisensäure (Methansäure), $\omega \geq 90\,\%$, $10\,\% \leq \omega < 90\,\%$, $2\,\% \leq \omega < 10\,\%$	Gefahr Gefahr Achtung	GHS05, GHS05, GHS07	H314, H314, H315, H319	1-10 1-10 1-10
Ammoniak, wasserfrei	Gefahr	GHS04, GHS06, GHS05, GHS09	H221, H331, H314, H400	2-7
Ammoniaklösung, $10\,\% \leq \omega < 25\,\%$, $5\,\% \leq \omega < 10\,\%$	Gefahr Achtung	GHS05, GHS07	H314, H315, H319, H335	2 2
Ammoniumchlorid	Achtung	GHS07	H302, H319	2
Bariumchlorid	Gefahr	GHS06	H301, H332	1-3
Bariumchloridlösung, $3\,\% \leq \omega < 25\,\%$	Achtung	GHS07	H302	1
Bariumhydroxid	Gefahr	GHS05, GHS07	H302, H314, H332	1-3
Bariumhydroxid-8-Wasser	Gefahr	GHS05, GHS07	H302, H314, H332	1-3
Bariumoxid	Achtung	GHS07	H302, H315, H319, H332	1-3
Benzoesäure	Achtung	GHS07	H302, H319	10-12
Blei(II)-acetat	Gefahr	GHS08, GHS09	H360Df, H373, H410	8-14
Brennspiritus (Ethanol)	Gefahr	GHS02	H225	1-10
Brom	Gefahr	GHS06, GHS05, GHS09	H330, H314, H400	16
Bromthymolblaulösung (ethanolisch), $\omega = 0{,}1\,\%$	Gefahr	GHS02	H225	10
Bromwasser, $1\,\% \leq \omega < 5\,\%$	Gefahr	GHS06	H311, H330	16
Bromwasserstoff	Gefahr	GHS04, GHS05, GHS07	H314, H335	2
n-Butan	Gefahr	GHS02, GHS04	H220	7
Butan-1-ol	Gefahr	GHS02, GHS05, GHS07	H226, H302, H335, H315, H318, H336	7
Butansäure (Buttersäure)	Gefahr	GHS05	H314	10
Calcium	Gefahr	GHS02	H261	15
Calciumchlorid	Achtung	GHS07	H319	1
Calciumhydroxid	Gefahr	GHS05	H318	2
Calciumoxid	Gefahr	GHS05	H318	2
Chlor	Gefahr	GHS06, GHS09	H331, H319, H335, H315, H400	16
Chlorwasser, gesättigt, $\omega \approx 0{,}7\,\%$	Achtung	GHS07	H332	16
Chlorwasserstoff	Gefahr	GHS04, GHS06, GHS05	H331, H314	2
Citronensäure	Achtung	GHS07	H319	3
Eisen(III)-chlorid	Gefahr	GHS05, GHS07	H302, H315, H318	2
Eisen(II)-sulfat	Achtung	GHS07	H302, H319, H315	2
Eisen(II)-sulfatlösung, $\omega \geq 25\,\%$	Achtung	GHS07	H302, H319, H315	2
Essigessenz	Gefahr	GHS05	H314	2-10
Essigsäure (Ethansäure), $\omega \geq 90\,\%$, $25\,\% \leq \omega < 90\,\%$, $10\,\% \leq \omega < 25\,\%$	Gefahr Gefahr Achtung	GHS02, GHS05 GHS05, GHS07	H226, H314, H314, H319, H315	2-10 2-10 2-10
Essigsäureethylester (Ethylacetat)	Gefahr	GHS02, GHS07	H225, H319, H336, EUH066	10-12

Gefahrstoff	Signalwort	Piktogrammcode	H-Sätze und EUH-Sätze	E-Sätze
Ethanal (Acetaldehyd)	Gefahr	GHS02, GHS08, GHS07	H224, H351, H319, H335	9-10-12-16
Ethanallösung (Acetaldehydlösung), $\omega \geq 10\,\%$	Achtung	GHS08, GHS07	H351, H319, H335	9-10-12-16
Ethanol (Brennspiritus)	Gefahr	GHS02	H225	1-10
Ethen (Ethylen)	Gefahr	GHS02, GHS04, GHS07	H220, H336	7
Ethin (Acetylen)	Gefahr	GHS02, GHS04	H220, EUH006	7
Fehling'sche Lösung II	Gefahr	GHS05	H314	2
Formaldehydlösung s. Methanallösung				
n-Heptan	Gefahr	GHS02, GHS08, GHS07, GHS09	H225, H304, H315, H336, H410	10-12
n-Hexan	Gefahr	GHS02, GHS08, GHS07, GHS09	H225, H361f, H304, H373, H315, H336, H411	10-12
Hexan-1-ol	Achtung	GHS07	H302	10
Iod	Achtung	GHS07, GHS09	H332, H312, H400	1-16
Iodwasserstoff	Gefahr	GHS04, GHS05	H314	1
Kaliumcarbonat	Achtung	GHS07	H302, H319, H315, H335	1
Kaliumhydroxid (Ätzkali)	Gefahr	GHS05, GHS07	H302, H314	2
Kaliumhydroxidlösung (Kalilauge), $\omega \geq 5\,\%$, $2\,\% \leq \omega < 5\,\%$, $0{,}5\,\% \leq \omega < 2\,\%$	Gefahr Gefahr Achtung	GHS05, GHS07, GHS05 GHS07	H302, H314, H314, H319, H315	2 2 2
Kaliumnitrat	Gefahr	GHS03	H271	1
Kaliumnitrit	Gefahr	GHS03, GHS06, GHS09	H272, H301,H400	1-16
Kaliumpermanganat	Gefahr	GHS03, GHS07, GHS09	H272, H302, H410	1-6
Kaliumpermanganatlösung, $\omega \geq 25\,\%$	Gefahr	GHS07, GHS09	H302, H410	1-6
Kohlenstoffmonooxid	Gefahr	GHS02, GHS04, GHS06, GHS08	H220, H360D, H331, H372	7
Kupfer(II)-chlorid	Gefahr	GHS06	H301, H319, H315, H335	11
Kupfer(II)-chloridlösung, $3\,\% \leq \omega < 25\,\%$	Achtung	GHS07	H302	11
Kupfer(I)-oxid	Achtung	GHS07, GHS09	H302, H410	8-16
Kupfer(II)-oxid	Achtung	GHS07	H302	8-16
Kupfer(II)-sulfat, wasserfrei	Achtung	GHS07, GHS09	H302, H319, H315, H410	11
Kupfer(II)-sulfat-5-Wasser	Achtung	GHS07, GHS09	H302, H319, H315, H410	11
Kupfer(II)-sulfatlösung, $\omega \geq 25\,\%$	Achtung	GHS07, GHS09	H302, H319, H315, H410	11
Lithium	Gefahr	GHS02, GHS05	H260, H314, EUH014	15-1
Lithiumchlorid	Achtung	GHS07	H302, H319, H315	1
Magnesium, Pulver (phlegmatisiert)	Gefahr	GHS02	H228, H261, H252	3
Magnesium, Späne	Gefahr	GHS02	H228, H261, H252	3
Mangan(IV)-oxid (Braunstein)	Achtung	GHS07	H332, H302	3
Methan	Gefahr	GHS02, GHS04	H220	7
Methanallösung (Formaldehydlösung), $\omega \geq 25\,\%$, $5\,\% \leq \omega < 25\,\%$, $0{,}2\,\% \leq \omega < 5\,\%$	 Gefahr Gefahr Gefahr	 GHS06, GHS08, GHS05, GHS06, GHS08, GHS06, GHS08	 H351, H331, H311, H301, H314, H317, H335, H351, H331, H311, H301, H319, H315, H317, H335, H351, H331, H311, H301, H317	 10-12-16 1-10 1-10
Methanol	Gefahr	GHS02, GHS06, GHS08	H225, H331, H311, H301, H370	1-10

Gefahrstoff	Signalwort	Piktogrammcode	H-Sätze und EUH-Sätze	E-Sätze
Methansäuremethylester (Methylformiat)	Gefahr	GHS02, GHS07	H224, H332, H302, H319, H335	10-12
Natrium	Gefahr	GHS02, GHS05	H260, H314, EUH014	6-12-16
Natriumcarbonat	Achtung	GHS07	H319	1
Natriumhydroxid (Ätznatron)	Gefahr	GHS05	H314	2
Natriumhydroxidlösung (Natronlauge), $\omega \geq 5\,\%$, $2\,\% \leq \omega < 5\,\%$, $0{,}5\,\% \leq \omega < 2\,\%$	Gefahr Gefahr Achtung	GHS05, GHS05, GHS07	H314, H314, H315	2 2 1
Natriumnitrat	Gefahr	GHS03	H271	1
n-**O**ctan	Gefahr	GHS02, GHS08, GHS07, GHS09	H225, H304, H315, H336, H410	10-12
Oxalsäure	Achtung	GHS07	H312, H302	5
Oxalsäurelösung, $\omega \geq 5\,\%$	Achtung	GHS07	H312, H302	5
Ozon	Gefahr	GHS04, GHS05, GHS07	H280, H314, H319, H335	7
Pentan-1-ol	Achtung	GHS02, GHS07	H226, H332	10-14
Petroleum	Gefahr	GHS02, GHS08	H226, H304	10-12
Petroleumbenzin	Gefahr	GHS02	H225	10-12
Phenolphthaleinlösung (ethanolisch), $\omega > 1\,\%$	Gefahr	GHS02	H225	1-10
Phosphorsäure $\omega \geq 25\,\%$, $10\,\% \leq \omega < 25\,\%$	Gefahr Achtung	GHS05, GHS07	H314, H319, H315	2 1
Propan	Gefahr	GHS02, GHS04	H220	7
Propanal	Gefahr	GHS02, GHS07	H225, H319, H335, H315	9-10-12-16
Propan-1-ol	Gefahr	GHS02, GHS05, GHS07	H225, H318, H336	10
Propan-2-ol	Gefahr	GHS02, GHS07	H225, H319, H336	10
Propansäure (Propionsäure), $10\,\% \leq \omega < 25\,\%$	Achtung	GHS07	H319, H315, H335	2
Rohöl (synthetisch)	Gefahr	GHS02, GHS08, GHS07, GHS09	H224, H304, H315, H336, H351, H411	10-12
Salpetersäure, $\omega \geq 65\,\%$, $20\,\% \leq \omega < 65\,\%$, $5\,\% \leq \omega < 20\,\%$	Gefahr Gefahr Gefahr	GHS03, GHS05 GHS05, GHS05	H272, H314, H314, H314	2 2 2
Salzsäure, $\omega \geq 25\,\%$, $10\,\% \leq \omega < 25\,\%$	Gefahr Achtung	GHS05, GHS07, GHS07	H314, H335, H315, H319, H335	2 2
Sauerstoff	Gefahr	GHS03, GHS04	H270	
Schiffs Reagenz	Achtung	GHS07	H319, H335	2
Schwefel	Achtung	GHS07	H315	3
Schwefeldioxid	Gefahr	GHS04, GHS06, GHS05	H331, H314	7
Schwefelsäure $\omega \geq 15\,\%$, $5\,\% \leq \omega < 15\,\%$	Gefahr Achtung	GHS05, GHS07	H314, H319, H315	2 2
Schwefelwasserstoff	Gefahr	GHS02, GHS04, GHS06, GHS09	H220, H330, H400	2-7
Schwefelwasserstofflösung, $0{,}1\,\% \leq \omega \leq 1\,\%$	Achtung	GHS07	H332	2
Schweflige Säure, $5\,\% \leq \omega \leq 10\,\%$	Achtung	GHS07	H319, H3159, H335	2
Silbernitrat	Gefahr	GHS03, GHS05, GHS09	H272, H314, H410	12-13-14

Gefahrstoff	Signal-wort	Piktogrammcode	H-Sätze und EUH-Sätze	E-Sätze
Silbernitratlösung, 5 % ≤ ω ≤ 10 %	Achtung	GHS07	H319, H315	12-13-14
Silberoxid	Gefahr	GHS03, GHS05	H271, H318, EUH044	12-13-14
Stickstoffdioxid	Gefahr	GHS04, GHS03, GHS06, GHS05	H270, H330, H314	7
Stickstoffmonooxid	Gefahr	GHS04, GHS06	H280, H310, H330	7
Strontiumchlorid	Achtung	GHS07	H302	1-11
Wasserstoff	Gefahr	GHS02, GHS04	H220	7
Wasserstoffperoxidlösung, ω ≥ 70 %, 50 % ≤ ω < 70 %, 35 % ≤ ω < 50 %, 8 % ≤ ω < 35 %, 5 % ≤ ω < 8 %	Gefahr Gefahr Gefahr Gefahr Achtung	GHS03, GHS05, GHS07, GHS03, GHS05, GHS07, GHS05, GHS07, GHS05, GHS07, GHS07	H271, H332, H302, H314, H335, H272, H332, H302, H314, H335, H332,H302, H315, H318, H335, H332, H302, H318, H332, H302, H319	1-16 1-16 1 1 1
Zink, Pulver, Staub (stabilisiert)	Achtung	GHS09	H410	3
Zinkbromid	Gefahr	GHS05, GHS09	H314, H400, H410	1-11
Zinkchlorid	Gefahr	GHS05, GHS07, GHS09	H302, H314, H410	1-11
Zinkchloridlösung, 5 % ≤ ω < 10 %	Achtung	GHS07	H319, H315	1-11
Zinkoxid	Achtung	GHS09	H410	3
Zinksulfat, wasserfrei	Gefahr	GHS05, GHS07, GHS09	H302, H318, H410	1-11
Zinn(II)-chlorid	Achtung	GHS07	H302, H315, H319, H335	1-11

Register

T

U

V

W

Z

Bildquellenverzeichnis

adpic Bildagentur/R. Maaßen: 176/2; Arghan, Z., Berlin: 72/1; AVA Abfallverwertung Augsburg GmbH: 158/1; BackArts GmbH: 23/1, 99/2, 108/2; Bahro, K., Berlin: 133/3, 133/2; BASF Aktiengesellschaft Agrarzentrum: 15/1; BASF SE/Foto: Liebherr, 2007: 153/1; BASF, Ludwigshafen: 88/3; Bibliographisches Institut GmbH, Mannheim: 141/1, 66/4, 66/2, 66/5, 66/1, 66/3, 147/2, 147/3, 147/4, 147/5, 150/4; Biedermann, A., Berlin: 69/1, 167/3; Bossek, H., Hoppegarten: 77/1; Bundesumweltministerium: 49/2; Bussen, J., Berlin: 132/1; Caro/Oberhaeuser: 120/2; Comstock Images/Fotosearch: 163/2; Corel Photos Inc.: 38/3, 120/1, 147/2, 169/3; Cornelsen Experimenta: 41/1, 71/1, 78/2; Daimler AG: 119/1; Deutsche Gesellschaft für Kunststoff-Recycling mbH (DKR), Köln: 112/1, 157/1, 157/4, 157/2; DLR, Deutsches Zentrum für Luft- und Raumfahrt e.V.: 105/1; Döring, V., Hohen Neuendorf: 32/2, 42/1, 133/2; Duden Paetec GmbH: 64/2, 169/1; EFS Hausgeräte GmbH, Seppelfricke: 88/6; Felgentreu, S.: 165/2; Fotolia: 10/1; Fotolia/Adrian Lucki: 40/1, 144/2; Fotolia/Aleksandr Frolov: 56/1; Fotolia/Alex: 86/1; Fotolia/Angelo Giannone: 153/2; Fotolia/Birgit Reitz-Hofmann: 39/2; Fotolia/Christian Jung : 77/3; Fotolia/Franz Pfluegl: 160/1; Fotolia/Heino Pattschull: 84/1; Fotolia/Imaginis: 126/1; Fotolia/K. Reinick: 40/3; Fotolia/Kaarsten: 108/4; Fotolia/Kurt De Bruyn : 96/1; Fotolia/Leah-Anne Thompson: 156/1; Fotolia/Neven Mendrila: 40/2; Fotolia/Oksana Duschek: 84/2; Fotolia/Paul Fleet: 88/2; Fotolia/Renee Jansoa: 172/2; Fotolia/sherez: 167/4; Fotolia/Stefan Redel: 114/2; Fotolia/Stéphane Jouet: 28/1; Fotolia/Teamarbeit: 77/4; Fotolia/Tom Perkins: 43/1; Fotolia/Tomas Hilger: 169/5; Fotolia/V. Gansovsky: 54/5; Francisco Welter-Schultes/Planetposter editions: 78/1, 88/1; Fulda Reifen GmbH & Co. KG: 160/3; Gau, Barbara: 120/4; Gerolsteiner Brunnen: 50/1; Getty Images/Michael Rosenfeld/ FoodPix: 12/1; Grofa-Bellsports: 160/2, 77/6, 88/4; GROHE Water Technology AG & Co. : 144/1; Gust, D., Berlin: 99/1; Hemera Photo Objekts: 168/1; HVBG/Rensing: 110/1; IMA, Hannover: 120/3, 179/1; Informationszentrale Deutsches Mineralwasser (IDM): 133/5, 51/1; Inter IKEA Systems B.V.: 140/1; iStockphoto: 88/5, 94/1, 98/2, 169/2; iStockphoto/B. Uhernik: 100/1; iStockphoto/Branislav Ostojic: 75/1; iStockphoto/Chad J. W. Anderso: 86/2; iStockphoto/Craig Cozart: 82/1; iStockphoto/D. Karovijevic: 179/2; iStockphoto/Daniel Loiselle: 146/2; iStockphoto/Dave Long: 107/1; iStockphoto/DNF-Style: 154/1; iStockphoto/Eric Isselée: 130/1; iStockphoto/Federico Rostagno: 16/2; iStockphoto/Floortje: 17/2; iStockphoto/Florea Marius Catalin: 138/1; iStockphoto/Juan Carlos Rodriguez: 166/1; iStockphoto/Julius Fekete: 49/3, 149/1; iStockphoto/knape: 139/2; iStockphoto/Lauri Wiberg: 99/3; iStockphoto/Liudmila Chernova: 133/1; iStockphoto/Lukasz Stoklosa: 157/5; iStockphoto/M. Kucova: 64/1; iStockphoto/Michael Watkins: 81/1; iStockphoto/mstahlphoto: 35/2; iStockphoto/Oliver Malms: 98/1; iStockphoto/pic4you: 106/1, 116/1; iStockphoto/R. Kohlhuber: 68/1; iStockphoto/R. Mackenzie: 175/2; iStockphoto/robynmac: 74/1; iStockphoto/Roman Milert: 150/3; iStockphoto/Sandra vom Stein: 147/1; iStockphoto/ Selahattin BAYRAM: 18/1; iStockphoto/Stockphoto4u: 174/2; iStockphoto/Tobias Helbig: 108/3; iStockphoto/ Tobias Helbig: 108/5; iStockphoto/Viktor Fischer: 9/2; iStockphoto/Vladimir Tarasov : 76/1; Jantzen, Friedrich, Bad Arolsen: 42/2, 47/1, 155/3; Liesenberg, G., Berlin: 8/1, 145/1, 150/1; Werner Krüger/Deutsche Lufthansa AG Photo: Gerd Rebenich: 77/2; Mahler, B., Fotograf, Berlin: 8/2, 16/3, 16/4, 20/1, 24/1, 26/2, 26/3, 27/1, 28/2, 46/3, 151/4, 155/1, 155/2; Mahler, H., Fotograf, Berlin: 6/2, 6/1, 15/2, 21/1, 21/2, 21/3, 21/4, 21/5, 26/1, 32/1, 34/4, 34/1, 35/1, 36/1, 38/1, 38/4, 38/2, 47/2, 48/2, 50/2, 52/1, 53/2, 53/1, 53/3, 53/4, 54/1, 54/2, 54/6, 54/3, 55/2, 55/1, 58/1, 62/2, 74/2, 92/1, 128/1, 134/3, 134/4, 134/2, 134/1, 134/5, 134/7, 134/6, 135/1, 135/1, 139/1, 151/2, 151/3, 152/1, 161/1, 162/1, 167/1, 169/4, 170/1, 174/1, 179/3, 182/1, 183/1; Margon Brunnen GmbH: 18/2; mauritius images/ agefotostock: 164/2; mauritius images/Alamy: 12/5; mauritius images/Photononstop: 164/2, 164/3; mauritius images/Westend61: 17/1; Menzel, J., Radewege: 151/1, 165/1; Meyer, L., Potsdam: 19/1, 23/2, 161/2; Montanhistorisches Dokumentationszentrum/Bergbau-Archiv Bochum BBA 169: 110/2; Mosaikwerkstatt, Konstanz: 150/2; Museum für Naturkunde, Berlin: 12/2, 12/3, 18/3, 178/1; NASA: 16/1, 115/1; NASA/Jeff Schmaltz: 123/1; NOVAMONT S.P.A: 141/3, 141/5, 141/4, 141/6, 157/3, 159/1; ÖAMTC: 172/1; OKAPIA KG, Frankfurt/M, Germany: 141/2; panthermedia: 112/2, 129/1; panthermedia/Franz Reichenberger: 153/3; panthermedia/Manfred Grafweg: 48/1; panthermedia/T. Eble: 17/3; panthermedia/T. Eble: 167/2; panthermedia/U. Moser: 77/5; panthermedia/Werner Heiber: 105/2; Pflügner, M.: 73/1; Photo Disc Inc.: 9/1, 23/3, 39/1, 45/1, 80/1, 86/4, 163/1, 61/1, 63/2; Photosphere: 86/3, 171/1; Phywe Systeme GmbH & Co. KG, Göttingen: 55/3, 62/1; picture alliance/Arco Images GmbH: 173/1; picture alliance/KPA/Gremblewski-Strate: 147/6; picture-alliance/akg-images: 164/4; picture-alliance/dpa/dpaweb: 114/1; picture-alliance/OKAPIA KG, Germany: 138/2; picture-alliance/ZB: 37/1, 142/1, 150/5; plainpicture/Bäcker, A.: 143/1; Prof. Dr. Bricks, Wolfgang: 108/1; Prof. Dr. E. Zabel, Güstrow: 60/1; Ruhmke, S, Berlin: 175/1, 176/1, 31/1, 46/2, 46/1; Schmack Biogas AG Schwandorf/H. Stolz, Regensburg: 98/3; Schmidt, A., Berlin: 59/1; SCHOTT, Mainz: 163/3; Schuchardt, W. Göttingen: 34/3, 34/2; shutterstock/skyfish: 136/1; Simon, R., Berlin: 54/4; Südzucker AG/Schultheiss: 66/6, 70/1; Thüringisches Landesamt für Archäologie und Denkmalpflege, Weimar: 164/1; Toyota: 117/1; TÜV SÜD: 124/1; U. Behner, J. A., Wadern/Mors: 12/4; Universität Bremen, Fachgebiet Mineralogie: 92/2; W. Steinmetz/Naturbild/OKAPIA : 49/1; Wehser, V., Burg Stargard: 63/1

Titelbild: shutterstock/PhotoStock10

Periodensystem der Elemente

H[1)] : Gas
Br[1)] : Flüssigkeit
Mg[1)] : Feststoff
(rosa) : Nichtmetall
(grün) : Halbmetall
(blau) : Metall
* : Alle Isotope dieses Elements sind radioaktiv.

Beispiel: 5 (Protonenzahl (Ordnungszahl)) – 10,81 (Atommasse in u (u = 1,66·10^{-27} kg)) – 2,0 (Elektronegativität) – B (Elementsymbol) – Bor (Elementname)

Periode	Hauptgruppe I	Hauptgruppe II	Nebengruppe III	Nebengruppe IV	Nebengruppe V	Nebengruppe VI	Nebengruppe VII	Nebengruppe VIII	Nebengruppe VIII	Nebengruppe VIII	Nebengruppe I	Nebengruppe II	Hauptgruppe III	Hauptgruppe IV	Hauptgruppe V	Hauptgruppe VI	Hauptgruppe VII	Hauptgruppe VIII
1	1 H 1,008 2,1 Wasserstoff																	2 He 4,00 Helium
2	3 Li 6,94 1,0 Lithium	4 Be 9,01 1,5 Beryllium											5 B 10,81 2,0 Bor	6 C 12,01 2,5 Kohlenstoff	7 N 14,007 3,0 Stickstoff	8 O 15,999 3,5 Sauerstoff	9 F 18,998 4,0 Fluor	10 Ne 20,18 Neon
3	11 Na 22,99 0,9 Natrium	12 Mg 24,31 1,2 Magnesium											13 Al 26,98 1,5 Aluminium	14 Si 28,09 1,8 Silicium	15 P 30,97 2,1 Phosphor	16 S 32,06 2,5 Schwefel	17 Cl 35,45 3,0 Chlor	18 Ar 39,95 Argon
4	19 K 39,10 0,8 Kalium	20 Ca 40,08 1,0 Calcium	21 Sc 44,96 1,3 Scandium	22 Ti 47,90 1,5 Titanium	23 V 50,94 1,6 Vanadium	24 Cr 51,996 1,6 Chromium	25 Mn 54,94 1,5 Mangan	26 Fe 55,85 1,8 Eisen	27 Co 58,93 1,8 Cobalt	28 Ni 58,70 1,8 Nickel	29 Cu 63,55 1,9 Kupfer	30 Zn 65,38 1,6 Zink	31 Ga 69,72 1,6 Gallium	32 Ge 72,59 1,8 Germanium	33 As 74,92 2,0 Arsen	34 Se 78,96 2,4 Selen	35 Br 79,90 2,8 Brom	36 Kr 83,80 Krypton
5	37 Rb 85,47 0,8 Rubidium	38 Sr 87,62 1,0 Strontium	39 Y 88,91 1,3 Yttrium	40 Zr 91,22 1,4 Zirconium	41 Nb 92,91 1,6 Niobium	42 Mo 95,94 1,8 Molybdän	43 Tc* [97] 1,9 Technetium	44 Ru 101,07 2,2 Ruthenium	45 Rh 102,91 2,2 Rhodium	46 Pd 106,4 2,2 Palladium	47 Ag 107,87 1,9 Silber	48 Cd 112,41 1,7 Cadmium	49 In 114,82 1,7 Indium	50 Sn 118,69 1,8 Zinn	51 Sb 121,75 1,9 Antimon	52 Te 127,60 2,1 Tellur	53 I 126,90 2,5 Iod	54 Xe 131,30 Xenon
6	55 Cs 132,91 0,7 Caesium	56 Ba 137,33 0,9 Barium	57–71 Lanthanoide	72 Hf 178,49 1,3 Hafnium	73 Ta 180,95 1,5 Tantal	74 W 183,85 1,7 Wolfram	75 Re 186,21 1,9 Rhenium	76 Os 190,2 2,2 Osmium	77 Ir 192,22 2,2 Iridium	78 Pt 195,09 2,2 Platin	79 Au 196,97 2,4 Gold	80 Hg 200,59 1,9 Quecksilber	81 Tl 204,37 1,8 Thallium	82 Pb 207,2 1,8 Blei	83 Bi 208,98 1,9 Bismut	84 Po* [209] 2,0 Polonium	85 At* [210] 2,2 Astat	86 Rn* [222] Radon
7	87 Fr* [223] 0,7 Francium	88 Ra* [226] 0,9 Radium	89–103 Actinoide	104 Rf* [261] Rutherfordium	105 Db* [262] Dubnium	106 Sg* [262] Seaborgium	107 Bh* [262] Bohrium	108 Hs* [262] Hassium	109 Mt* [266] Meitnerium	110 Ds* [281] Darmstadtium	111 Rg* [280] Roentgenium							

Lanthanoide	57 La 138,91 1,1 Lanthan	58 Ce 140,12 1,1 Cerium	59 Pr 140,91 1,1 Praseodymium	60 Nd 144,24 1,1 Neodymium	61 Pm* [145] 1,1 Promethium	62 Sm 150,35 1,2 Samarium	63 Eu 151,96 1,2 Europium	64 Gd 157,25 1,2 Gadolinium	65 Tb 158,92 1,2 Terbium	66 Dy 162,50 1,2 Dysprosium	67 Ho 164,93 1,2 Holmium	68 Er 167,26 1,2 Erbium	69 Tm 168,93 1,2 Thulium	70 Yb 173,04 1,2 Ytterbium	71 Lu 174,97 1,2 Lutetium
Actinoide	89 Ac* [227] 1,1 Actinium	90 Th* 232,04 1,3 Thorium	91 Pa* 231,04 1,5 Protactinium	92 U* 238,03 1,4 Uranium	93 Np* 237,05 1,3 Neptunium	94 Pu* [244] 1,3 Plutonium	95 Am* [243] 1,3 Americium	96 Cm* [247] 1,3 Curium	97 Bk* [247] 1,3 Berkelium	98 Cf* [251] 1,3 Californium	99 Es* [254] 1,3 Einsteinium	100 Fm* [257] 1,3 Fermium	101 Md* [258] 1,3 Mendelevium	102 No* [259] 1,3 Nobelium	103 Lr* [260] 1,3 Lawrencium

[ ] Die umklammerten Werte für die Atommasse geben die Massenzahl des Isotops mit der größten Halbwertszeit an.

1) Aggregatzustand bei 25 °C (298 K) und 101,3 kPa